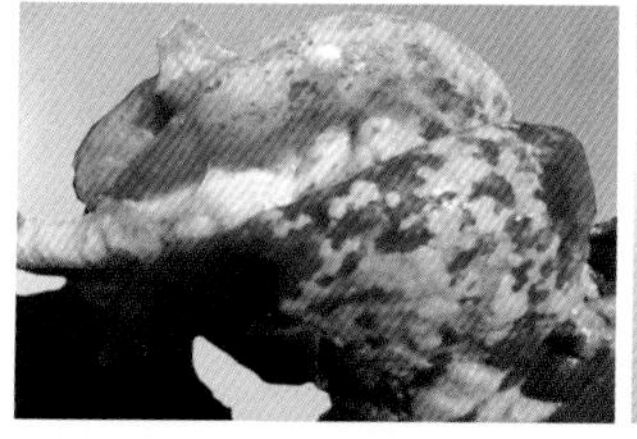
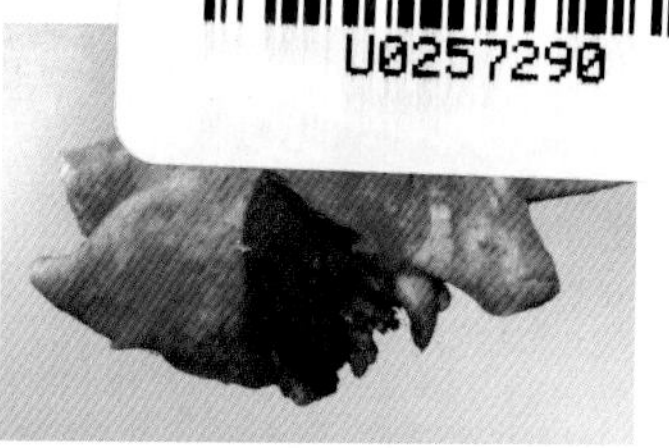

彩图 4-1　羊巴氏杆菌病出血——纤维素性肺炎

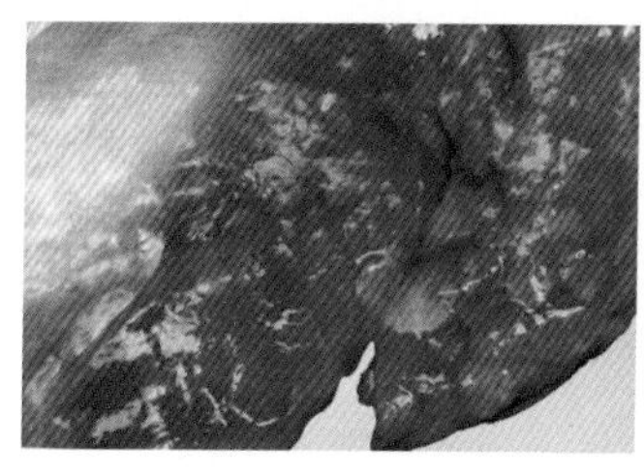
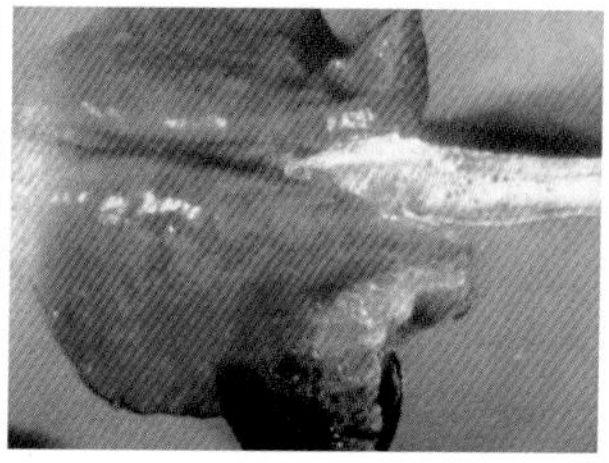

彩图 4-2　羊巴氏杆菌病浆液——出血性肺炎、羊巴氏杆菌病急性坏死性肺炎（肺心叶部）

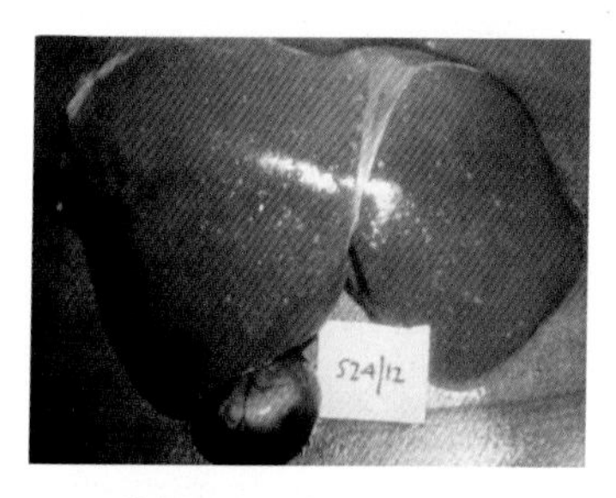

彩图 4-3　坏死性肝炎

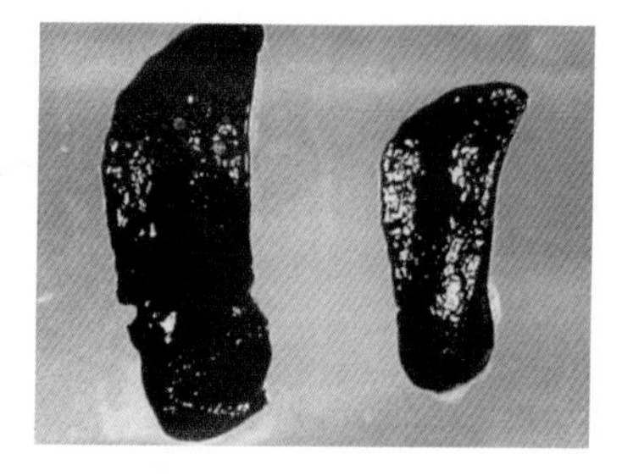

彩图 4-4　胎盘子叶充血、出血、糜烂

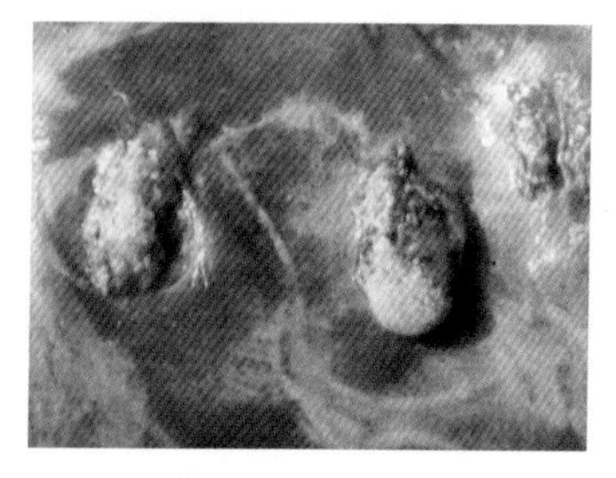

彩图 4-5　胎儿脾脏不同程度肿胀

彩图 4-6　山羊布鲁氏菌病流产胎儿和坏死的胚胎

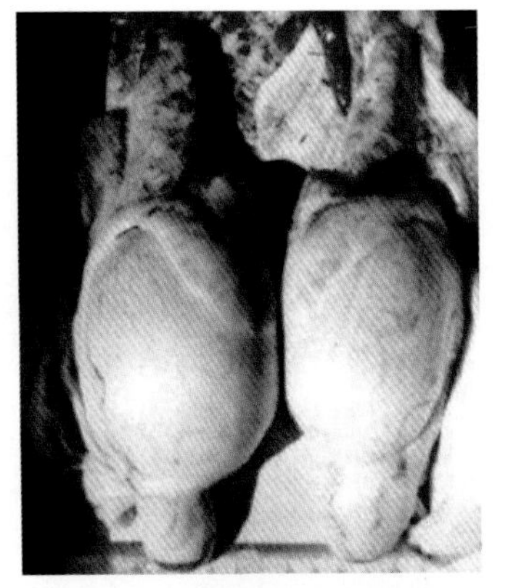

彩图 4-7　山羊布鲁氏菌病精索肿胀，阴囊总鞘膜腔积水，睾丸肿大

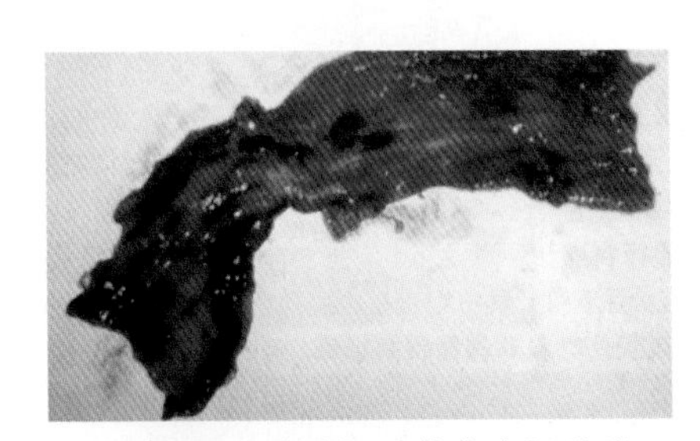

彩图 4-8　羊沙门氏菌病小肠黏膜充血、出血

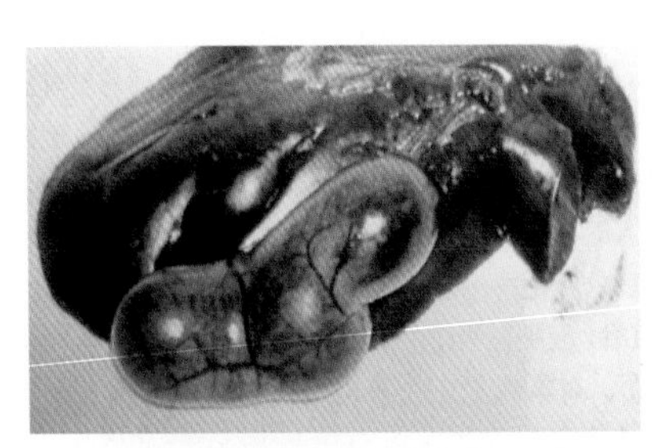

彩图 4-9　羊沙门氏菌病肝脏出血、胆囊肿胀

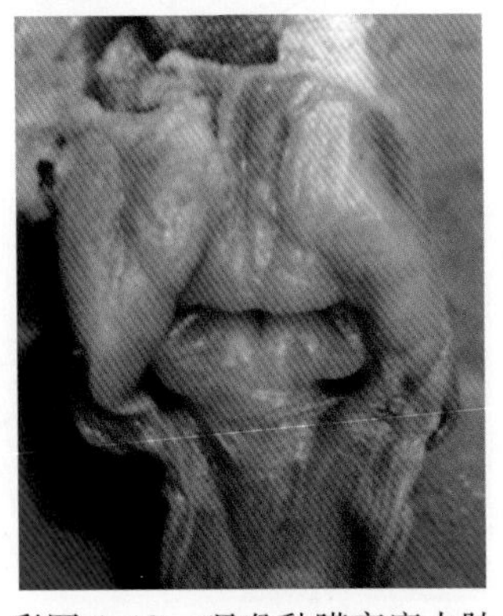

彩图 4-10　咽喉黏膜高度水肿

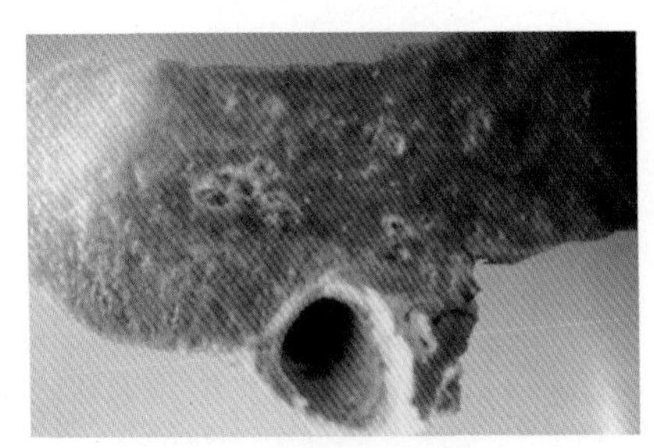

彩图 4-11　浆液性纤维素性肺炎

彩图 4-12　肝脏表面和实质可见灰黄色坏死灶

彩图 4-13　羊肠毒血症肠出血、瘀血，肠内出血性内容物

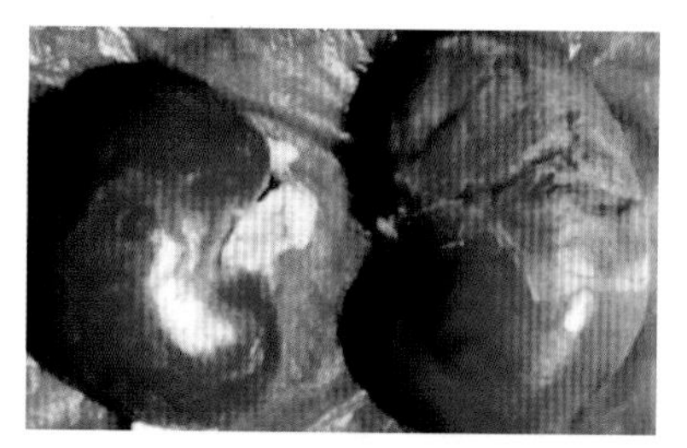

彩图 4-14　羊肠毒血症肾脏软化，肾实质呈稠糊状与被膜粘连，左为正常对照

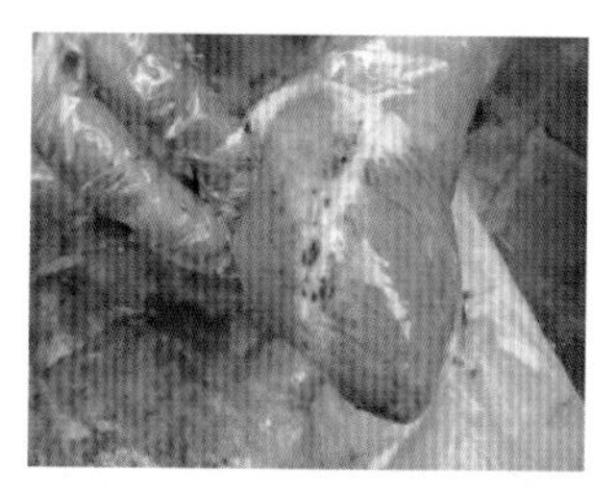

彩图 4-15　羊快疫病变的心脏

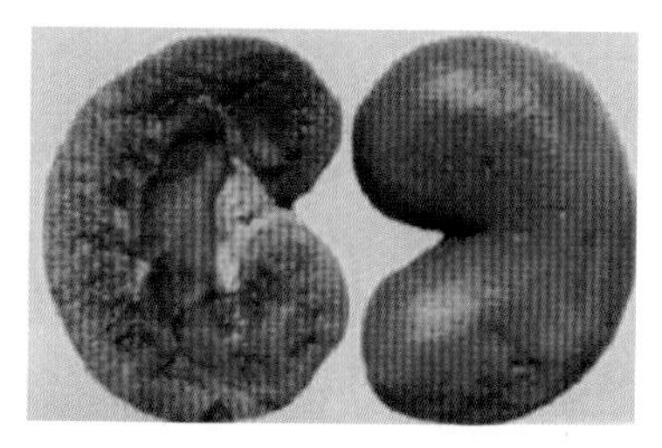

彩图 4-16　羊快疫肾脏肿大、瘀血

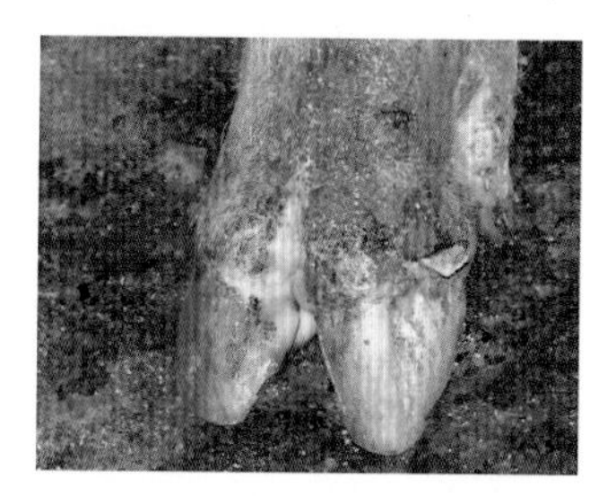

彩图 4-17　蹄部水疱破裂

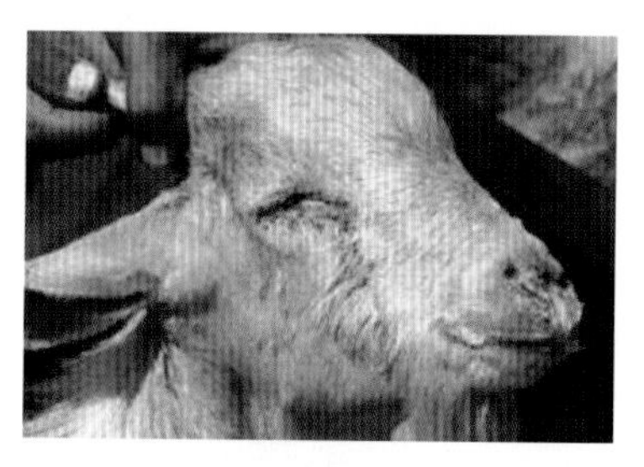

彩图 4-18　鼻和眼流出脓性分泌物

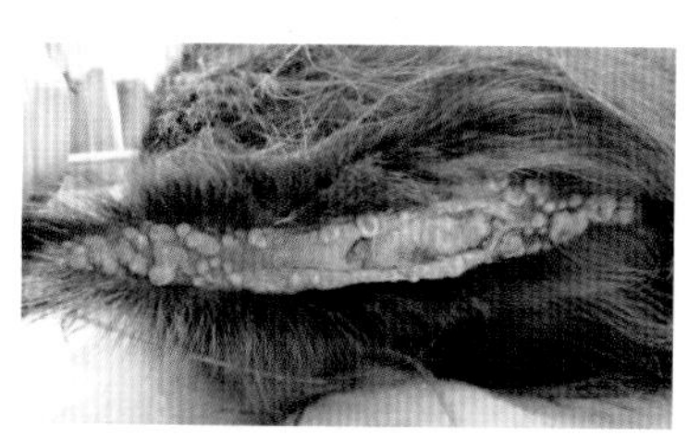

彩图 4-19　尾根无毛处羊痘（王自力供图）

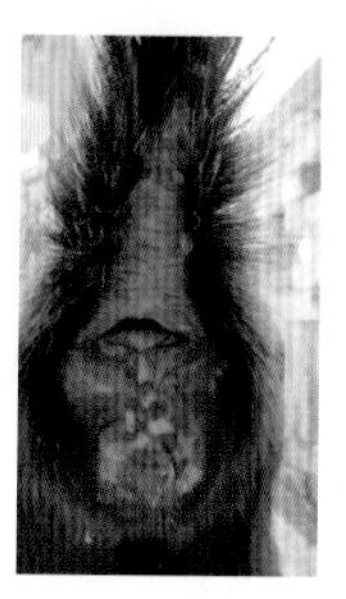

彩图 4-20　羊痘痊愈后形成斑状结痂（王自力供图）

彩图 4-21　口唇部的病变

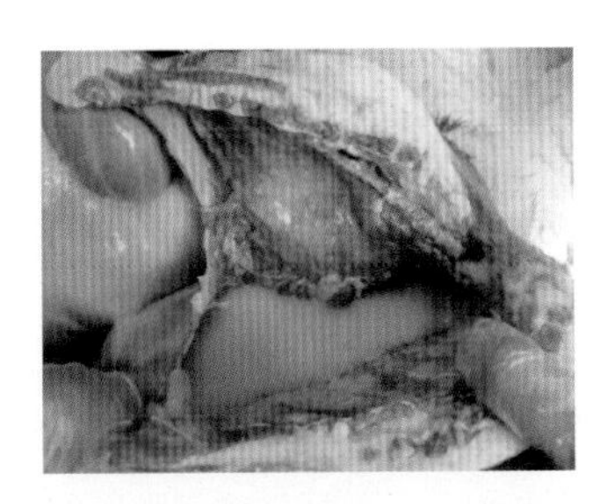

彩图 4-22　胸腔积液，胸膜上有白色纤维素附着（丁孟建供图）

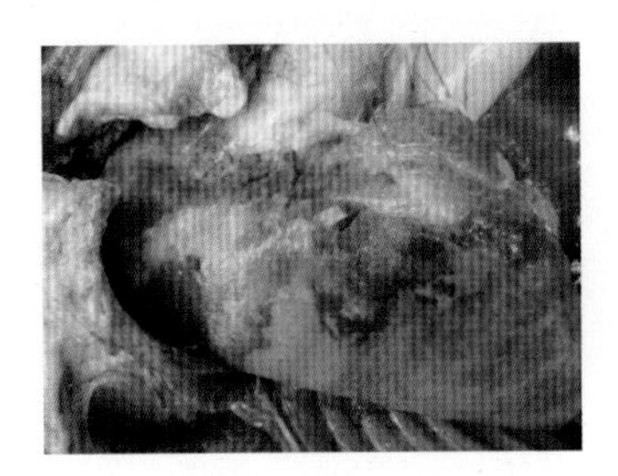

彩图 4-23　肺脏出血，出现肝变区（丁孟建供图）

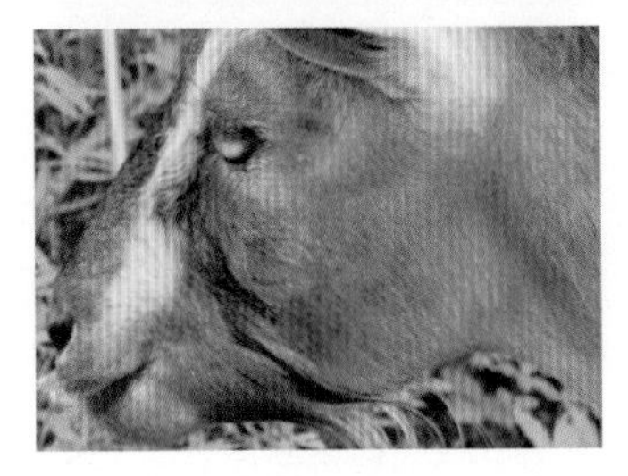

彩图 4-24　羊结膜炎，流泪，眼球混浊（陈吉轩供图）

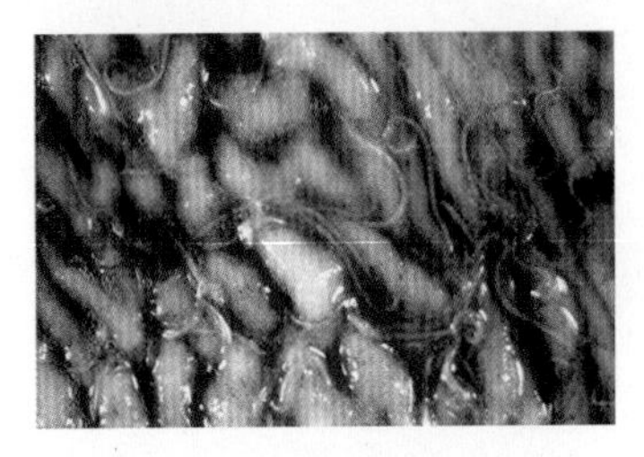

彩图 5-1　皱胃黏膜的捻转血矛线虫

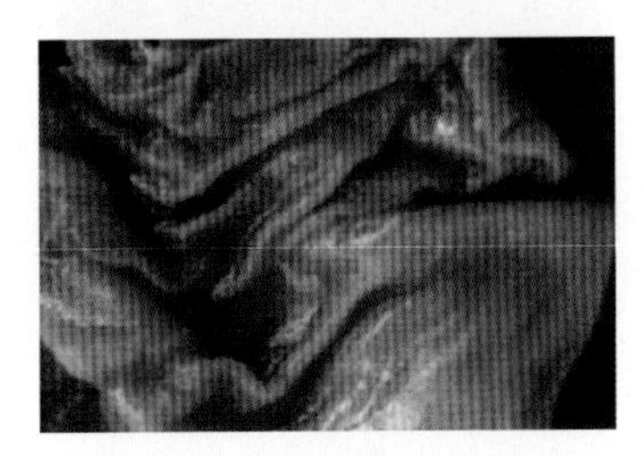

彩图 5-2　山羊捻转血矛线虫引起的卡他性胃炎

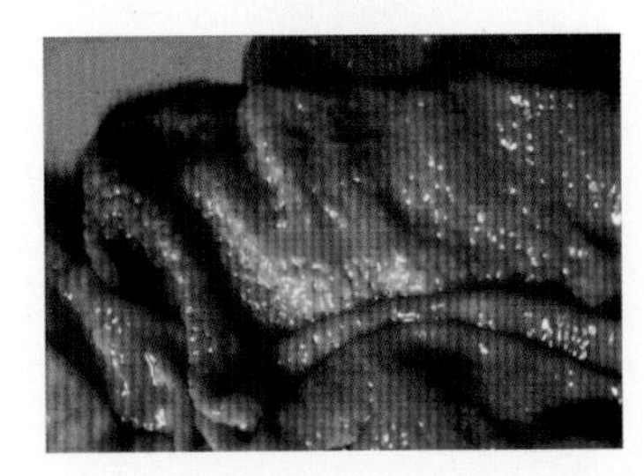

彩图 5-3　奥斯特线虫引起的胃黏膜结节

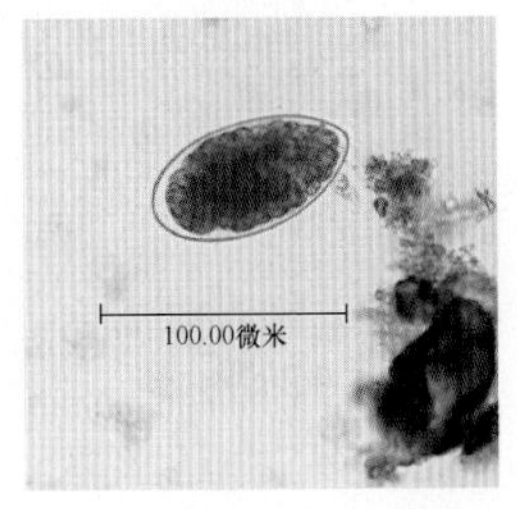

彩图 5-4　毛圆线虫虫卵（×10）

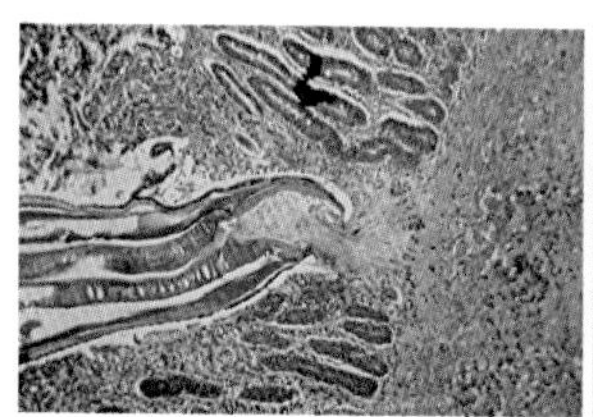

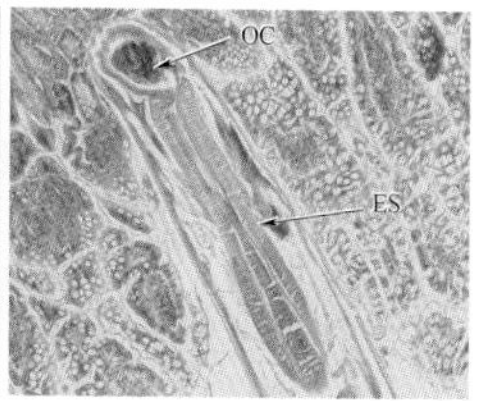

彩图 5-5　仰口线虫寄生于肠道（OC：oral cavity。ES：muscled esophagusoral）

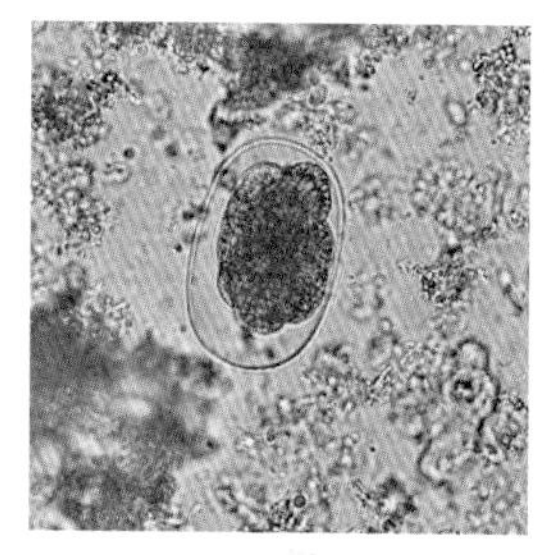

彩图 5-6　仰口线虫虫卵（×400）

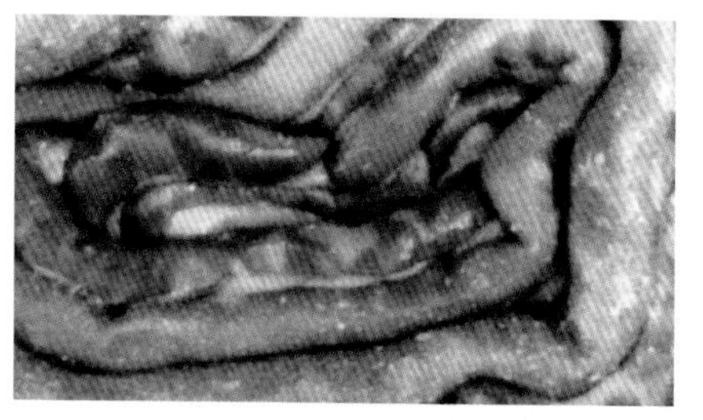

彩图 5-7　肠壁上密发结节（羊食道口线虫病）

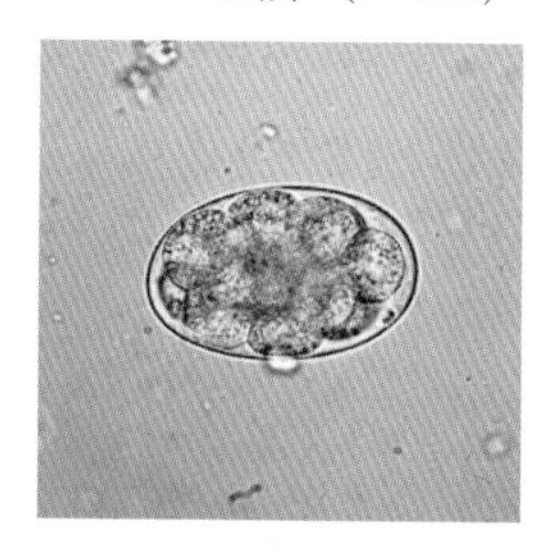

彩图 5-8　山羊食道口线虫虫卵

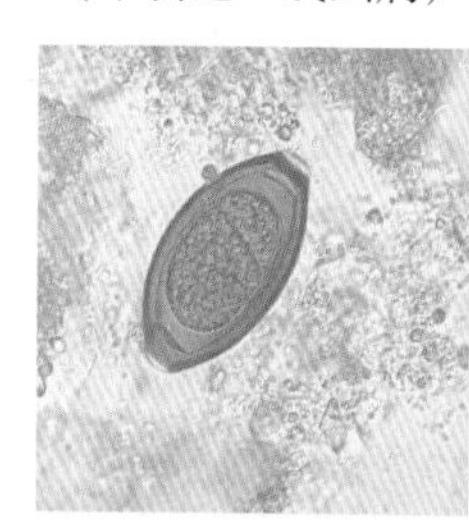

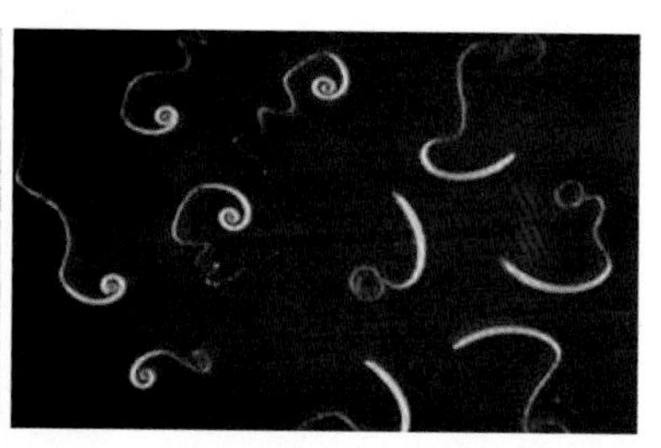

彩图 5-9　羊毛首线虫

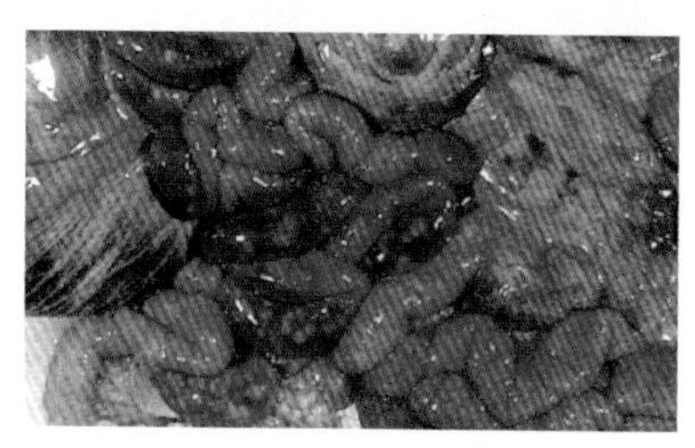

彩图 5-10　球虫病引起的肠道出血，浆膜面灰白色病灶

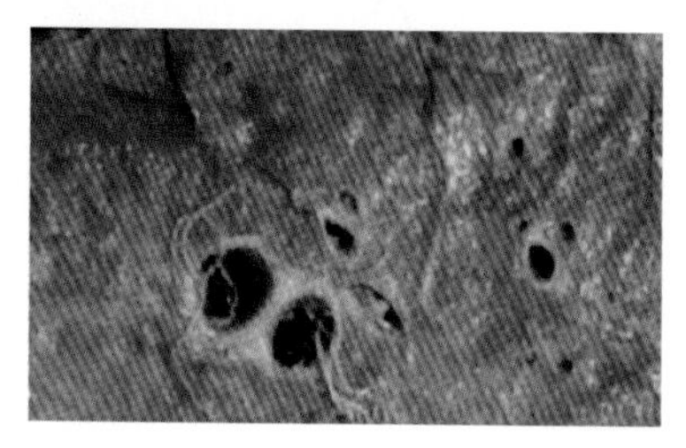

彩图 5-11　山羊支气管寄生的肺线虫

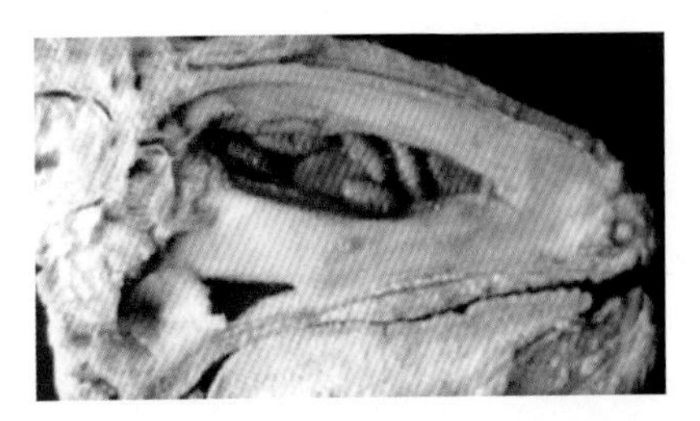

彩图 5-12　鼻腔纵切面，鼻黏膜潮红，鼻蝇蛆寄生

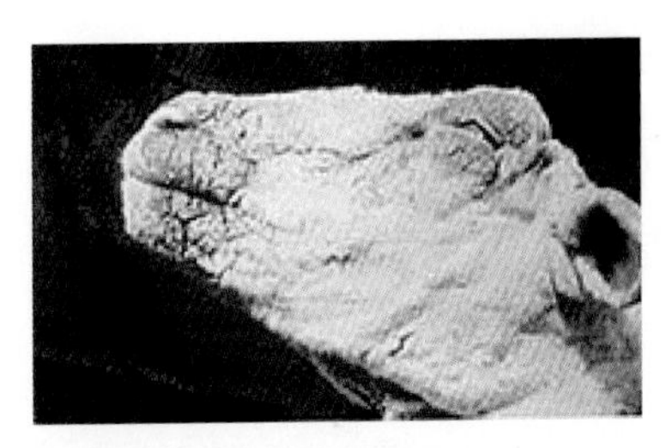

彩图 5-13　形成坚硬的灰白色橡皮样痂皮

彩图 5-14　脑多头蚴病羊的转圈运动

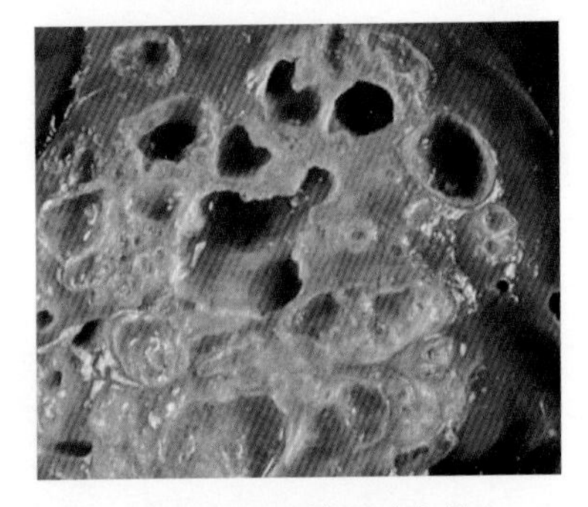

彩图 5-15　羊肝脏内的细粒棘球蚴

彩图 5-16　细颈囊尾蚴

彩图 5-17　绵羊肠系膜上的细颈囊尾蚴

羊病综合防治大全

主　编　王自力　王豪举
副主编　董世起　赵永聚
编　者　方仁东　王豪举　王自力　江　莎　张　涛
张　翥　肖　雄　金美兰　李春林　周作勇
周荣琼　赵永聚　赵志伟　聂　奎　陶晓奇
董世起

机　械　工　业　出　版　社

本书主要由西南大学动物科技学院从事畜牧兽医工作的教学、科研人员编写。全书以介绍现代羊病的诊断、药物治疗及预防措施为主要内容，详细介绍了羊病防疫措施、消毒防疫技术和常用兽药知识，重点介绍了羊常见细菌性传染病、病毒性传染病、寄生虫病、普通病（内科、外科、产科、营养代谢及中毒性疾病）等的临床症状、诊断要点、药物治疗（中西药治疗）及预防措施。

本书可作为山羊及绵羊养殖技术人员、兽医工作者等的参考资料。

图书在版编目（CIP）数据

羊病综合防治大全/王自力，王豪举主编．—北京：机械工业出版社，2018.7（2024.9重印）
（高效养殖致富直通车）
ISBN 978-7-111-60123-4

Ⅰ.①羊…　Ⅱ.①王…②王…　Ⅲ.①羊病-防治　Ⅳ.①S858.26

中国版本图书馆CIP数据核字（2018）第119908号

机械工业出版社（北京市百万庄大街22号　邮政编码100037）
总 策 划：李俊玲　张敬柱
策划编辑：郎　峰　周晓伟　责任编辑：郎　峰　周晓伟
责任校对：王　欣　　　　　责任印制：常天培
北京铭成印刷有限公司印刷
2024年9月第1版第11次印刷
147mm×210mm・7.875印张・4插页・261千字
标准书号：ISBN 978-7-111-60123-4
定价：35.00元

凡购本书，如有缺页、倒页、脱页，由本社发行部调换
电话服务　　　　　　　　　　网络服务
服务咨询热线：010-88361066　机 工 官 网：www.cmpbook.com
读者购书热线：010-68326294　机 工 官 博：weibo.com/cmp1952
　　　　　　　010-88379203　金 书 网：www.golden-book.com
封面无防伪标均为盗版　　　教育服务网：www.cmpedu.com

高效养殖致富直通车

编审委员会

序

改革开放以来，我国养殖业发展非常迅速，肉、蛋、奶、鱼等产品产量稳步增加，在提高人民生活水平方面发挥着越来越重要的作用。同时，从事各种养殖业也已成为农民脱贫致富的重要途径。近年来，我国经济的快速发展对养殖业提出了新要求，以市场为导向，从传统的养殖生产经营模式向现代高科技生产经营模式转变，安全、健康、优质、高效和环保已成为养殖业发展的既定方向。

针对我国养殖业发展的迫切需要，机械工业出版社坚持高起点、高质量、高标准的原则，组织全国20多家科研院所的理论水平高、实践经验丰富的专家学者、科研人员及一线技术人员编写了这套“高效养殖致富直通车”丛书，范围涵盖了畜牧、水产及特种经济动物的养殖技术和疾病防治技术等。

丛书应用了大量生产现场图片，形象直观，语言精练、简洁，深入浅出，重点突出，篇幅适中，并面向产业发展需求，密切联系生产实际，吸纳了最新科研成果，使读者能科学、快速地解决养殖过程中遇到的各种难题。丛书表现形式新颖，大部分图书采用双色印刷，设有“提示”“注意”等小栏目，配有一些成功养殖的典型案例，突出实用性、可操作性和指导性。

丛书针对性强，性价比高，易学易用，是广大养殖户和相关技术人员、管理人员不可多得的好参谋、好帮手。

祝大家学用相长，读书愉快！

赵广永

中国农业大学动物科技学院

前言

随着羊养殖业规模化、集约化的快速发展，规模小、生产技术水平低、养殖效益低及疫病防治困难等问题，严重影响了我国羊养殖业的生产效益、公共卫生安全的健康发展。为了加强和提高羊病的防治技术水平，提高羊养殖经济效益及保障公共卫生安全，我们特地组织了长期从事羊养殖及疾病防治的教学、科研和临床诊疗等方面的教授、专家编写了本书。

本书全面系统地介绍了羊养殖过程中常见疫病防治的关键技术，详细介绍了羊病防疫措施、消毒防疫技术、常用兽药知识，重点介绍了羊常见细菌性传染病、病毒性传染病、寄生虫病、普通病（内科、外科、产科、营养代谢及中毒性疾病）等的临床症状、诊断要点、药物治疗（中西药治疗）及预防措施，具有较强的实用性、针对性和可操作性，可作为山羊及绵羊养殖技术人员、兽医工作者等的参考资料。

需要特别说明的是，本书所用药物及其使用剂量仅供读者参考，不可照搬。在生产实际中，所用药物学名、常用名与实际商品名称有差异，药物浓度也有所不同，建议读者在使用每一种药物之前，参阅厂家提供的产品说明以确认药物用量、用药方法、用药时间及禁忌等。购买兽药时，执业兽医有责任根据经验和对患病动物的了解决定用药量及选择最佳治疗方案。

在本书编写过程中参考了部分羊病防治方面的相关图片、书籍及网站资料，在此一并向相关作者和编者表示感谢！

由于编者知识、经验有限，加之时间仓促，书中难免存在问题和错误，敬请广大读者批评指正。

编　者

目 录

第三章 羊病诊疗及防疫技术

第四章 羊常见传染病

第五章 羊常见寄生虫病

第六章 羊常见内科病

第七章 羊常见外科、产科病

第八章 羊常见营养代谢病

第九章 羊常见中毒性疾病

参考文献

第一章
羊病防控体系的构建

第一节　羊病综合防疫技术

一　羊病流行特点及途径

羊病包括传染病、寄生虫病、中毒病、代谢病，以及内科、外科、产科病等，其中以传染病和寄生虫病危害最大。羊场的防疫工作主要围绕传染病和寄生虫病的防控进行。

传染病的流行环节包括传染源、传播途径和易感羊群，这三个基本条件缺少其中某一条都会使疫病流行终止。

（1）传染源　指某种病原体在其中寄生、生长、繁殖并能排出体外的动物机体，包括受感染的病羊和其他动物，也包括无症状的隐性感染的带菌动物。

1）病羊和病死羊尸体是最重要的传染源，尤其是病羊，可向外界环境中排出大量病原体，造成巨大危害。须对病羊早发现早隔离早治疗，必要时要扑杀做无害化处理。同时，病羊在恢复期或无症状期可向外界大量排毒，须根据不同疾病确定不同隔离期。

2）病原隐性携带者是指体表无症状但能携带病原体和排出病原体的动物，包括潜伏期、恢复期及健康动物的病原携带者。

① 潜伏期病原携带者：大多数传染病在无症状的潜伏期不向外界环境排毒，但少数传染病如狂犬病、口蹄疫等，在潜伏期后期能够排出病原体，造成疾病传播。

② 恢复期病原携带者：指临床症状消失后仍能够向外界排毒的病羊。

③ 健康动物病原携带者：指过去没有发现某种传染病，但能够携带并排出病原体的动物。因此，羊场引入新的羊群时，即使羊群外表健康，

也可能带有病原体，并在全群中迅速传播。因此，羊场要坚持自繁自养，避免引进新病，必须引进种羊时要经过一定时间隔离，多次血清学检查呈阴性才能与原有羊群混群。

（2）传播途径 指病原体从传染源排出后传播到其他易感动物的途径，其传播方式分为直接接触传播和间接接触传播。

1）直接接触传播：指具有传染性的动物与易感动物直接接触传播的方式，如交配和舔咬等。狂犬病携带者咬伤动物和人后，病毒随着唾液进入伤口才能引起发病。

2）间接接触传播：指病原体经过中间传播媒介使易感动物发生传染的传播方式，一般通过以下几种途径。

① 空气传播：患病羊呼吸道内含有大量病原体，打喷嚏和呼吸时随飞沫散布于空气中，健康羊吸入飞沫时即可感染发病。在清洁、干燥、光亮、通风良好的环境中，不利于病原体飘浮和存活；环境潮湿、阴暗、通风不良，有利于飞沫中的病原存活和疫病传播。

② 饲料和饮水传播：病原体以不同方式排出体外后污染饲料和饮水，易感羊采食了被污染的饲料和饮水即可感染，以消化道为传播途径的传染病均能以此种方式传播，如大肠杆菌、沙门氏菌、羊痢疾、传染性胃肠炎等。

③ 污染的土壤传播：部分病原体随排泄物或尸体落入土壤中存活，如炭疽、破伤风等可形成芽孢，对外界具备很强的抵抗力，羊群接触时即可感染。

④ 媒介传播：是指除羊以外的其他动物、人员为媒介来传播的方式。具体如下。

a. 节肢动物：包括蚊、蝇、跳蚤、蜱等。如乙型脑炎，蚊、蜱是最主要的传播媒介，蚊、蜱叮咬感染动物后，再叮咬易感动物即可通过血液传播乙型脑炎病毒，病毒还可以在蚊子体内增殖和越冬。家蝇虽不吸血，但可以活动于病羊排泄物和易感羊之间，可以机械性携带病原传播。

b. 人、野生动物和其他畜禽：某些人畜共患病，如伪狂犬病、口蹄疫等可通过人、野生动物和畜禽传播给羊，其中以鼠危害最大。因此，羊场应加强灭鼠，禁止犬、猫及其他动物进入羊场。

⑤ 用具传播：传染源排出的病原体可污染饲养设备、诊疗器械等，如消毒措施不足或有缺陷均可引起疾病传播。

（3）易感羊群 指对某种病原体羊群缺乏抵抗力，易感染病原且造成相互传播而暴发疾病。羊群易感性与病原体强弱、羊群内外因素及羊群的特异性免疫状态有关。

1）羊群内在因素，包括品种、年龄及非特异性免疫力状况。一般而言，羊群的营养状况越好，则羊群的非特异性免疫力越高。

2）羊群外在因素，范围很广泛，包括环境卫生、羊舍设施是否合理、饲养管理措施及气候变化等因素。

3）特异免疫状态，是指羊群对某种病原体的特异性免疫力，包括感染发病耐过的羊和无症状隐性感染的羊，一定时间内羊群对此病再次流行有一定的抵抗力；另外一种是人工接种免疫，按照合理免疫程序及时对羊群进行疫苗接种，可提高羊群获得针对传染性疾病的特异性抵抗能力。

二 羊病防控原则及措施

对于羊疫病的防治，实行“养重于防，预防为主，防重于治，防治结合”的方针，“加强领导、密切配合、依靠科学、依法防治、群防群控、果断处置”的防控原则，关键在于生物安全、综合保健和免疫治疗。

羊场防疫工作主要内容为：消灭传染源、切断传播途径、保护易感羊群。树立“防重于治”的思想，采取综合性防疫措施，提高羊群特异性及非特异性抵抗力，切实保障羊群生产的健康发展。因此，可以从以下几方面开展有效的防疫工作。

（1）羊场选址、布局建设要合理 首先考虑不受周围环境的污染，地势要高，水源充足，排水方便，且远离交通要道。

（2）坚持自繁自养 坚持自繁自养是防止引入外来传染病的最可靠手段，也是杜绝传染病进场的第一步。需要引进种羊时，只能引自非疫区，对所引进羊场详细了解，并经当地兽医部门检疫合格后，再行引进。引进隔离观察1个月后，确认无疫病者方可混群。

（3）采用全进全出的饲养管理方式 这是控制传染病流行的最关键环节，有利于控制疾病和饲养管理。

（4）搞好环境卫生 保持栏舍内外的清洁卫生，尤其做好冬季羔羊保温工作，使羊舍内温度适宜，光线充足，通风良好。

（5）严格执行各项消毒制度 这是切断传染病传播途径最有效的手段之一，是羊场重要的防疫措施，也是兽医的主要工作内容之一。

1）进出场人员消毒。严禁场外无关人员进入羊场，外来人员和本场人员必须进入时，必须先更衣换鞋，经过紫外线或臭氧消毒15~20分钟，并对双手清洗消毒后经消毒池过道进入。

2）进出车辆消毒。车辆必须经过大门消毒池进入，车辆其他部分必须经过喷雾消毒。

3）羊舍消毒。羊群全进全出、转群后要彻底清扫栏圈内的粪便、污物等，将可移动用具清洗后于阳光下曝晒。固定用具、地面、墙面、过道等用自来水冲洗干净后，闲置一天待干燥后才能消毒。

4）羊舍以外的生产区消毒。羊舍以外的生产区和道路、运动场、储藏间等要每隔5～10天进行一次消毒。

5）临产前消毒。母羊临产前用0.1%高锰酸钾洗液对外阴和乳头消毒，羔羊断脐时，需要用无菌线结扎并用碘酊消毒。

6）临时消毒。当出现可疑病羊时，要及时隔离病羊，对病羊的生活区域及用具采取应急消毒措施。

（6）临诊检查 兽医应每天观察羊群状况，调查疫情，发现问题及时处理。主要观察羊精神状态、食欲、行为运动和体温变化，如发现异常，要及时隔离观察。

（7）免疫接种 免疫接种是控制养羊场疫病流行的重要措施之一。根据本地羊场疫病流行情况，因地制宜制订合理的免疫程序，做好疫苗接种工作。

疫苗接种注意事项如下。

1）要确保疫苗质量。首先要从正规渠道进货，把好疫苗质量关，产品必须有批准文号、有效日期和生产厂家，“三无”产品不可用；其次疫苗怕热，运输和储存时要低温保存。

2）免疫接种要指定专人负责，疫苗使用前要检查有无破损，封口是否严密。

3）接种用的注射器针头、镊子要严格消毒，给羊接种时做到一羊一针头。

4）预防接种前要全面了解和检查羊群状态，如果羊有精神不好、食欲差等异常时，不要接种。

5）同一时间接种两种以上疫苗时，须考虑是否存在疫苗互相干扰的情况，确保无障碍后才可接种。

6）接种时要及时登记，不要漏免。

（8）做好杀虫、灭鼠工作 由于蚊、蝇和老鼠在许多传染病中是很重要的传播媒介，所以要定期灭蚊、灭蝇和灭鼠。

（9）药物防治

1）药物预防。目前可通过在饮水和饲料中添加一些中药制剂、微生态制剂及一些常用药物来预防疾病的发生。药物预防对羊传染病和寄生虫病来说是一种比较有效的预防措施，但应该严格执行休药期规定。

2）药物治疗。羊群暴发疾病时，可根据实际情况选用药物治疗，并注意以下几点。

① 早发现早治疗，用药要准要狠。

② 避免长期使用同一类抗生素，否则易产生耐药性，有条件的最好做药敏试验。

③ 药物合用时，应注意配伍禁忌。

④ 无论预防还是治疗，坚决不要使用国家法规禁止使用的药物。

第二节　羊病防控体系的构建内容

一 羊场建筑及环境控制措施

羊场及羊舍是进行舍饲养羊重要的基础条件之一。羊场建场地址选择是否妥当，羊舍建设能否满足羊的生理要求，能否有利于饲养管理，是否经济实用，对提高羊的生产性能、养羊效益和疫病防控均有重要的影响。

1. 羊场及羊舍地址的选择

（1）地形、地势　要求地势高燥、地下水位低（2 米以下）、有一定坡度（1%～3%）、在寒冷地区背风向阳，切忌在低洼涝地、山洪水道、冬季风口等地修建羊舍。

（2）防疫　保证防疫安全。羊舍地址必须从未发生过羊的任何传染病，距离生活饮用水源地、动物屠宰加工场所、动物和动物产品集贸市场 500 米以上，距离种畜禽场 1000 米以上，距离动物诊疗场所 200 米以上，动物饲养场（养殖小区）之间距离不小于 500 米，距离动物隔离场所、无害化处理场所 3000 米以上，距离城镇居民区、文化教育科研等人口集中区域及公路、铁路等主要交通干线 500 米以上。羊场内兽医室、病畜隔离室、贮粪池、尸坑等应位于羊舍的下坡下风方向，以避免场内疾病传播。

（3）水源、水质　水源充足，水质良好。水量能保证场内职工生活用水、羊饮水和消毒用水。羊的需水量一般舍饲大于放牧，夏季大于冬季。成年母羊和羔羊舍饲需水量分别为 10 升/(只・天) 和 5 升/(只・天)，放牧相应为 5 升/(只・天) 和 3 升/(只・天)。水质必须符合畜禽饮用水的

水质卫生标准。同时，应注意保护水源不受污染。

（4）交通 交通比较方便，便于运输；有供电条件。

如果是为引进新品种建羊舍，要根据生态适应性选择地址。所选择地址的自然生态条件必须符合或至少接近于引进品种原产地的自然生态条件。

2. 羊场建筑与布局

（1）羊舍及运动场面积 羊舍面积大小，根据饲养羊的数量、品种和饲养方式而定。面积过大，浪费土地和建筑材料；面积过小，羊在舍内过于拥挤，环境质量差，有碍羊体健康。表1-1中列出了各类羊只羊舍所需面积，供参考。羊舍应保持干燥，地面不能太潮湿，空气相对湿度以50%~70%为宜。

表1-1 各类羊只所需的羊舍面积

羊　别	面积/（米^2/只）	羊　别	面积/（米^2/只）
母羊	1.1~2.0	成年羯羊和育成羊	0.7~0.9
公羊（群养）	1.8~2.25	去势羔羊	0.6~0.8
公羊（独栏）	4~6	3~4个月的羔羊	占母羊所需面积的20%

（2）羊舍类型 不同类型的羊舍，在提供良好小气候条件上有很大的差别。

1）根据羊舍四周墙壁封闭的严密程度，可划分为封闭舍、开放与半开放舍和棚舍三种类型。封闭舍四周墙壁完整，保温性能好，适合较寒冷的地区采用；开放与半开放舍，三面有墙，开放舍一面无长墙，半开放舍一面有半截长墙，保温性能较差，通风采光好，适合温暖地区，是我国较普遍采用的类型；棚舍，只有屋顶而没有墙壁，仅可防止太阳辐射，适合于炎热地区。行业发展趋势是将羊舍建成组装式类型，即墙、门窗可根据一年内气候的变化进行拆卸和安装，组装成不同类型的羊舍。

2）根据羊舍屋顶的形式，可分为单坡式、双坡式、拱式、钟楼式、双折式等类型。单坡式羊舍，跨度小，自然采光好，适于小规模羊群和简易羊舍选用；双坡式羊舍，跨度大，保暖能力强，但自然采光、通风差，适于寒冷地区选用，是最常用的一种类型。在寒冷地区还可选用拱式、双折式、平屋顶式等类型；在炎热地区可选用钟楼式羊舍。

3）根据羊舍长墙与端墙排列形式，可分为“~”字形，“┌”字形或“门”字形等。其中，“～”字形羊舍采光好、均匀、温差不大，经济适用，是较常用的一种类型。

此外，我国南方炎热潮湿地区可修建吊楼式羊舍，在山区可利用山坡修建地下式羊舍和土窑洞羊舍等。我国幅员辽阔，气候各异，各地应根据当地气候特点、建筑材料、经济条件，分别选用墙、屋顶、排列形式组装羊舍，以满足羊的生理要求。

（3）羊舍基本结构

1）地面。又称为畜床，是羊生产、躺卧休息和排泄的地方。地面的保暖与卫生状况很重要。羊舍地面有实地面和漏缝地面两种类型，实地面又以建筑材料不同有夯实黏土、三合土（石灰:碎石:黏土为1:2:4）、石地、混凝土、砖地、水泥地、木质地面等。其中，黏土地面易于去表换新，造价低廉，但易潮湿且不便消毒，干燥地区可采用。三合土地面较黏土地面好。石地面和水泥地面不保温、太硬，但便于清扫与消毒。砖地面和木质地面保暖，也便于清扫与消毒，但成本较高，适合于寒冷地区。饲料间、人工授精室、产羔室可用水泥或砖铺地面，以便消毒。漏缝地面能给羊提供干燥的卧地，在我国南方亚热带地区普遍采用。漏缝地面用木条、竹子或铸铁等材料制成，但缝隙宽度一般为15毫米左右，适合成年羊和3月龄以上羔羊使用。

2）墙。在畜舍保温上起着重要的作用。我国多采用土墙、砖墙和石墙等。土墙造价低，导热小，保温好，但易湿，不易消毒，小规模简易羊舍可采用。砖墙是最常用的一种，其厚度有半砖墙、一砖墙、一砖半墙等，墙越厚，保暖性能越强。石墙，坚固耐久，但导热性大，寒冷地区效果差。

3）门和窗。一般门宽2.5～3.0米、高1.8～2.0米，可设为双扇门，便于大车进入清扫羊粪。按200只羊设一大门。寒冷地区在保证采光和通风的前提下少设门，也可在大门外添设套门。窗一般宽1.0～1.2米、高0.7～0.9米、窗台距地面高1.3～1.5米。

4）屋顶与天棚。屋顶具有防雨水和保温隔热的作用。其材料有陶瓦、石棉瓦、木板、塑料薄膜、油毡、金属板。在寒冷地区可加天棚，其上可贮冬草，能增强羊舍保温性能。羊舍净高（地面至天棚的高度）为2.0～2.4米。在寒冷地区可适当降低净高。单坡式羊舍，一般前高2.2～2.5米，后高1.7～2.0米。屋顶斜面呈45°倾斜。

（4）饲养方式与羊舍建筑 饲养方式的不同，必然意味着我们要结

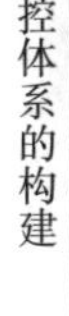

合其各自的疫病发生及防控特点来设计羊场的布局和结构，以保证养羊生产正常有序进行。养羊的主要方式有放牧、舍饲、放牧加舍饲三种。放牧饲养，对建筑的要求并不高，早晨牧民将羊驱入牧场后，便任其采食，自由饮水，只是在晚上将羊驱入羊圈过夜，羊圈仅作睡眠与休息用，无须过大的运动场面积。

舍饲羊要建设运动场，运动场应建在背风向阳、平坦、稍有坡度的地方，以便排水和保持干燥。四周应设置1.5~2.0米高的围栏或围墙。在运动场的两侧设置遮阳棚或种植树木，以避免夏季烈日的直接曝晒。围栏外侧应设排水沟。运动场面积一般为羊舍面积的2~4倍。

（5）羊场布局 羊场的建筑布局必须按彼此间的功能联系统筹安排。应从人畜保健角度出发，以建立最佳的生产联系和卫生防疫条件，来合理安排各区位置。尽量做到既配置紧凑、少占地，又卫生、防火安全；既保证最短的运输、供电、供水线路，又便于组成流水作业线，实现专业化有序生产。

3. 羊场环境控制

（1）温度、湿度 温度可以不同层次、不同程度间接或直接影响着羊的生理状况。羊借助于物理调节方法来维持体温正常的环境温度，称其为羊的理想温度或最适温度。因为性别、年龄、体况、品种的不同，导致羊群的最适温度不可能完全一致，提供以下数据作为参考：冬季产羔舍舍温应保持在8℃以上，一般羊舍在0℃以上；夏季舍温不超过30℃。羊舍朝向为坐北朝南，为封闭或半封闭式。设计通风和保温设施，实现温度、湿度的合理调节。采用屋顶通气孔或前后窗通风，也可采用风机强制通风等方式。

（2）光照 光对于生命有着重要的意义。光照可以影响羊的生理生化状况，尤其对羊的繁殖有着明显的影响。可自然采光或人工光照，对于舍饲养羊而言，都设有运动场，以满足羊对光照的需求，同时窗户和屋顶的合理利用也能调节羊对光照的需求。但也应注意避免光照过度对羊的健康造成影响。

（3）噪声 噪声对养羊有诸多影响。因此，羊舍要正确选址，避免外界干扰；要选择使用性能优良，噪声小的机械设备；要在场区、缓冲区植树种草，达到降低噪声的目的。

（4）空气 通风换气，及时排除舍内有害气体。通风的目的是降温，换气的目的是排出舍内污浊空气，保持舍内空气新鲜。通风换气参数如下：

冬季，成年羊 0.6 ~ 0.7 米^3/(分钟·只)，肥育羔羊 0.3 米^3/(分钟·只)；夏季，成年羊 1.1 ~ 1.4 米^3/(分钟·只)，肥育羔羊 0.65 米^3/(分钟·只)；如果采用管道通风，舍内排气管横断面积为 0.005 ~ 0.006 米^2/只。

也可通过粪便、垫料中添加吸附性添加剂，合理搭配饲料及饲料中使用添加剂，饮水饲喂前清扫水料槽，定时清理粪尿等措施达到控制空气质量的目的。

（5）饮用水 饮用水质量指标执行《无公害食品畜禽饮用水水质》(NY 5027—2008)。定期清洗自来水管道，保证水质传送途中无污染。自备井，水量丰富，水质良好，取水方便，避免在低洼沼泽或容易积水的地方打井。水井周围 30 米范围内，禁止渗水厕所、渗水坑、粪坑、垃圾堆等污染源存在。

（6）疫病 生产区与生活办公区分开，并有隔离设施，生产区入口处设置更衣消毒室，各养殖栋舍出入口设置消毒池或者消毒垫，场区出入口处设置与门同宽、长 4 米、深 0.3 米以上的消毒池；生产区内各养殖栋舍之间距离在 5 米以上或者有隔离设施；有与生产规模相适应的无害化处理、污水污物处理设施设备；有相对独立的引入羊隔离舍和患病动物隔离舍。

根据实际情况设定道路的宽窄，既要方便运输，又要符合防疫的要求。一般要求运送草料、畜产品的道路不与运送羊粪的道路通用或交叉。兽医室有单独的道路，不与其他道路通用或交叉。

二 饲养管理措施

我国地域辽阔，区域差异显著，受地形、气候、品种、植被、社会心理等诸多方面的作用，羊的饲养方式也不尽相同。

1. 不同饲养方式的管理措施

（1）放牧饲养 放牧是我国羊生产的重要方式。羊采食能力强，善于游走，合群性强，适合放牧。放牧有利于增加羊群的运动量，强健体魄，可以有效利用天然植被，获得充分的阳光，降低成本。放牧在牧区和半农半牧区被广泛采用。

1）草场。放牧羊，以草场为第一要义。草场是放牧的基础。不同的季节和气候，牧草的生长状况是不同的，春季嫩草新发，夏季水分较多，秋季价值最高，冬季叶败草枯。充分合理科学利用草场，要考虑可载畜量、牧草生长状况、羊市场情况等信息，结合其他具体情况如劳动力、疾病等制订具体规划。草场最好水分充足，无毒草、林木、乱石等，坡度小，牧草种类丰富，生长旺盛。

2）放牧。放牧是关键环节，不可大意。放牧时，一要注意牧群大小，坚持以草定畜。受地域差异的影响，一般繁殖母羊，牧区250～500只/群，半农半牧区100～150只/群，山区50～100只/群，农区30～50只/群为宜。二要注意放牧时间，民谚说得好："春放平川免毒草，夏放高山避日焦，秋放满山吃好草，冬天就数阳坡好。"为了使羊能吃饱能吃好，要根据所在区域的季节气候、地形地貌、日照气温等合理规划。三是放牧方式，常见方式有固定放牧、围栏放牧、季节轮牧、划区轮牧等。

3）补饲。放牧羊的健康成长主要考虑两方面因素，一为草，二为羊。草指草场中供羊采食的草所能提供的营养和能量，羊指羊健康成长所需要的营养和能量。往往两者供求并不平衡，在许多方面如粗蛋白质、代谢能等均可能出现供不应求的情况。部分地区牧草中某些微量元素缺乏，也将导致羊出现某些临床症状。这就要求我们放牧养羊时进行必要的补饲，尤其在羊对营养和能量的需求较多时，比如配种、妊娠阶段。补饲要分季节、性别和生理阶段，按照需求合理补饲。

（2）舍饲

1）卫生与防疫。舍饲下的羊场处于一个封闭、复杂、人为控制的环境中，对卫生的要求要高得多。本着疫病防控的要求，需要从以下几方面着手。

第一，要坚持全进全出的原则。所谓"全进全出"是指在同一栋羊舍同时间内只饲养同一批羊，经过一个饲养期后，又同时全部出栏。这种模式下的羊便于统一饲养管理，有利于控制疾病传播，一批羊出栏后，统一对羊舍进行打扫消毒，有利于切断病原微生物的循环传播。

第二，做好消毒工作。消毒分内和外两方面，外指当外来人员、羊、车、设施设备等非羊场内的系统组成进入羊场时，要对其进行充分的消毒，常见的是大门前有给车消毒的消毒池（间），大门旁有供人消毒的消毒室，消毒室内有浸满消毒液的消毒垫、喷雾化消毒液、能使用紫外线等。现在大多使用喷雾化消毒液进行消毒，效果较好。当从生活区进入生产区时，也要进行消毒。而内则指生产区内尤其圈舍内要定期进行消毒，排泄的粪便要及时清理消毒，参考配方如下。

羊舍消毒：10%～20%石灰乳、10%的漂白粉溶液、0.5%～1.0%二氯异氰尿酸钠、0.5%过氧乙酸等均可，以喷雾方式消毒。对隔离舍，病毒性疾病用1%菌毒敌（复合酚、冰醋酸），其他疫病可用10%克辽林溶液。

地面消毒：10%的漂白粉溶液、4%福尔马林均可。

粪便消毒：堆积发酵30天左右。

污水消毒：1升污水加入2~5克漂白粉。

第三，要做好隔离工作。隔离包括羊场与外界的隔离、生产区与生活区的隔离、舍与舍间的隔离、群与群间的隔离、死羊和病羊与健康羊的隔离、粪便与饮水饲料的隔离。

第四，要做好疫病预防工作。首先是根据当地流行性疫病的种类，在肥育前接种合适的疫苗，并定期药浴和驱虫，防止寄生虫的传播。

此外，对于病死羊以及相关物品要进行无害化处理，常见方式有焚烧法、化制法、掩埋法。焚烧法指在特定容器如焚化炉内通过充分氧化分解处理死尸，使其达到无害化处理的要求；化制法指在特定容器内通过高压高温处理后，达到无害化处理的目的；掩埋法是在扑灭坑将尸体与生石灰或漂白粉共同掩埋，以此来达到无害化处理的目的。

2）饲料与饲养。羊吃得饱不饱，吃得好不好从根本上关乎着羊场的经济效益。从放牧转变到舍饲，羊的饲料也从自由采食转变到人为投放饲料。

第一，要科学设计合理的饲料配方。参照品种的饲养标准、各种饲料的成分及营养价值，选用多种饲草料，科学设计多阶段的健康合理的配方。要充分利用当地现有的资源，以降低成本，确保满足不同阶段不同用途羊的营养和能量需求。

第二，要以粗饲料为主，精饲料为辅。以各种农作物的秸秆、干草、青贮料、氨化料为主，补充适当的玉米、大麦、糟粕、糠麸等精料和必需的维生素及微量元素。饲喂时要按照先粗后精的原则饲喂，先喂秸秆或干草，秸秆和干草应先切成6~9厘米长，再喂青料或青贮料，最后喂精料。也可将粗精料粉碎后制成全混合饲料饲喂。

第三，建立合理的饲养制度。要由专人定时定量饲喂，每天饲喂3~4次，饮水1~2次，使羊形成条件反射，以提高饲料的消化和利用效率。

第四，要保证饲料和饮水的质量。对于有霉变、异味、杂质尤其是金属杂质和尖锐硬物、农药残留超标、冰冻、各种污染和有毒的草料或饲料坚决不予采用，坚决不给羊饮用不符合卫生标准的饮水。

第五，更换饲料要循序渐进。一般而言，不要频繁更换饲料，以免羊及其瘤胃微生物引起不适。但当所用饲料出现问题或随着羊的生长而能量营养发生变化时，就需要更换饲料。更换饲料时不可说换就换，而应在先前饲料中添加少量新饲料，逐日逐次增多，至全部更换为止。

2. 不同群体的饲养管理措施

(1) 种公羊的饲养管理 对于种公羊的要求是身强体壮，双目有神，精力充沛，肥瘦适中，性欲旺盛，精液品质高。种公羊一般单独组群饲养，并要保证充足的运动量。种公羊饲养划分为配种期饲养和非配种期饲养。

配种期：在配种前一个月左右要检测精液品质，开始采精时，一周一次，逐渐增多到两天一次，到配种时，每天采 1～2 次。就疾病防控角度而言，在充分利用公羊的前提下，要防止采精过度，以免对公羊的生殖系统造成伤害。人工采精时，首先要对公羊的阴茎和采精设备进行必要的消毒，以防病原感染；其次，采精应由技术熟练的专业人员操作，如果是新手，应有人在旁边监管指导，以防因操作不当对羊的外生殖器造成物理创伤。对精液密度低者，可以适当补充蛋白质饲料和胡萝卜。对于精子活力差者，可以尝试增加其活动量来解决。对于规模大的，可以制订具体的饲养管理日程。配种期公羊营养需求量高，除日常的青干草满足外，还需多补饲蛋白类饲料和能量饲料及维生素，并增强其运动量，以防公羊供能不足，影响精液品质，并导致公羊虚弱。

公羊在非配种期，除正常采食放牧外，还应补给足够的精料，并重视公羊的运动。

(2) 繁殖母羊的饲养管理 繁殖母羊承担着产羔、哺乳的重任，具体可以分为空怀期、妊娠期和泌乳期。

1) 空怀期：乳羊断奶后，母羊就进入空怀期。此期间以恢复身体为主，为下一次配种做准备，一般为 5～7 个月，从疾病防控的角度而言，刚给乳羊断完奶的母羊还相对虚弱，应当注意呵护。

2) 妊娠期：母羊不仅自身需要正常的能量代谢，还要提供胎羊的生长发育所需能量与营养，在此阶段随着胎儿的发育要逐步增加粗精料的用量。从疾病防控的角度来讲，此阶段严禁饲喂不合格饲料和饮水，且饮水不可是冰水，以防母羊不适，甚至流产。在日常管理上，管理人员对待此阶段的繁殖母羊，不可呵斥、鞭打，若是放牧，还应注意不走陡坡滑地，越沟翻岭，勿受惊吓。在接近预产期时，不可远牧，以尽量使羔产在羊舍内。

3）哺乳期：产羔后母羊身体处于虚弱状态，且还要供乳羊母乳，因此应保证母羊全价饲料的供应，以恢复母羊体况，并提高产乳量，满足乳羊所需。在此阶段，母羊、乳羊都处于体质孱弱、循环系统尚未正常、免疫力低下的状态，应勤加照料，谨防生病。

（3）羔羊的饲养管理 平时备好产羔时母羊和羔羊常见病的必要药品和设备，及时关注母羊的生理状况和行为特征。在母羊表现出临产行为时，及时观察母羊状况，谨防意外，如非必要，无须干涉，如有难产等再行人工辅助。遇到胎位不正、产力不足、阴道脱落或其他状况，应及时请经验丰富的专业畜牧兽医技术人员助产，产后的羔羊口鼻腔中的液体要掏干净，以免引起呼吸困难、吞咽引起的窒息或肺炎。羔羊身上的液体，一般母羊会舔干，若母羊拒绝或外界环境恶劣如大风低温等，可以人为擦干。脐带一般羔羊会自行扯断，也可由助产者将血捋向羔羊后结扎，用碘酊消毒后剪断。若产在野外，在哺完初乳后，应立即用衣物包裹并带回。

羔羊出生后，应立即哺乳初乳，初乳含有丰富的高于常乳的营养物质、抗体和溶菌酶，对于增强羔羊体质、促胃肠道发育、泄胎粪、抗菌、预防疾病有重要意义。对于母羊难产而死的孤羔、多羔中的弱羔、母羊母乳不足的羔羊，要先保证都能吃到初乳，然后可以找保姆羊寄养或人工喂奶，可以饮用牛羊乳，也有出售的羔羊奶粉供选择。使用奶粉应先初乳饲喂羔羊 3～5 天，之后奶粉比例逐日增多直到过渡至全奶粉，具体可以参照奶粉厂家的使用说明书，以使羔羊有一个适应的过程，避免因乳成分骤变引起不适。另外，人工哺乳要做到干净卫生，定时、定量、定温（37～39℃），哺乳的奶瓶在每次使用前都清洗消毒，以避免残留奶渍变质或杂菌污染，使羔羊拉稀等。对于初产弱羊、初产母羊或母性差的母羊所产羔羊，还应人为辅助羔羊哺乳，以避免吃不到母乳或吃不好母乳而影响其生长发育。

羔羊 7～10 日龄即可开始训练吃草料，以刺激消化器官的发育。我国多在 3～4 月龄断奶，将母子隔离 4～5 天，分群饲养即可。断奶后的羔羊按性别与体况分群饲养。

有些养羊户还会对羔羊进行断尾和去势，最好在产后 2～3 周内进行。将断尾铲烧至铁红，将尾部皮毛向尾根方向捋一点，在第 3～4 尾椎处进行断尾处理。边烙边切，以避免流血，结束后，其上捋皮毛自然包裹断尾处，将其捏住，用碘酊消毒，待自然结疤愈合即可。而母羔则要注意将尾下的一段无毛赫红色的皮肤保留足够的长度，以使其遮住外阴，避免外阴长期裸露，且尾下部分皮肤还能起到驱蚊赶蝇、清洁肛门的作用，以免肛门产蛆等的发生。

凡不做种用的公羔皆应去势。公羊精力旺盛，尤其发情期难以管教，嘶声啼叫，撞门冲栏，踢枥毁槽；或两羝对角，争强好斗，无端消耗能量，乃至受伤；或未察间与母羊配种，得不偿失。去势时将公羔腹面朝人，后蹄向上固定，前蹄撑地。将阴囊上的毛剪干净，涂以碘酊，下 1/3 处剪一个 3 厘米左右的切口，挤出睾丸，割断血管和精索后，将阴囊皮肤捏到一起，涂以碘酊即可。但现在还出现了一些新型的去势方法，如免疫去势、药物去势等，但尚未大规模应用。

断尾、去势一般都在晴天早上进行，以利于伤口愈合结疤，手术后应注意检查，避免化脓、流血、伤口不愈等发生，以防羊只感染病菌。

（4）绒山羊的管理 绒山羊，因其主要畜产品为羊绒，气温降则羊绒生，越冷越密，越寒越细，故不应盖过暖的圈舍，以能保障其正常生活，不致气温骤降时冻伤或冻死为宜。且饲喂饲料也不宜过多，将其养得膘肥体胖，同样不利于产绒保暖，以所食能满足正常生理消耗，胖瘦适中为宜，以利其产绒。待春暖花开，羊绒开始脱落时及时抓绒。因绒山羊毛密绒厚，故应定期驱虫，天暖药浴，谨防表面寄生虫。

（5）奶山羊的管理 奶山羊的主要畜产品为羊奶，羊奶营养价值高，经济价值也高，但存在膻味和产量低等问题。这里奶山羊仅指代泌乳母羊，管理上与哺乳期的母羊一样，只是由于奶山羊奶量多于一般羊，故所需营养和饮水量也相应增多，泌乳期又可具体划分若干时间段，具体不赘述。泌乳期约 280 天，泌乳期后，母羊妊娠两个月，即进入干乳期，此阶段胎儿发育迅速，虽停止泌乳，但仍需供应丰富的营养，以利胎羊生长发育和母羊恢复身体，为分娩和产奶做基础。对于奶山羊，主要是预防乳腺炎的发生。

第二章 羊场常用药物

第一节 抗微生物药

抗微生物药物是指对细菌、真菌、支原体和病毒等病原微生物具有抑制或杀灭作用的一类化学物质，分为抗菌药物、抗病毒药物、抗真菌药物等，其中抗菌药物又可分为抗生素和合成抗菌药。

一 β-内酰胺类药物

β-内酰胺类抗生素是指其化学结构含有β-内酰胺环的一类抗生素，兽医临床常用的药物主要包括青霉素类药物和头孢菌素类药物，近年来又有较大发展，如β-内酰胺酶抑制剂、甲氧西林（甲氧青霉素）等。

（一）青霉素类药物

分为天然青霉素和半合成青霉素。天然青霉素从青霉素中提取，含多种有效成分，主要有青霉素F、青霉素G、青霉素X、青霉素K、双氢青霉素F共5种。青霉素G，又称苄青霉素（俗称青霉素），性质较稳定，作用最强，产量较高，故在临床上使用最广。半合成青霉素有氨苄西林、阿莫西林、海他西林、羧苄西林等。

青霉素属杀菌性抗生素，其杀菌机制是抑制细菌细胞壁的合成。细菌的青霉素结合蛋白（PBPs）是本类抗生素的作用靶位，PBPs在细菌细胞壁合成过程中起着合成酶的作用，青霉素与之结合后便使其失去活性。

青霉素类药物杀菌作用的速率比氨基糖苷类和氟喹诺酮类药物慢，并有时间依赖性，因此只有频繁给药以使血液中药物浓度高于其对病原体的最小抑菌浓度，才能获得最佳的杀菌效果。

一般细菌对青霉素类药物不易产生耐药性，但由于青霉素类药物在兽医临床上长期、广泛的应用，病原菌对青霉素类药物的耐药性已十分普遍。耐药性细菌能产生青霉素酶，使青霉素水解而失去抗菌作用。

本类药物治疗羊的疾病以注射给药为主。

1. 青霉素

【性状】 本品为白色结晶性粉末，无臭或微有特异性臭，有吸湿性，遇酸、碱或氧化剂等迅速失效。青霉素的效价用“单位”来表示，1单位等于0.6微克的青霉素钠盐。

【作用与用途】 青霉素对大多数革兰氏阳性菌、革兰氏阴性球菌、放线菌和螺旋体等高度敏感，常作为首选药。对结核杆菌、病毒、立克次体和真菌则无效。对青霉素敏感的病原菌主要有链球菌、葡萄球菌、肺炎球菌、脑膜炎球菌、丹毒杆菌、化脓棒状杆菌、炭疽杆菌、破伤风梭菌、李氏杆菌、产气荚膜梭菌、牛放线杆菌和钩端螺旋体等。大多数革兰氏阴性杆菌对青霉素不敏感。本药主要用于各种敏感菌所致的呼吸系统感染、乳腺炎、子宫炎、化脓性腹膜炎、恶性水肿、气肿疽、气性坏疽、肾盂肾炎和创伤感染等，对泌尿系统感染、恶性水肿和放线菌病等也有良好效果。

【用法与用量】 青霉素钾（或钠）盐粉针剂，用时以灭菌生理盐水或注射用水溶解，供肌内注射，羊每次每千克体重2万~3万单位，每天2~4次，连用3~5天。

【注意事项】 青霉素的水溶液极不稳定，必须现用现配。红霉素、磺胺药等可干扰青霉素的杀菌活性。丙磺舒、阿司匹林和磺胺药可减少青霉素类在肾小管的排泄，因而使青霉素类的血药浓度增高，而且维持较久，半衰期延长，毒性也可能增加。重金属，特别是铜、锌、汞，可破坏青霉素的药效结构。本品与氨基糖苷类抗生素（如链霉素）混合后，两者的抗菌活性明显减弱，因此两药不能放置在同一容器内给药，联合用药时应分别给药。

> **【注意】** 青霉素变态反应是其主要的不良反应，羊的主要临床表现为：流汗、兴奋、不安、肌肉震颤、呼吸困难、心率加快、站立不稳，有时可见麻疹、眼肿、头面部水肿、阴门和直肠肿胀、无菌性蜂窝织炎等，严重时休克，抢救不及时可导致迅速死亡。因此，在用药后应注意观察，若出现变态反应，要立即进行对症治疗，严重者可静脉注射肾上腺素，必要时可加用糖皮质激素等增强或稳定疗效。

2. 氨苄西林（氨苄青霉素）

【性状】 本品为白色或近白色的粉末或结晶，有吸湿性，易溶于水。

其钠盐易溶于水，水溶液极不稳定，耐酸不耐酶。

【作用与用途】 氨苄西林为广谱抗生素，对革兰氏阳性菌和革兰氏阴性菌均有较强的抗菌作用，但对革兰氏阳性菌的抗菌活性稍弱于青霉素，主要用于敏感菌所致的肺部、尿道感染，以及革兰氏阴性杆菌如大肠杆菌、沙门氏菌、变形杆菌和巴氏杆菌引起的某些感染等，严重感染时，可与氨基糖苷类药物合用以增强疗效。

【用法与用量】 氨苄西林混悬注射液，羊每次每千克体重 5～7 毫克，使用前将药液摇匀，每天 1 次，连用 2～3 天；注射用氨苄西林钠，肌内、静脉注射，羊每次每千克体重 10～20 毫克，每天 2～3 次，连用 2～3 天。

【注意事项】 同青霉素。本菌对肠道正常菌群有较强的干扰作用，成年反刍动物禁止服用。

3. 苯唑西林

【性状】 本品为白色粉末或结晶性粉末，无臭或微臭。易溶于水，不溶于乙酸、乙酯或石油醚。

【作用与用途】 苯唑西林是耐酸和耐青霉素酶青霉素，其抗菌谱比青霉素窄，用于耐青霉素葡萄球菌感染引起的乳腺炎、肺炎、败血症等，对其他革兰氏阳性菌及不产生青霉素酶的葡萄球菌抗菌活性则不如青霉素。

【用法与用量】 注射用苯唑西林钠，肌内注射，羊每次每千克体重 10～15 毫克，每天 2～3 次，连用 2～3 天。

【注意事项】 同青霉素。本品与氨苄西林或庆大霉素合用可增强对肠球菌的抗菌活性。

4. 普鲁卡因青霉素

【性状】 本品为白色结晶性粉末，遇酸、碱和氧化剂迅速失效。易溶于甲醇，略溶于乙醇和三氯甲烷，微溶于水。

【作用与用途】 普鲁卡因青霉素为青霉素长效品种，限用于对青霉素高度敏感的病原菌引起的中度与轻度感染，不宜用于治疗严重感染。用于由青霉素敏感菌引起的慢性感染，如乳腺炎、骨折、子宫蓄脓等，也用于放线菌及钩端螺旋体等感染。

【用法与用量】 注射用普鲁卡因青霉素，临用前加生理盐水适量，制成悬液。羊每次每千克体重 2 万～3 万单位，每天 1 次，肌内注射，连用 2～3 天；普鲁卡因青霉素注射液，为灭菌微细颗粒的混悬油液，用量同注射用普鲁卡因青霉素。

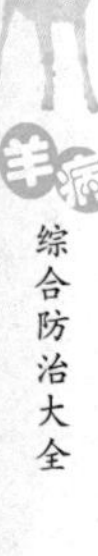

【注意事项】 同青霉素。本品仅用于敏感菌引起的慢性感染。

5. 苄星青霉素

【性状】 本品为白色结晶性粉末。易溶于二甲基甲酰胺或甲酰胺，微溶于乙醇，在水中极微溶。

【作用与用途】 苄星青霉素用于对其高度敏感的革兰氏阳性菌引起的轻度或慢性感染，如葡萄球菌、链球菌和厌氧性梭菌引起的肾炎、乳腺炎、骨折、子宫蓄脓等的治疗。急性感染经青霉素基本控制后可改用本品维持治疗。

【用法与用量】 注射用苄星青霉素，肌内注射，羊一次量3万~4万单位，3~4天重复使用1次。

【注意事项】 同青霉素。本品为长效青霉素，只用于对青霉素高度敏感的细菌所致的慢性感染。对急性中毒感染不宜单独使用，需注射青霉素钠（钾）见效后再用本品维持药效。

6. 阿莫西林（羟氨苄青霉素）

【性状】 本品为白色或类白色结晶性粉末，味微苦。在水中微溶，在乙醇中几乎不溶。

【作用与用途】 阿莫西林为广谱抗生素，对革兰氏阳性菌和革兰氏阴性菌均有较强的抗菌作用，对肠球菌属和沙门氏菌的作用较氨苄西林强2倍。临床上多用于呼吸道、泌尿道、皮肤、软组织和肝胆系统等的感染。

【用法与用量】 阿莫西林粉剂，口服，羊每次每千克体重10~15毫克，每天2次；肌内注射，羊每次每千克体重4~7毫克，每天2次。

【注意事项】 同苄星青霉素。

（二）头孢菌素类药物

头孢菌素类药物为半合成广谱抗生素，其化学结构中含β-内酰胺环，与青霉素类药物共称为β-内酰胺类抗生素。第一代头孢菌素的抗菌谱与广谱青霉素相似，对青霉素酶稳定，但仍可被多数革兰氏阴性菌的β-内酰胺酶分解，主要用于治疗革兰氏阳性菌感染。第二代头孢菌素对革兰氏阳性菌的活性与第一代相近或稍弱，但抗菌谱较广，多数品种能耐受β-内酰胺酶，对革兰氏阴性菌的抗菌活性增强。第三代头孢菌素的抗菌谱更广，对革兰氏阴性菌的作用比第二代进一步加强，但对金黄色葡萄球菌的活性不如第一代和第二代头孢菌素，其中头孢噻呋与头孢喹诺为动物专用。

本类抗生素的特点是抗菌谱广，杀菌力强，对胃酸和β-内酰胺酶较稳定，变态反应少。抗菌作用机制与青霉素类药物相似。对多数耐青霉素类药物的细菌仍然敏感，但与青霉素类药物之间存在部分交叉耐药现象。头孢菌素类药物与青霉素类药物、氨基糖苷类药物合用有协同作用。

本类药物由于价格昂贵，兽医临床应用不多，现多用于种畜、宠物疾病和局部感染的治疗。

1. 头孢噻呋

【性状】 本品为白色至浅黄色粉末。不溶于水，微溶于丙酮，在乙醇中几乎不溶。

【作用与用途】 头孢噻呋抗菌谱广，对革兰氏阴性菌和革兰氏阳性菌均有效。对其敏感的细菌主要有多杀性巴氏杆菌、溶血性巴氏杆菌、胸膜肺炎放线杆菌、沙门氏菌、大肠杆菌、链球菌、葡萄球菌等。本品的活性比氨苄西林强，对链球菌的活性比喹诺酮类药物强。兽医临床常用于治疗急性呼吸系统感染、乳腺炎等。

【用法与用量】 注射用头孢噻呋，肌内注射，羊每次每千克体重3毫克，每天1次，连用3天。盐酸头孢噻呋注射液，肌内注射，羊每次每千克体重3~5毫克，每天1次，连用3天。

【注意事项】 可能引起肠道菌群紊乱或二重感染，有一定的毒性，可能引起脱毛和瘙痒。

2. 头孢噻吩（头孢菌素Ⅰ、先锋霉素Ⅰ）

【性状】 本品钠盐为白色或类白色结晶粉末。能溶于水，水溶液在低温时比较稳定。

【作用与用途】 头孢噻吩具有抗菌谱广、杀菌力强、毒性小、变态反应较少，对酸和β-内酰胺酶的活性比青霉素类药物稳定等优点。主要治疗耐药金黄色葡萄球菌和某些革兰氏阴性杆菌（如沙门氏菌、大肠杆菌、伤寒杆菌、痢疾杆菌、巴氏杆菌等）引起的消化道、呼吸道、泌尿生殖道感染，也可治疗乳腺炎和预防术后败血症等。

【用法与用量】 粉针剂，每瓶0.5克，有效期1.5年。肌内注射，羊每次每千克体重20毫克，每天3次。

【注意事项】 毒性较小，对肝脏、肾脏无明显损害作用，变态反应的发生率较低，与青霉素偶尔有交叉变态反应。肌内注射时，对局部有刺激作用，可导致注射部位疼痛。

3. 头孢氨苄（先锋霉素Ⅳ、先锋霉素Ⅳ、头孢力新）

【性状】 本品为白色或乳黄色结晶粉末，有特异的微臭。溶于水，在酸性溶液、碱性溶液和血清中易溶，在大多数有机溶剂中微溶。

【作用与用途】 头孢氨苄抗菌谱广，耐酸，口服吸收好，对大肠杆菌、肺炎杆菌、变形杆菌有较强抗菌作用，对肺炎、支气管炎、肺脓肿、喉炎、泌尿系统和皮肤软组织感染有作用，对绿脓杆菌、产气杆菌、真菌、病毒和原虫无作用。耐青霉素的葡萄球菌、链球菌、肺炎球菌和革兰氏阳性菌中的双球菌对本品高度敏感。

【用法与用量】 头孢氨苄乳剂，羊乳管内注射，每个乳室20毫克，每天2次，连用2天。

【注意事项】 肾功能损伤的动物剂量酌减。

（三）β-内酰胺酶抑制剂

β-内酰胺酶抑制剂是一种β-内酰胺类药物，分为竞争性和非竞争性两类。非竞争性β-内酰胺酶抑制剂与酶的某些位点结合，使酶改变后失活。竞争性抑制剂分为可逆性和不可逆性2种，可逆性指抑制剂与底物竞争β-内酰胺酶的活性部位而起抑制作用，当抑制剂消除后酶可以复活；不可逆性指抑制剂与酶牢固结合而使酶失活。

1. 克拉维酸

【性状】 本品又名棒酸，是由棒状链霉菌产生的抗生素。其钾盐为无色针状结晶，易溶于水，水溶液极不稳定。

【作用与用途】 克拉维酸仅有微弱的抗菌活性，口服吸收好，也可供注射。本品不单独用于抗菌，通常与其他β-内酰胺类抗生素合用以克服细菌的耐药性。如将克拉维酸与氨苄西林合用，可使后者对产生β-内酰胺酶的金黄色葡萄球菌的最小抑菌浓度降低至合用前的0.01%。现已有氨苄西林或阿莫西林与克拉维酸钾组成的复方制剂用于兽医临床，如阿莫西林与克拉维酸钾按（2~4）:1的比例组成的制剂等。

【用法与用量】 阿莫西林-克拉维酸钾片，羊每次每千克体重口服5~10毫克（以阿莫西林计），每天2次。

2. 舒巴坦

【性状】 本品又名青霉烷砜。其钠盐为白色或类白色结晶性粉末，溶于水，在水溶液中有一定稳定性。

【作用与用途】 舒巴坦为不可逆性竞争性β-内酰胺酶抑制剂，可抑制β-内酰胺酶对青霉素类药物和头孢菌素类药物的破坏。与氨苄西林联合应用可使氨苄西林对葡萄球菌、嗜血杆菌、巴氏杆菌、大肠杆菌、克雷伯氏菌等的最低抑菌浓度下降而增效，并可使产酶菌株对氨苄西林恢复敏感。在兽医临床用于上述菌株所致的呼吸道、消化道、泌尿道感染。氨苄西林钠-舒巴坦钠（舒他西林）混合物的水溶液不稳定，仅供注射，不能口服；而氨苄西林-舒巴坦甲苯磺酸盐是双酯结构的化合物，口服吸收后经体内酯酶水解为氨苄西林和舒巴坦而起作用。

【用法与用量】 氨苄西林-舒巴坦甲苯磺酸盐，口服，羊每次每千克体重 20～40 毫克（以氨苄西林计），每天 2 次；肌内注射，羊每次每千克体重 10～20 毫克（以氨苄西林计），每天 2 次。

二 氨基糖苷类药物

本类药物由氨基糖分子和非糖部分的糖原结合而成，故称为氨基糖苷类药物。临床上常用的有链霉素、卡那霉素、阿米卡星（丁胺卡那霉素）、庆大霉素、硫酸新霉素、硫酸妥布霉素、小诺米星（小诺霉素）、大观霉素等。其作用机制均为抑制细菌蛋白质的生物合成，在低浓度时抑菌，高浓度时杀菌，对静止期细菌的杀灭作用较强。

氨基糖苷类药物的主要作用是抑制细菌蛋白质的合成过程，可使细菌包膜的通透性增强，使胞内物质外渗导致细菌死亡。细菌对本类药物耐药主要通过质粒介导产生的钝化酶引起。氨基糖苷类药物的不同品种间存在着不完全的交叉耐药性。

氨基糖苷类药物有较强的毒副作用。主要包括肾毒性、耳毒性、神经肌肉阻滞制、损害肠壁绒毛等。

1. 链霉素

【性状】 本品是从灰链霉菌培养液中提取的碱性物质，常用其硫酸盐，为白色或类白色粉末，有吸湿性，易溶于水。

【作用与用途】 链霉素抗菌谱比青霉素广，对革兰氏阴性菌有抑制作用，高浓度则有杀菌作用，主要用于敏感菌所致的急性感染，如大肠杆菌、巴氏杆菌、布鲁氏菌、沙门氏菌等引起的肠炎、乳腺炎、子宫炎、肺炎、败血症等。

【用法与用量】 注射用硫酸链霉素、注射用硫酸双氢链霉素。羊每次每千克体重 10～15 毫克，每天 2 次，连用 2～3 天。

【注意事项】 链霉素与其他氨基糖苷类有交叉过敏现象，对氨基糖苷类过敏时禁用。出现脱水、肾功能损害时及妊娠羊要慎用。用本品治疗泌尿道感染时可同时口服碳酸氢钠以增强药效。

易产生耐药性。不良反应不多见，但一旦发生，死亡率较高。发生变态反应时可出现皮疹、发热、血管神经性水肿、嗜酸性粒细胞增多，出现步态不稳、共济失调、耳聋、呼吸抑制、肢体瘫痪和骨骼肌松弛等症状。若出现以上症状应立即停药，静脉注射10%葡萄糖酸钙注射液等抢救。

2. 卡那霉素

【性状】 本品是从卡那链霉菌的培养液中提取的，有A、B、C 3种成分，临床应用以卡那霉素A为主，常用其硫酸盐，为白色或类白色粉末，易溶于水。

【作用与用途】 卡那霉素抗菌谱广，主要对多数革兰氏阴性杆菌如大肠杆菌、肺炎杆菌等有作用。对部分耐青霉素金黄色葡萄球菌、链球菌等有效。临床常用于呼吸道炎症、坏死性肠炎、泌尿道感染、乳腺炎等。

【用法与用量】 注射用硫酸卡那霉素，羊每次每千克体重10~15毫克，每天2次，连用2~3天。硫酸卡那霉素注射液，羊每次每千克体重10~15毫克，每天2次，连用3~5天。

【注意事项】 同链霉素。

3. 阿米卡星（丁胺卡那霉素）

【性状】 本品是卡那霉素的基团上引入较大的丁胺基团而生成的半合成衍生物。

【作用与用途】 阿米卡星抗菌谱较卡那霉素广，对绿脓杆菌、金黄色葡萄球菌有效，并对耐庆大霉素、卡那霉素的绿脓杆菌、大肠杆菌、变形杆菌、肺炎杆菌也有效。主要用于治疗敏感菌引起的菌血症、败血症，呼吸道、泌尿道、消化道感染，腹膜炎，关节炎和脑膜炎等。

【用法与用量】 阿米卡星注射液，羊每千克体重0.1毫升，肌内注射，每天2次。

【注意事项】 有不可逆的耳毒性和肾毒性，使用时宜足量，疗程不宜过长；不宜用作静脉推注或大剂量快速滴注，防止呼吸抑制；病羊应足量饮水，以减少对肾小管的损害。

4. 硫酸新霉素

【性状】 本品为白色或类白色粉末。有吸湿性，极易溶于水，应密封保存于干燥处。

【作用与用途】 硫酸新霉素抗菌谱广，对革兰氏阴性菌、革兰氏阳性菌、放线菌、钩端螺旋体、阿米巴原虫等都有抑制作用，但对真菌、立克次体、病毒等无效。临床上可口服治疗各种幼龄畜的大肠杆菌病（幼龄畜白痢）；子宫或乳腺内注入，可治疗子宫炎或乳腺炎；外用0.5%水溶液或软膏，可治疗皮肤创伤和眼、耳等各种感染。此外，也可以气雾吸入，用于防治呼吸道感染。口服后很少吸收，在肠道内呈现抗菌作用。肌内注射后吸收良好，但由于本品毒性大，一般不主张注射用药。

【用法与用量】 片剂，口服，羔羊每天0.75～1克。粉针，肌内注射，每千克体重4～8毫克，分2次注射。软膏，每克含新霉素不少于5毫克，外用。眼药水，每毫升含新霉素5毫克，外用滴眼。

【注意事项】 成年羊不宜口服。

5. 庆大霉素

【性状】 本品是从小单孢菌培养液中提取获得的复合物，其硫酸盐为白色或类白色结晶性粉末，无臭，有吸湿性，易溶于水，不溶于乙醇。

【作用与用途】 庆大霉素抗菌谱广，抗菌活性较链霉素强，特别对绿脓杆菌和耐药金黄色葡萄球菌的作用最强。临床上主要用于耐药金黄色葡萄球菌、绿脓杆菌、变形杆菌和大肠杆菌感染所致的泌尿道感染、乳腺炎、子宫内膜炎和败血症等，口服还可用于治疗肠炎和细菌性腹泻。

【用法与用量】 片剂，每片20毫克，口服，羔羊每天每千克体重10～15毫克，均分为3～4次口服。硫酸庆大霉素注射液，肌内注射，每千克体重每次2～4毫克，每天2次。

【注意事项】 与链霉素相似，影响第八对脑神经，对肾脏有损害作用。硫酸庆大霉素可与羧苄西林联合应用治疗严重的肺部感染，但在体外存在配伍禁忌。本品与青霉素联合使用，对链球菌具有协同作用。有呼吸抑制作用，不宜进行静脉推注。与红霉素、四环素等合用可能出现拮抗作用。

6. 硫酸妥布霉素

【性状】 本品为无色结晶，有吸湿性，易溶于水。

【作用与用途】 硫酸妥布霉素抗菌谱广，主要对革兰氏阴性菌有效，特别是对绿脓杆菌有高效。其作用比庆大霉素强2～4倍，对庆大霉素耐药的绿脓杆菌对本品敏感，对其他氨基糖苷类药物耐药的细菌对本药也敏感。

【用法与用量】 粉针剂，肌内注射，每次每千克体重1～1.5毫克，每天2次。

三 大环内酯类、林可霉素类及多肽类抗生素

（一）大环内酯类药物

大环内酯类药物是由链霉菌产生或半合成的一类弱碱性抗生素，动物

专用品种有泰乐菌素、替米考星。

大环内酯类药物的抗菌谱和抗菌活性基本相似，本类药物与细菌核糖体的50S亚单位可逆性结合，阻断转肽作用和mRNA位移而抑制细菌蛋白质合成。

一些细菌可合成甲基化酶，将位于核糖体50S亚单位上的23SrRNA上的腺嘌呤甲基化，导致大环内酯类药物不能与其结合，这是细菌对大环内酯类药物耐药的主要机制。

1. 红霉素

【性状】 本品是从红链霉菌的培养液中提取的，为白色或类白色结晶或粉末，难溶于水，在酸性溶液中易破坏，可与有机酸结合成盐而溶于水。

【作用与用途】 红霉素抗菌谱和青霉素相似。对革兰式阳性球菌和杆菌均有较强的抗菌作用，对部分革兰氏阴性杆菌（如布鲁氏菌）、立克次体、钩端螺旋体等也有抑制作用，但对肠道革兰氏阴性杆菌如大肠杆菌、变形杆菌、沙门氏菌等不敏感。兽医临床上主要用于耐青霉素金黄色葡萄球菌、化脓性链球菌、肺炎球菌、肠球菌等所引起的肺炎、子宫炎、乳腺癌等的治疗，也可用于支原体病和传染性鼻炎的治疗。可与链霉素、氯霉素类等合用，具有协同作用。

【用法与用量】 片剂，羔羊每天每千克体重6.6~8.8毫克，分3~4次口服。

【注意事项】 本品忌与酸性药物配伍。

2. 乳酸红霉素

【性状】 本品为白色或类白色结晶或粉末。无臭，味苦。在水或乙醇中易溶，在丙酮或三氯甲烷中微溶，在乙醚中不溶。

【作用与用途】 同红霉素。

【用法与用量】 粉针剂，静脉注射，羊每次每千克体重3~5毫克，每天2次，连用2~3天。临用前先用灭菌注射用水溶解（不可用生理盐水），然后用5%葡萄糖注射液稀释成0.5%浓度缓慢静脉注射。

【注意事项】 本品局部刺激性较强，不宜肌内注射。静脉注射速度应缓慢。

3. 泰乐菌素

【性状】 本品是从弗氏链霉菌的培养液中提取的无色晶体。微溶于水，与酸制成盐后则易溶于水。pH小于4或大于10时失去活性。若水中含铁、铜、铝等金属离子时，则可与本品形成络合物而导致本品失效。兽医临床上常用其酒石酸盐和磷酸盐。

【作用与用途】 泰乐菌素可抗大多数革兰氏阳性菌、非典型性分枝杆菌、支原体、衣原体和立克次体，防治羊支原体感染和胸膜肺炎。此外，也可作为畜禽的饲料添加剂，以促进增重和提高饲料转化率。

【用法与用量】 同红霉素。

【注意事项】 一般不与氯霉素和林可霉素合用，不能与聚醚类抗生素合用，否则导致后者的毒性加强。一般不用在酸性环境中。

4. 螺旋霉素

【性状】 螺旋霉素游离碱为白色至浅黄色粉末，微溶于水。其盐类如硫酸盐、己二酸盐溶于水。

【作用与用途】 螺旋霉素抗菌谱与本类其他抗生素相同。由于排泄慢，组织亲和力强，因此在体内的抗菌效力优于同类抗生素，特别是对肺炎球菌、链球菌效力更佳。另外，由于排泄慢，所以对供人食用的畜、禽，用药后需要较长停药时间才能屠宰。临床用途同本类抗生素，对革兰氏阳性菌、支原体等引起的感染有效。

【用法与用量】 肌内或皮下注射，羊每千克体重 10～50 毫克，每天 1 次。

5. 替米考星

【性状】 本品为白色粉末，在甲醇、丙酮中易溶，在乙醇、丙二醇中溶解，在水中不溶。

【作用与用途】 替米考星用于治疗胸膜肺炎放线杆菌、巴氏杆菌、支原体感染等引起的肺炎和泌乳期乳腺炎。

【用法与用量】 替米考星注射液，皮下注射，羊每千克体重 5 毫克，仅注射 1 次。

【注意事项】 本品禁止静脉注射，皮下注射可出现局部反应。

（二）林可霉素类

林可胺类药物是从链霉菌发酵液中提取的一类抗生素，在分布、吸收、药动学上与大环内酯类药物有许多共同特征，它们的作用部位都是细菌核糖体上的 50s 亚基，由于存在竞争作用位点，合用时可能产生耐药性。本类抗生素对革兰氏阳性菌和支原体有较强的抗菌活性，对厌氧菌也有一定作用，但对多数需氧革兰氏阴性菌耐药。

1. 林可霉素

【性状】 林可霉素盐酸盐为白色结晶性粉末，具微臭或特殊臭，味苦。在水或甲醇中易溶，在乙醇中略溶。

【作用与用途】 林可霉素抗菌谱与大环内酯类药物相似，用于敏感的革兰氏阳性菌，尤其是金黄色葡萄球菌（包括耐药金黄色葡萄球菌）、链球菌、厌氧菌引起的感染。

【用法与用量】 林可霉素片，口服，羊每次每千克体重10～15毫克，每天1～2次。

【注意事项】 本品对羊有很高的毒性，可引起严重的致死性腹泻。

2. 克林霉素

【性状】 克林霉素盐酸盐或磷酸盐为白色结晶性粉末，无臭，易溶于水。

【作用与用途】 克林霉素抗菌谱与林可霉素相似，但抗菌活性更强，尤其是对厌氧菌作用更加突出。适应证同林可霉素。

【用法与用量】 盐酸克林霉素，口服，羊每次每千克体重10毫克，每天2次。

【注意事项】 本品与林可霉素有交叉耐药性；与红霉素有拮抗作用，不可联合使用；有胃肠道反应；肝、肾功能不全者和妊娠期禁用。

（三）多肽类药物

多肽类抗生素是一类具有多肽结构的化学物质。兽医和动物生产中常用的药物包括杆菌肽、多黏菌素、维吉尼霉素等。其抗菌机制是损伤细菌的细胞膜，增加其通透性，使菌体内氨基酸、嘌呤、钾等外泄，也能影响核质和核糖体功能，导致细菌死亡。

本类药物与磺胺类药物、甲氧苄啶合用对大肠杆菌、肺炎杆菌、绿脓杆菌等有协同作用。

1. 多黏菌素

【性状】 本类抗生素是从多黏芽孢杆菌的培养液中提取的，有A、B、C、D、E 5种成分，临床常用多黏菌素B和多黏菌素E 2种。口服不吸收，肌内注射则吸收良好，主要用于肠道感染的治疗。

【作用与用途】 多黏菌素为窄谱杀菌剂，对革兰氏阴性杆菌的抗菌活性强。对其敏感的细菌有大肠杆菌、沙门氏菌、巴氏杆菌、布鲁氏菌、弧菌、痢疾杆菌、绿脓杆菌等，尤其对绿脓杆菌具有强大的杀菌作用，是目前最有效的杀绿脓杆菌抗生素。临床主要用于革兰氏阴性杆菌的感染，特别是绿脓杆菌、大肠杆菌所致的严重感染。局部应用可治疗创面、眼、耳、鼻部的感染等。细菌对本品不易产生耐药性。

【用法与用量】 注射用多黏菌素，肌内注射，羊每千克体重1~2毫克，分2次注射。

2. 杆菌肽

【性状】 本品是来自枯草杆菌培养液中的多肽类抗生素。口服不吸收，局部用药也很少吸收，主要经肾脏排泄，易损害肾脏。

【作用与用途】 杆菌肽抗菌谱与青霉素相似，对各种革兰氏阳性菌、耐药金黄色葡萄球菌、肠球菌、非溶血性链球菌有较强的抗菌作用，对少数革兰氏阴性菌、螺旋体、放线菌也有效。临床上常与链霉素、新霉素、多黏菌素合用，治疗家畜的肠道疾病。

【用法与用量】 粉针剂，每支5万单位，与多黏菌素E合用治疗乳腺炎，乳房内灌注，剂量为杆菌肽500单位、多黏菌素E3500单位，溶于5毫升适当溶剂中，于挤奶后一次注入，连用3天。杆菌肽锌为杆菌肽的锌盐，羔羊用量为每千克混合饲料中添加10~20毫克（42万~84万单位），具有促进生长的作用。

四 人工合成抗菌药

（一）磺胺类药物

属化学合成抗微生物药物，均含有对氨基苯磺酰胺的基本结构。

磺胺类药物的基本化学结构是对氨基苯磺酰胺，简称磺胺。磺胺类药物根据口服后的吸收情况可分为肠道易吸收、肠道难吸收和外用3类。

磺胺类药物抗菌谱较广，对大多数革兰氏阳性菌和部分革兰氏阴性菌有效，甚至对衣原体和某些原虫也有效。对磺胺类药物较敏感的病原菌有链球菌、肺炎球菌、沙门氏菌、化脓棒状杆菌、大肠杆菌等，一般敏感菌有葡萄球菌、变形杆菌、巴氏杆菌、产气荚膜杆菌、肺炎杆菌、炭疽杆菌、绿脓杆菌等。某些磺胺类药物还对球虫、卡氏住白细胞原虫、疟原虫、弓形虫等有效，但对螺旋体、立克次体、结核杆菌等无效。

磺胺类药物的抗菌机制主要是通过干扰敏感菌的叶酸代谢而抑制其生长繁殖，对磺胺类药物敏感的细菌在生长繁殖过程中，不能直接从生长环境中利用外源叶酸，磺胺类药物的化学结构与对氨基苯甲酸的结构极为相似，能影响核酸合成，阻止细菌的生长繁殖。

磺胺类药物在药量不足时，细菌易产生耐药性，各磺胺类药物之间可产生程度不同的交叉耐药性，但与其他抗菌药物之间无交叉耐药现象，使用足够的剂量与疗程，并与甲氧苄啶合用，可减少或延缓耐药性的产生。

⚠【注意】 磺胺类药物在临床应用时常出现急性中毒、慢性中毒、二重感染和溶血性贫血。

1. 磺胺嘧啶

【性状】 本品为白色结晶性粉末，几乎不溶于水，其钠盐易溶于水。

【作用与用途】 磺胺嘧啶抗菌力强，疗效较高，副作用小，吸收快，排泄慢，易进入组织和脑脊液，是治疗脑部感染的首选药物。对肺炎、上呼吸道感染具有良好的作用。对球菌和大肠杆菌效力强，也用于防治混合感染。

【用法与用量】 磺胺嘧啶片，口服，羊首次用量每千克体重0.14～0.2克，维持量减半，每天2次。磺胺嘧啶钠注射液，静脉注射或深部肌内注射，羊每千克体重0.05～0.1克，每天2次，连用2～3天。复方磺胺嘧啶钠注射液，肌内注射，羊每次每千克体重20～30毫克（以磺胺嘧啶计），每天1～2次，连用2～3天。

【注意事项】 针剂呈碱性，忌与酸性药物配伍，不能与维生素C、氯化钙等药物混合使用，也不宜用5%葡萄糖注射液稀释。

2. 磺胺二甲氧嘧啶

【性状】 本品为白色或微黄色结晶或粉末，在水中几乎不溶，其钠盐溶于水。应遮光、密封保存。

【作用与用途】 磺胺二甲氧嘧啶抗菌效力与磺胺嘧啶相似，吸收较迅速而完全，排泄较慢，在家畜体内有效浓度维持时间长，属中效磺胺类药物。生产成本低，不良反应较少，仅易引起泌尿道损害。

【用法与用量】 磺胺二甲氧嘧啶片，羊初次口服剂量为每千克体重0.14～0.2克，维持量每次每千克体重0.07～0.1克，每天1～2次，连用3～5天。磺胺二甲氧嘧啶钠注射液，静脉注射，羊每次每千克体重50～100毫克，每天2次，连用2～3天。

3. 磺胺二甲异噁唑（菌得清、净尿磺、磺胺异噁唑）

【性状】 本品为白色或微黄色结晶性粉末，几乎不溶于水，应避光、密封保存。

【作用与用途】 磺胺二甲异噁唑抗菌效力比磺胺嘧啶强，吸收、排泄快，属于短效磺胺类药物。在尿液中溶解度高，因此是治疗泌尿道感染的首选药物，也可用于其他感染。

【用法与用量】 片剂（或粉剂），每片0.5克，羊初次口服量为每千克体重0.2克，维持量为每次每千克体重0.1克，每天3次。针剂，2克（5毫升），为本品与二乙醇胺的灭菌水溶液，肌内注射，羊每次每千克体重70毫克，每天3次。

4. 磺胺甲噁唑（新诺明）

【性状】 本品为白色结晶性粉末，几乎不溶于水。应遮光、密封保存。

【作用与用途】 磺胺甲噁唑属中效磺胺类药物，抗菌作用较其他磺胺类药物强。如与抗菌增效剂甲氧苄啶合用，抗菌作用可增强数倍至数十倍，疗效近似四环素和氨苄西林，临床应用范围也相应扩大。缺点是尿液中溶解度较低，因此泌尿道的不良反应较多，口服时应配合等量碳酸氢钠。

【用法与用量】 磺胺甲噁唑片，羊口服首次量每千克体重0.1克，维持量每次每千克体重0.05克，每天2次。复方磺胺甲噁唑片，口服，每次每千克体重25~50毫克，每天2次，连用3~5天。

5. 磺胺间甲氧嘧啶（制菌磺）

【性状】 本品为白色或微黄色结晶性粉末。几乎不溶于水，其钠盐溶于水。应遮光、密封保存。

【作用与用途】 磺胺间甲氧嘧啶属中效磺胺类药物，在尿液中溶解度较高，与抗菌增效剂甲氧苄啶合用，增效较其他磺胺类药物显著。制造工艺简单，价格低廉，是一种较有前途的磺胺类药物。适用于泌尿道感染和呼吸道、皮肤、软组织等感染。

【用法与用量】 磺胺间甲氧嘧啶片（粉），羊首次量每千克体重0.2克，维持量每次每千克体重0.1克，每天2次。增效磺胺对甲氧嘧啶钠注射液，10毫升/支，内含本品1克、甲氧苄啶0.2克；5毫升/支，内含本品0.5克、甲氧苄啶0.1克。肌内注射，羊每次每千克体重0.1~0.2毫升，每天2次。

6. 磺胺间二甲氧嘧啶（磺胺-2，6-二甲氧嘧啶）

【性状】 本品为白色或乳白色结晶性粉末，微溶于水。应遮光、密封保存。

【作用与用途】 磺胺间二甲氧嘧啶抗菌作用和临床疗效与磺胺嘧啶相似。口服后吸收快而排泄慢，属长效磺胺类药物。不易引起泌尿道损害，对某些原虫，如球虫、弓形虫、卡氏住白细胞原虫等有明显抑制作用。

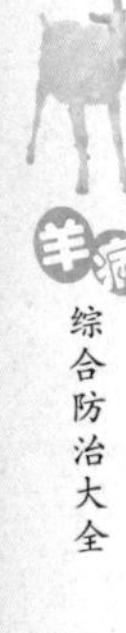

【用法与用量】 片（粉）剂，内服，羊每千克体重0.1克，每天1次。

7. 磺胺邻二甲氧嘧啶（周效磺胺、磺胺多辛）

【性状】 本品为白色或近白色结晶性粉末，几乎不溶于水。应遮光、密封保存。

【作用与用途】 磺胺邻二甲氧嘧啶抗菌谱同磺胺嘧啶，但是效力稍弱。属长效磺胺类药物，有效血药浓度维持时间山羊为19.9小时，绵羊（湖羊）为17.1小时。因此，对家畜无周效特点。

【用法与用量】 片（粉）剂，口服，羊每次每千克体重0.1克，每天1次。增效磺胺多辛注射液，每支10毫升，羊静脉或肌内注射，每次每千克体重0.1~0.2毫升，每天1次。

8. 磺胺脒（磺胺胍）

【性状】 本品为白色针状结晶性粉末，微溶于水。遮光、密封保存。

【作用和用途】 磺胺脒口服吸收少，在肠内可保持较高浓度，适用于肠炎、腹泻等肠道细菌性感染。

【用法与用量】 片（粉）剂，口服，羊每天每千克体重0.1~0.3克，分2~3次服用，首次量加倍。

（二）磺胺增效剂

一类能增强磺胺类药物和多种抗微生物药物疗效的药物，属于人工合成的二氨基嘧啶类药物。其抗菌谱广，对多数革兰氏阳性菌和革兰氏阴性菌均有抗菌作用。常与磺胺类药物联合应用治疗呼吸道、泌尿道感染，对败血症、蜂窝织炎、腹膜炎等也有较好的疗效。

1. 甲氧苄啶

【性状】 本品为白色或近白色结晶性粉末，不溶于水。应遮光、密封保存。

【作用与用途】 甲氧苄啶抗菌谱与磺胺类药物基本相似，但作用较强，联合应用时抗菌作用可增强数倍至数十倍，甚至可以出现杀菌作用，并可减少耐药菌株的形成。由于药物剂量的减少，从而使不良反应的发生率降低。本品与磺胺类药配伍用，能增加其对耐磺胺类药物菌株的抗菌效力，对多种抗生素也都有增效作用。因此，本品与磺胺类药物的复方制剂，对家畜的呼吸道、消化道、泌尿道等多种感染和皮肤感染、创伤感染、急性乳腺炎等，都有良好的疗效。

【用法与用量】 片剂，每片0.1克，与其他抗菌药（如磺胺类药物）合用时的内服量为每千克体重5~10毫克，每天2次。本品极少单独使用，因细菌对其极易产生耐药性。在与各种磺胺类药物配合的复方（增效）制剂中，磺胺类药物与甲氧苄啶的比例都是5∶1。

【注意事项】 羊妊娠初期不宜应用。复方注射液由于碱性甚强，能与多种药物的注射液发生配伍禁忌。

2. 二甲氧苄氨嘧啶（敌菌净）

【性状】 本品为白色结晶性粉末，微溶于水。

【作用与用途】 二甲氧苄氨嘧啶抗菌作用与甲氧苄啶相同。口服吸收差，血液中最高浓度仅为甲氧苄啶的1/5。在胃肠内能保持较高浓度，因此用作肠道抗菌增效剂比甲氧苄啶优越。国内用于防治球虫病、羔羊痢疾等，均有良好疗效。

【用法与用量】 复方二甲氧苄氨嘧啶片，口服量，羔羊每次每千克体重20~25毫克，每天2次。

（三）喹诺酮类

喹诺酮类药物为人工合成的抗菌药，为静止期杀菌药，具有4-氟诺酮环的基本结构。喹诺酮类药物主要广泛用于由细菌、支原体引起的家畜消化系统、呼吸系统、泌尿系统、生殖系统和皮肤软组织的感染性疾病。

喹诺酮类根据其化学结构的不同可将其分为环丙沙星、恩诺沙星、达氟沙星（又称达洛沙星、单氟沙星、单诺沙星）、沙拉沙星、二氟沙星、麻保沙星、罗美沙星、左氧氟沙星等。其中麻保沙星、达氟沙星、环丙沙星作用最强，恩诺沙星、左氧氟沙星其次，沙拉沙星、二氟沙星、罗美沙星作用较弱。上述药物中属于动物专用的有恩诺沙星、达氟沙星、二氟沙星。此外，在国外上市的动物专用药喹诺酮有麻保沙星、奥比沙星、依巴沙星、倍氟沙星、普多沙星等。

1. 恩诺沙星

【性状】 本品为白色结晶性粉末，无臭，味苦，在水或乙醇中极微溶解，在醋酸、盐酸或氢氧化钠溶液中易溶。

【作用与用途】 恩诺沙星对大肠杆菌、克雷伯氏菌、沙门氏菌、变形杆菌、绿脓杆菌、胸膜肺炎放线杆菌、多杀性巴氏杆菌、溶血性巴氏杆菌、金黄色葡萄球菌、支原体、衣原体等均有杀菌作用。对铜绿假单胞菌和链球菌的作用较弱，对厌氧菌作用微弱。用于敏感菌和支原体引起的消化系统、呼吸系统、泌尿系统、生殖系统和皮肤软组织的感染性疾病，主要用于大肠杆菌、沙门氏菌病、巴氏杆菌病等。

【用法与用量】 肌内注射，以恩诺沙星计，羊每次每千克体重2.5毫

克，每天1~2次，连用2~3天。

2. 环丙沙星

【性状】 环丙沙星盐酸盐和乳酸盐为浅黄色结晶性粉末，易溶于水。

【作用与用途】 环丙沙星属于广谱杀菌药，对所有的细菌抗菌活性均较恩诺沙星强2~4倍，对革兰氏阴性菌的抗菌活性最强，对革兰氏阳性菌、厌氧菌、绿脓杆菌也有较强的抗菌作用且不易产生耐药性。临床应用于全身各系统的感染，对消化道、呼吸道、泌尿生殖道、皮肤软组织感染及支原体感染等均有良好效果。

【用法与用量】 肌内注射，以环丙沙星计，羊每次每千克体重2.5毫克，每天1~2次，连用2~3天。

五 抗真菌药与抗病毒药

（一）抗真菌药

真菌种类很多，根据感染部位的不同，可分为两类：一类为浅表真菌感染，引起多种癣病；另一类为深部真菌感染，主要侵犯机体的深部组织和内脏器官，如念珠菌病。兽医临床常用的抗真菌药物有两性霉素B、灰黄霉素、酮康唑、制霉菌素和克霉唑。

1. 制霉菌素

【性状】 本品是从链霉菌或放线菌的培养液中提取获得的，为浅黄色粉末，有吸湿性，不溶于水，性质不稳定，可被热、光、氧等迅速破坏。

【作用与用途】 制霉菌素抗真菌作用与两性霉素B基本相同，口服不易吸收，注射给药毒副作用较大，故不宜用于全身感染的治疗。临床主要用其口服治疗胃肠道真菌感染，局部应用治疗皮肤、黏膜的真菌感染，如念珠菌和曲霉菌所致的乳腺炎、子宫炎等。

【用法与用量】 片剂，每片10万单位、20万单位或50万单位。口服，羊每次50万~100万单位，每天2次。

2. 克霉唑

【性状】 本品属咪唑类药物，是人工合成的广谱抗真菌药物。为白色结晶性粉末，难溶于水。口服易吸收，单胃动物服用后约4小时可达血药峰浓度，广泛分布于体内各组织和体液中。

【作用与用途】 克霉唑服用后主要在肝脏代谢失活，代谢物大部分由胆汁排出，很小一部分经尿液排泄。对浅表真菌的作用与灰黄霉素相似，对深部真菌作用较两性霉素B差。临床主要用于体表真菌病，若长时间应用可见肝功能不良反应，但停药后可恢复。

【用法与用量】 片剂，每片0.25克或0.5克。口服，羊每千克体重1~1.5克，每天2次。软膏外用。

（二）抗病毒药物

病毒是最小的病原微生物，无完整的细胞结构，由脱氧核糖核酸或核糖核酸组成核心（分别称脱氧核糖核酸病毒或核糖核酸病毒），外包蛋白质外壳，需要寄生于宿主细胞内，并利用宿主细胞的代谢生存、增生。目前应用的抗病毒药物可通过干扰病毒吸附于细胞，阻止病毒进入宿主细胞，抑制病毒核酸复制，抑制病毒蛋白质合成，诱导宿主细胞产生抗病毒蛋白等多途径发挥效能。常用的抗病毒药物包括金刚烷胺、吗啉胍、利巴韦林和干扰素等。许多中草药，如穿心莲、板蓝根、大青叶等也可用于某些病毒感染性疾病的防治。

目前，在试验中虽有不少抗病毒药物在应用，但其临床疗效多不肯定。

1. 吗啉胍（病毒灵）

【性状】 盐酸吗啉胍为白色结晶性粉末，在水中易溶，在乙醇中微溶，无臭，味微苦。

【作用与用途】 吗啉胍为广谱抗真菌药物，对流感病毒、副流感病毒、鼻病毒、呼吸道合胞体病毒等核糖核酸病毒有作用，对脱氧核糖核酸型的某些腺病毒也有一定的抑制作用。临床主要用于流感、病毒性支气管炎、水痘、疱疹等的治疗。与抗菌药物合用，可控制继发细菌感染并提高疗效。据报道，对病毒性肠炎也有一定疗效。

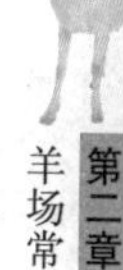

【用法与用量】 5%针剂，10毫升/支，每次5~15毫升，肌内注射，羊每天2次，有效期2年。复方吗啉胍片，每片0.1克，除含有吗啉胍外，还含有氨基比林、维生素C、氯苯那敏（扑尔敏）等，口服可治疗羔羊口、唇部传染性脓疱病，每次0.1克，每天2次，连用5天。

2. 利巴韦林（病毒唑、三氮唑核苷）

【性状】 本品为白色结晶性粉末，无臭、无味，溶于水。

【作用与用途】 利巴韦林为广谱抗病毒药物，对脱氧核糖核酸病毒和核糖核酸病毒均有抑制作用。对其敏感的病毒包括流感病毒、副流感病毒、腺病毒、疱疹病毒、正黏病毒、副黏病毒、痘病毒、细小核糖核酸病毒、棒状病毒、轮状病毒和逆病毒。可用于病毒性呼吸道感染和疱疹病毒病，如腺病毒性肺炎、病毒性结膜炎等。

【用法与用量】 针剂，每支1毫升（含100毫升），肌内注射或静脉滴注，羊每千克体重10～15毫克，每天2次。0.1%～0.5%眼药水，每天6次滴眼，每次数滴。

第二节 消毒防腐药

1. 氧化钙（生石灰）

【性状】 本品为白色或灰白色硬块，无臭，易吸收水分，在空气中能吸收二氧化碳，渐渐变成碳酸钙而失效。与水混合，可生成氢氧化钙。

【作用与用途】 氧化钙对大多数繁殖型细菌有较强的杀灭作用，但对炭疽芽孢无效。常用于羊舍墙壁、围栏和地面的消毒。

【用法与用量】 加水配成10%～20%石灰乳，涂刷羊舍墙壁、围栏和地面进行消毒。氧化钙1千克加水350毫升，生成的消石灰粉末，可撒布于阴湿地面、粪池周围污水沟等处进行消毒。

2. 碘附（强力碘）

【性状】 本品为棕红色液体，具有亲水和亲脂的两重性，溶解度大，无味，无刺激性，毒性较低。本品是由表面活性剂与碘络合而成的不稳定络合物。

【作用与用途】 碘附具有广谱杀菌作用，杀菌作用持久，能杀死病毒、细菌、细菌芽孢、真菌和原虫等。可用于羊舍、饲槽、饮水、皮肤和器械等的消毒。

【用法与用量】 用5%溶液喷洒消毒羊舍，每立方米用3～9毫升；5%～10%溶液可刷洗或浸泡用具、手术器械等；每升饮水中加原药15～20毫升，饮用3～5天，可防治肠道传染病。

3. 过氧化氢溶液

【性状】 本品为无色澄明液体。

【作用与用途】 过氧化氢与组织中的触酶相遇，立即分解，放出生态氧而呈现杀菌作用。临床上常用3%过氧化氢溶液（即双氧水），但其作用时间短，穿透力也很弱，且受有机物质的影响，故杀菌作用很弱。但用于清洗化脓创面或黏膜时，由于过氧化氢分解迅速，会产生大量气泡，将创腔中的脓块和坏死组织排除，有利于清洁创面。

【用法与用量】 清洗化脓创面用1%～3%溶液，冲洗口腔黏膜用0.3%～1%溶液。

【注意事项】 3%以上高浓度溶液对组织有刺激性和腐蚀性，用时需谨慎。

4. 氢氧化钠（苛性钠）

【性状】 本品为白色块状、棒状或片状结晶，易溶于水和乙醇，极易潮解，在空气中易吸收二氧化碳，形成碳酸盐，所以应密封保存。能溶解蛋白质，破坏细菌的酶系统与菌体结构，对机体组织细胞有腐蚀作用。

【作用与用途】 氢氧化钠对细菌繁殖体、芽孢、病毒都有很强的杀灭作用，对寄生虫卵也有杀灭作用。

【用法与用量】 2%热溶液用于被病毒和细菌污染的羊舍、饲槽和运输车船等的消毒；3%~5%溶液用于炭疽芽孢污染的场地消毒；5%溶液用于腐蚀皮肤赘生物、新生角质等。

5. 高锰酸钾

【性状】 本品为深紫色结晶，能溶于水。

【作用与用途】 高锰酸钾为强氧化剂，与有机物相遇时放出新生态氧而将有机物氧化，其本身还原为二氧化锰。

【用法与用量】 常用0.1%水溶液冲洗创伤，0.2%水溶液冲洗子宫、膀胱等。

6. 甲紫（龙胆紫）

【性状】 本品属于碱性染料，为暗绿色带金属光泽的粉末，可溶于水和醇。

【作用与用途】 甲紫对革兰氏阳性菌有选择性抑制作用，对真菌也有作用，其毒性小，对组织无刺激性，有收敛作用。

【用法与用量】 1%水（或酒精）溶液和2%~10%软膏，可治疗皮肤、黏膜的创伤和溃疡，1%水溶液也可用于治疗烧伤。

7. 碘酊（碘酒）

【性状】 本品由碘、碘化钾和酒精配制而成，为棕红色透明液体。

【作用与用途】 碘酊有较强的杀菌能力，可杀死细菌、芽孢、病毒和真菌。

【用法与用量】 2%浓度可用作注射、手术部位的消毒；5%~10%浓度可治疗慢性腱炎、关节炎；1%碘甘油可用于治疗各种黏膜炎症。

8. 二氯异氰尿酸钠（优氯净）

【性状】 本品为白色结晶性粉末，有氯臭，易溶于水，水溶液呈酸性，稳定性差。

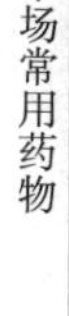

【作用与用途】 二氯异氰尿酸钠杀菌力较氯胺强，对细菌繁殖体、芽孢、病毒、真菌孢子均有较强的杀灭作用。用于水、加工器具、餐具、食品、车辆、羊舍、用具等的消毒。

【用法与用量】 以有效氯含量计算消毒浓度，饮水浓度为0.5克/升，羊舍、用具、车辆消毒浓度为50～100毫克/升。消毒灵由二氯异氰尿酸钠加稳定剂制成，0.25%～0.5%溶液（含有效氯125～250毫克/升）可消毒羊舍、车辆、用具等。

9. 漂白粉（含氯石灰）

【性状】 本品为白色颗粒状粉末，有氯臭，微溶于水和醇，久置于空气中，能吸收水分而潮解失效。新制漂白粉含有效氯25%～30%。遇水产生次氯酸，可放出活性氯和初生态氧，呈现杀菌作用。

【作用与用途】 漂白粉能杀灭细菌、芽孢、病毒和真菌。其杀菌作用强，但不持久。在酸性环境中杀菌作用强，碱性环境中杀菌作用减弱。可用于羊舍、围栏、饲槽、车辆等的消毒。

【用法与用量】 可用5%～20%混悬液喷洒，也可用干粉末撒布。每升水中加0.3～1.5克，用于饮水消毒。不能用于金属制品和有色棉织物的消毒。用时现配，久贮易失效。保存于阴暗、干燥处，不可与易燃、易爆物品放在一起。

10. 三氯异氰尿酸

【性状】 本品为白色结晶性粉末或粒状固体，具有强烈的氯臭味，含有效氯在85%以上，水中的溶解度为1.2%，遇酸或碱易分解。

【作用与用途】 三氯异氰尿酸是一种极强的氧化剂和氯化剂，具有高效、广谱、较为安全的消毒作用，对细菌、病毒、真菌、芽孢等都有杀灭作用，对球虫卵囊也有一定杀灭作用。

【用法与用量】 用于环境、饮水、饲槽等的消毒。4～6毫克/升用于饮水消毒，200～400毫克/升用于羊舍、用具消毒。

第三节 抗寄生虫药

寄生虫是指暂时或永久地在宿主体内或体表生活，并从宿主体内取得营养物质的生物。寄生虫主要指原虫、蠕虫和节肢动物等无脊椎动物。抗寄生虫药是指能杀灭寄生虫或抑制其生长繁殖的物质，可分为抗蠕虫药、抗原虫药和杀虫药。

一 抗蠕虫药

抗蠕虫药是指对动物寄生蠕虫具有驱除、杀灭或抑制作用的药物。根据寄生于动物体内蠕虫类别不同，抗蠕虫药可分为抗线虫药、抗吸虫药、抗绦虫药等。但有些药物兼具抗2种或3种以上蠕虫，如吡喹酮可以抗绦虫和吸虫，苯并咪唑类可以抗线虫、吸虫、绦虫。

（一）抗线虫药

抗线虫药根据化学结构的特点可分为：①抗生素类，如阿维菌素、伊维菌素、多拉菌素、越霉素A和潮霉素B等。②苯并咪唑类，如噻苯达唑、阿苯达唑、甲苯达唑、芬苯达唑、奥芬达唑等。③咪唑并噻唑类，如左旋咪唑等。④四氢嘧啶类，如噻嘧啶等。⑤哌嗪类，如哌嗪、乙胺嗪。⑥其他，如敌百虫、硝碘酚等。

1. 阿苯达唑

【性状】 本品为白色或类白色粉末，无臭，无味，不溶于水，微溶于丙酮或氯仿。

【作用与用途】 阿苯达唑为苯并咪唑类衍生物，为高效、低毒、广谱驱虫药，临床可用于驱蛔虫、蛲虫、绦虫、鞭虫、钩虫、粪圆线虫等。其中线虫对其敏感，如羊的血矛线虫、奥斯特线虫、毛圆线虫、古柏线虫、细颈线虫、仰口线虫、夏伯特线虫、食道口线虫、毛首线虫及网尾线虫成虫及幼虫。较大剂量情况下对绦虫和吸虫（但需较大剂量）也有较强作用，对血吸虫无效。本品不但对成虫作用强，对未成熟虫体和幼虫也有较强作用，还有杀虫作用。

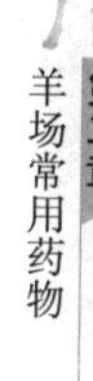

阿苯达唑能阻止虫体能量的产生，致使虫体无法生存和繁殖。本品除能杀死驱除寄生于动物体内的各种线虫外，对绦虫及囊尾蚴也有明显的杀死及驱除作用。

目前本药制剂有阿苯达唑片、氧阿苯达唑片。

【用法与用量】 内服阿苯达唑片，羊每次每千克体重10～15毫克。内服氧阿苯达唑片，羊每次每千克体重5～10毫克。

【注意事项】 阿苯达唑与吡喹酮合用可提高阿苯达唑的血药浓度。妊娠羊慎用。本品常与伊维菌素联用，用于防治体内外寄生虫病。

2. 芬苯达唑

【性状】 本品为类白色结晶性粉末，无臭，无味。不溶于水，微溶于有机溶剂，易溶于二甲基亚砜。

【作用与用途】 芬苯达唑为苯并咪唑类抗蠕虫药，用于畜禽线虫病和绦虫病，抗虫谱不如阿苯达唑广，作用略强。对羊的血矛线虫、奥斯特线虫、毛圆线虫、古柏线虫、细颈线虫、仰口线虫、夏伯特线虫、食道口线虫、毛首线虫及网尾线虫成虫及幼虫均有极佳驱虫效果。此外，还能抑制多数胃肠线虫的产卵。芬苯达唑内服给药后，只有少量被吸收，反刍动物吸收缓慢。对于绵羊，44%~50%的芬苯达唑以原形从粪便中排出。

目前本药制剂有芬苯达唑片。

【用法与用量】 内服，羊每次每千克体重5~7.5毫克。

【注意事项】 绵羊妊娠早期使用芬苯达唑，可能伴有致畸胎和胚胎毒性的作用。在推荐剂量下使用，一般不会产生不良反应。用于妊娠动物认为是安全的。

3. 盐酸左旋咪唑

【性状】 本品是噻咪唑左旋异构体，为白色或带黄色的结晶性粉末，易溶于水。

【作用与用途】 盐酸左旋咪唑为广谱、高效、低毒驱线虫药，对绵羊的大多数线虫及幼虫均有高效。本品对绵羊的皱胃线虫（血矛线虫、奥斯特线虫）、小肠线虫（毛圆线虫、古柏线虫、细颈线虫、仰口线虫）、大肠线虫（夏伯特线虫、食道口线虫）和肺线虫（胎生网尾线虫）的成虫具有良好的活性，对尚未发育成熟的虫体作用差，对类圆线虫、毛首线虫和鞭虫作用差或不确切。左旋咪唑可选择性地抑制虫体肌肉中的琥珀酸脱氢酶，能使虫体神经肌肉去极化，使肌肉发生持续收缩而致麻痹，使活虫体排出。左旋咪唑除了具有驱虫活性外，还具有增强免疫作用，即能使免疫缺陷或免疫抑制动物恢复其免疫功能，具体的免疫促进机制尚不完全了解。目前，已经有虫株对左旋咪唑产生了耐药性，耐药问题日趋严重，应合理使用。

目前本药制剂有盐酸左旋咪唑片、盐酸左旋咪唑注射液。

【用法与用量】 内服，羊每次每千克体重7.5毫克。皮下注射或肌内注射，羊每次每千克体重7.5毫克。

【注意事项】 泌乳期和衰弱动物禁用。本品中毒时可用阿托品解毒和其他对症治疗。左旋咪唑可增强布氏杆菌疫苗等的免疫反应和效果。可与复方新诺明配合治疗弓形虫病。碱性药物可使本品分解失效。禁用于静脉注射。

4. 伊维菌素

【性状】 本品为无色透明液体。

【作用与用途】 伊维菌素是新型广谱、高效、低毒半合成大环内酯类抗寄生虫药，用于防治线虫、螨虫和虱等其他寄生性昆虫。伊维菌素对线虫及节肢动物的驱杀作用，在于增加虫体的抑制性递质，γ-氨基丁酸（GABA）的释放，从而打开氨基丁酸介导的氯离子通道，增强神经膜对氯的通透性，从而阻断神经信号的传递，最终使虫体神经麻痹，而导致虫体死亡。由于绦虫、吸虫不以氨基丁酸为神经递质，并且缺少受谷氨酸控制的氯离子通道，所以伊维菌素对绦虫、吸虫及原生动物无效。伊维菌素对羊的血矛线虫、奥斯特线虫、古柏线虫、毛圆线虫、圆形线虫、仰口线虫、细颈线虫、毛首线虫、食道口线虫、网尾线虫，以及绵羊夏伯特线虫成虫和第四期幼虫驱除率接近100%。对节肢动物也很有效，如蝇蛆、螨和虱等，但对嚼虱和绵羊羊蜱蝇疗效稍差。

目前本药制剂有伊维菌素预混剂、伊维菌素注射液。

【用法与用量】 皮下注射，羊每次每千克体重0.2毫克。

【注意事项】 注射仅限皮下注射，因肌内注射和静脉注射易引起中毒。注射时注射部位有不适或暂时性水肿。每个皮下注射点，不宜超过10毫克。妊娠和泌乳期动物禁用。

5. 阿维菌素

【性状】 本品为白色或类白色粉末。

【作用与用途】 阿维菌素是阿维链霉菌的天然发酵产物，用于防治线虫、螨虫和虱等寄生虫。本品对寄生虫的作用、应用、作用机制与伊维菌素相似，但性质较不稳定，毒性比伊维菌素略强。

目前本药制剂有阿维菌素片、阿维菌素胶囊、阿维菌素注射液、阿维菌素粉、阿维菌素透皮溶液。

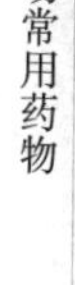

【用法与用量】 皮下注射，羊每次每千克体重0.2毫克。内服，羊每次每千克体重0.3毫克。可背部浇泼，沿两耳耳背部内侧涂擦，用5%的阿维菌素，每千克体重0.1毫升。

【注意事项】 阿维菌素的毒性比伊维菌素强，使用时应注意。阿维菌素的性质不稳定，对光线敏感，遇光会迅速氧化灭活，应注意贮存和使用条件。妊娠和泌乳期动物禁用。

（二）抗绦虫药

抗绦虫药分为驱绦虫药和杀绦虫药。驱绦虫药是指促使绦虫排出体外的药物，通常是干扰绦虫的头节吸附于胃肠黏膜，并干扰虫体的蠕动。很多天然有机化合物（如南瓜子氨酸、槟榔碱、烟碱等）都属于驱绦虫药，能暂时麻痹虫体并借助催泻的作用将虫体排出体外。杀绦虫药是能使绦虫在寄生部位死亡的药物，合成的抗绦虫药主要有氯硝柳胺、吡喹酮等。

1. 氯硝柳胺

【性状】 本品为黄色或白色粉末或结晶性粉末，无味，几乎不溶于水，微溶于乙醇，露置于空气中颜色变深，应遮光、密封贮存。

【作用与用途】 氯硝柳胺又名灭绦灵，用于治疗绦虫病、羊前后盘吸虫病。氯硝柳胺是世界各国应用较广的传统抗绦虫药，对多种绦虫均有杀灭效果，如对羊的莫尼茨绦虫、无卵黄腺绦虫和条纹绦虫有效，对绦虫头节和体节作用相同。氯硝柳胺的抗绦虫作用机制，主要是抑制绦虫细胞内线粒体的氧化磷酸化过程，阻断三羧酸循环，抑制绦虫对葡萄糖的摄取，导致虫体乳酸蓄积而杀灭绦虫。

目前本药制剂有氯硝柳胺片。

【用法与用量】 内服，羊每次每千克体重60~70毫克。

【注意事项】 本品可与左旋咪唑合用，治疗羔羊的绦虫与线虫混合感染。动物在给药前，应禁食12小时。

2. 吡喹酮

【性状】 本品为无色结晶性粉末，味微苦，无臭，微溶于水，溶于乙醇，应遮光、密封贮存。

【作用与用途】 吡喹酮具有广谱抗绦虫和抗血吸虫作用，主要用于治疗动物血吸虫病，也用于绦虫病和囊尾蚴病，如羊的莫尼茨绦虫、球点斯泰绦虫、无卵黄腺绦虫、胰阔盘吸虫和矛形歧腔吸虫等，目前广泛用于世界各国。本品对各种绦虫的成虫和幼虫具有较高活性，对血吸虫有很好的驱杀作用。目前本药的作用机制尚未确定。

目前本药制剂有吡喹酮片。

【用法与用量】 内服，羊每次每千克体重10~35毫克。

【注意事项】 本品有显著的首过效应。幼龄动物慎用。阿苯达唑、地塞米松与吡喹酮合用时可降低吡喹酮的血药浓度。

（三）抗吸虫药

除了前面提到的吡喹酮和苯并咪唑类外，根据化学结构不同，抗吸虫药可分为：①二酚类，如六氯酚、硫双二氯酚、硫双二氯酚亚砜等；②硝基酚类，如碘硝酚、硝氯酚等；③水杨酰苯胺类，如氯氰碘柳胺和碘醚柳胺；④磺胺类，如氯舒隆。

1. 硝氯酚

【性状】 本品为深黄色结晶性粉末，无臭，难溶于水。其钠盐易溶于水。应遮光、密封贮存。

【作用与用途】 硝氯酚对羊的片形吸虫成虫具有杀灭作用，对某些发育未成熟的片形吸虫也有效，但所用剂量需增加，临床上不安全。其抗虫机制为影响片形吸虫的能量代谢而发挥抗吸虫作用。

目前本药制剂有硝氯酚片。

【用法与用量】 内服，羊每次每千克体重3~4毫克。

【注意事项】 过量用药动物可出现发热、呼吸急促和出汗等中毒症状，持续2~3天，偶见死亡。治疗量对动物比较安全。可根据症状选用尼可刹米、毒毛花苷K、维生素C等对症治疗，但禁用钙剂静脉注射。

2. 氯氰碘柳胺钠

【性状】 本品为微黄色粉末，无臭或微臭，在乙醇或丙酮中易溶，在甲醇中溶解，在水或氯仿中不溶。应置于通风、阴凉处，密闭保存。

【作用与用途】 氯氰碘柳胺钠主要用于防治羊肝片吸虫病和多数胃肠道线虫病如血矛线虫、仰口线虫、食道口线虫等，也可用于防治羊狂蝇蛆病等。对前后盘吸虫无效。对多数胃肠道线虫，如血矛线虫、仰口线虫、食道口线虫，驱除率均超过90%。某些羊捻转血矛线虫虫株能对本品产生耐药性。此外，氯氰碘柳胺钠对一、二、三期羊鼻蝇蛆均有100%杀灭效果。

目前本药制剂有氯氰碘柳胺钠片、氯氰碘柳胺钠注射液和氯氰碘柳胺钠混悬液。

【用法与用量】 内服，羊每次每千克体重10毫克。皮下注射或肌内注射，羊每次每千克体重5~10毫克。

【注意事项】 氯氰碘柳胺钠可与苯并咪唑类合用，也可与左旋咪唑合用。氯氰碘柳胺钠注射液对局部组织有一定的刺激性。

3. 碘醚柳胺

【性状】 本品为灰白色至棕色粉末，不溶于水。

【作用与用途】 碘醚柳胺主要对肝片吸虫和大片形吸虫的成虫具有杀灭作用，对未成熟虫体也有较高活性，因此用于治疗羊肝片吸虫病和大片形吸虫病。此外，对羊的吸虫成虫、未成熟虫体和羊鼻蝇蛆的各期寄生幼虫均有很高的有效率。碘醚柳胺的抗吸虫机制是影响虫体的能量代谢过

程，使虫体死亡。

目前本药制剂有碘醚柳胺混悬液。

【用法与用量】 内服，羊每次每千克体重7～12毫克。

【注意事项】 与阿苯达唑合用，治疗羊的肝片吸虫病和胃肠道线虫病，并不改变两者的安全指数。本品为灰白色混悬液，久置可分为两层，上层为无色液体，下层为灰白色至浅棕色沉淀。泌乳期禁用。不得超量使用。

4. 硫双二氯酚

【性状】 本品为白色或类白色粉末，无臭或微带酚臭。不溶于水，易溶于乙醇和稀碱溶液。应遮光、密封贮存。

【作用与用途】 硫双二氯酚对吸虫成虫及囊尾蚴有明显杀灭作用，主要用于治疗绵羊、山羊的肝片吸虫病、姜片吸虫病和绦虫病等。

目前本药制剂有硫双二氯酚片。

【用法与用量】 内服，羊每次每千克体重75～100毫克。

【注意事项】 乙醇能促进本品吸收，可增加毒性反应，忌同时使用。衰弱和下痢动物不宜使用本品。为减轻不良反应可减少用量，连用2～3次。

二 抗原虫药

原虫病是由单细胞原生动物所引起的一类寄生虫病，包括球虫病、锥虫病和梨形虫病等，其中球虫病危害最严重。

（一）抗球虫药

球虫的发育分为无性生殖阶段和有性生殖阶段。球虫的整个繁殖阶段共约需7天。药物作用在感染后第一至第二天，仅能起预防作用，无治疗意义；作用在感染后的第三至第四天，既有预防作用又有治疗意义，且治疗作用比预防作用大。球虫的致病阶段是在发育史的裂殖生殖和配子生殖阶段，尤其是第二代裂殖生殖阶段（感染后的第三至第四天），第五天开始进入有性繁殖阶段。因此，在治疗球虫病时，应选择作用峰期与球虫致病阶段相一致的抗球虫药物作为治疗性药物。

常用的抗球虫药有：①磺胺类，如磺胺喹噁啉、磺胺氯吡嗪钠。②三嗪类，如地克珠利、托曲珠利。③聚醚类离子载体抗生素，如莫能菌素钠、盐霉素钠等。④二硝基类，如二硝托胺、尼卡巴嗪等。⑤其他，如盐酸氨丙啉、氯羟吡啶、盐酸氯苯胍等。

1. 磺胺氯吡嗪钠

【性状】 本品为白色或浅黄色粉末，易溶于水。

【作用与用途】 磺胺氯吡嗪钠为磺胺类抗球虫药，作用与磺胺喹噁啉相似，抗球虫作用峰期是球虫第二代裂殖体，对第一代裂殖体也有一定作用，多在球虫暴发短期内应用，主要用于禽、兔和羊的球虫病。本品不影响宿主对球虫产生免疫力。

目前本药制剂有磺胺氯吡嗪钠可溶性粉。

【用法与用量】 内服，配成10%水溶液，羊每千克体重1.2毫升，连用3~5天。

【注意事项】 一般本品连续饮水不得超过5天。不得在饲料中长期添加本品。禁与酸性药物同时使用，以免发生沉淀。本品与盐霉素联用可引起中毒，与尼卡巴嗪有配伍禁忌，不宜联用。

2. 莫能菌素钠

【性状】 本品为白色或类白色结晶性粉末，稍有臭味，几乎不溶于水。

【作用与用途】 莫能菌素钠是单价聚醚类离子载体抗球虫药，作用峰期为感染后第二天，球虫发育到第一代裂殖体阶段，在球虫感染的第二天用药效果最好。莫能菌素钠杀球虫的作用机制是可以影响虫体离子平衡，干扰球虫细胞内钾离子及钠离子的正常渗透，使大量的钠离子进入细胞，为了平衡渗透压，大量的水分进入球虫细胞，引起球虫细胞肿胀造成虫体破裂死亡。莫能菌素钠主要用于防治鸡、羔羊、犊牛球虫病和促进反刍动物生长，对羔羊雅氏艾美尔球虫和阿撒地艾美尔球虫有效；对革兰氏阳性菌，如金黄色葡萄球菌、链球菌等也有较强作用，并能促进动物生长发育，增加体重和提高饲料转化率。

目前本药制剂有莫能菌素钠预混剂。

【用法与用量】 参考使用。混饲，参考相关产品说明书剂量使用。

【注意事项】 本品与泰妙菌素有配伍禁忌，也不宜与其他抗球虫药合用。在使用时注意保护使用者的皮肤、眼睛。

（二）抗锥虫药

家畜锥虫病是由寄生于血液和组织细胞间的锥虫引起的一类疾病。常用的抗羊锥虫药有三氮脒、新胂凡纳明等。

三氮脒

【性状】 本品为黄色或橙色结晶性粉末，无臭，遇光遇热变为橙红色。本品溶于水，几乎不溶于乙醇。

【作用与用途】 三氮脒对羊的锥虫、梨形虫等均有作用。用药后血中浓度高，但持续时间较短，主要用于治疗，预防效果差。对羊巴贝斯虫等梨形虫也有显著效果。

目前本药制剂有注射用三氮脒。

【用法与用量】 肌内注射，羊每次每千克体重3~5毫克。临用前配成5%~7%溶液。

【注意事项】 三氮脒毒性较大，用药后羊常出现不安、起卧、频繁排尿、肌肉震颤等反应。过量使用可引起死亡。本品局部肌内注射有刺激性，可引起肿胀，应分点深层肌内注射。严格掌握用药剂量，不得超量使用，必要时可连续用药，但须间隔24小时，不得超过3次。

（三）抗梨形虫药

家畜梨形虫病是一种寄生于红细胞内的原虫病，以前曾称为焦虫病，是以蜱或其他吸血昆虫为媒介传播的疾病。常用的抗羊梨形虫药主要有硫酸喹啉脲、青蒿琥酯、盐酸吖啶黄等，目前由于盐酸吖啶黄毒性强已少用。

硫酸喹啉脲

【性状】 本品为浅黄绿色或黄色粉末，无臭，味苦，易溶于水，水溶液呈酸性，几乎不溶于乙醚和氯仿。

【作用与用途】 硫酸喹啉脲可用于羊巴贝斯虫病的治疗。一般患病动物用药后6~12小时出现药效，12~36小时体温下降，症状改善，外周血中原虫消失。

目前本药制剂有硫酸喹啉脲注射液。

【用法与用量】 肌内注射或皮下注射，羊每次每千克体重2毫克。

【注意事项】 本品有较强的副作用，给药时宜肌内注射阿托品，以防止发生不良反应。本品禁止静脉注射。

三 杀虫药

杀虫药是指能杀灭动物体外寄生虫，防治由蜱、螨、虱、蚤、蚊、蝇等动物体外寄生虫引起皮肤病的一类药物。体外寄生虫病对动物危害较大，可引起动物生长营养缺乏，发育受阻，饲料利用率降低，增重缓慢，以及皮、毛质量受影响等问题，而且有可能传播许多人畜共患病。一般情况下，所有杀虫药选择性较低，对哺乳动物均有一定毒性，选用安全、经济、有效、方便的杀虫药及其使用剂量具有重要公共卫生意义。在使用杀虫药时应注意剂量、浓度和使用方法，妥善处理好盛装杀虫药的容器和残存药液。

目前常用的杀虫药有：①有机磷化合物，如敌敌畏、二嗪农、巴胺磷、倍硫磷、精制马拉硫磷等；②有机氯化合物，如氯芬新等；③拟除虫菊酯类化合物，如氰戊菊酯、溴氰菊酯等；④其他，如双甲脒、升华硫等。

1. 二嗪农

【性状】 二嗪农纯品是无色油状液体，难溶于水。

【作用与用途】 二嗪农具有触杀、胃毒、熏蒸和内吸等特点，对疥螨、痒螨、蝇、虱、蜱均有良好杀灭效果。本品通过干扰虫体神经肌肉的兴奋传导，使虫体过度兴奋，引起虫体肢体震颤、痉挛、麻痹而死亡。喷洒后在皮肤、被毛上的附着力很强，能维持长期杀虫作用，一次用药的有效期可达6~8周。被吸收的药物在3天内从尿和奶中排出体外，主要用于驱杀羊体表的疥螨、痒螨及蜱、虱等。

目前本药制剂有25%、60%的二嗪农溶液、二嗪农项圈。

【用法与用量】 以二嗪农计，绵羊药浴，1升水加初液0.25克、补充液0.75克。

【注意事项】 使用本品中毒时可用阿托品解毒。药浴时动物接触药液的时间以1分钟为宜，也可用软刷助洗。禁止与其他有机磷化合物及胆碱酯酶抑制剂合用。妊娠及哺乳期母畜慎用或不用。

2. 巴胺磷

【性状】 本品为棕黄色液体，在丙酮等有机溶剂中易溶。

【作用与用途】 巴胺磷具有触杀、胃毒作用，用于驱杀绵羊体表螨、蜱、虱和蝇、蚊。患痒螨病羊药浴2天后螨虫可全部死亡。

目前本药制剂有巴胺磷溶液。

【用法与用量】 以40%巴胺磷溶液计，药浴，每1000升水，加500毫升。

【注意事项】 对于严重感染的羊，药浴时最好辅助人工擦洗，数日后可再药浴一次效果更好。禁止与其他有机磷化合物及胆碱酯酶抑制剂合用。本品对家禽、鱼类有毒，使用时应注意。若家禽中毒，可用阿托品解毒。

3. 精制马拉硫磷

【性状】 本品为无色或浅黄色油状液体。

【作用与用途】 精制马拉硫磷主要以触杀、胃毒和熏蒸杀灭害虫，无内吸杀虫作用，具有广谱、低毒、使用安全等特点，对蚊、蝇、虱、蜱、螨、蚤等均有杀灭作用。马拉硫磷对害虫的毒力较强，在虫体内被氧化生成的马拉氧磷抗胆碱酯酶活力增强1000倍。本品对昆虫的毒性较大，但对人畜毒性很低。

目前本药制剂有45%和70%的精制马拉硫磷溶液。

【用法与用量】 以马拉硫磷计，药浴或喷雾，配成0.2%～0.3%的水溶液。

【注意事项】 本品不可与肥皂水等碱性物质或氧化物质接触。本品对眼睛、皮肤有刺激性，使用本品中毒时可用阿托品解毒。禁用于1月龄以内的动物。动物体表用药后数小时内应避免日光照射和风吹；必要时间隔2～3周可再用药一次。

4. 氰戊菊酯

【性状】 本品原药为黄色至褐色黏稠状液体，几乎不溶于水。

【作用与用途】 氰戊菊酯又称为速灭杀丁，是目前养殖业中最常用的高效杀虫剂。本品作用以触杀为主，兼有胃毒和驱避作用，对动物多种体外寄生虫和吸血昆虫，如螨、虱、蚤、蜱、蚊、蝇、虻等均有良好的杀灭效果，杀虫力强，效力高。羊体表应用氰戊菊酯10分钟后其上寄生的螨、虱、蚤就会出现中毒，4～12小时后全部死亡。

目前本品兽用制剂有20%氰戊菊酯溶液。

【用法与用量】 喷雾时加水进行1000～2000倍稀释。

【注意事项】 配制本品溶液时水温不能超过25℃，以12℃为宜，如果配制药液时水温超过50℃会使药物失效。避免使用碱性水配制药物，也不要和碱性药物合用，以免引起药物失效。使用本品时残液不要污染河流、池塘、桑园、养蜂场地等，因本品对蜜蜂、鱼虾、家蚕等毒性较强。

第四节 特效解毒药

1. 阿托品

【性状】 本品为白色粉末，无臭，味苦，易溶于水。

【作用与用途】 阿托品能阻断M胆碱受体的作用，用药后可减轻部分有机磷中毒症状。临床上主要用于有机磷农药中毒的解毒，用药越早越好，剂量可酌情加大或重复用药。

【用法与用量】 注射液，有5毫克/毫升和25毫克/5毫升2种规格，用于肌内或皮下注射，每次10～30毫克。

2. 碘解磷定

【性状】 本品为黄色结晶性粉末，略溶于水。

【作用与用途】 碘解磷定为胆碱酯酶复活剂，具有强大的亲磷酸酯作用，能把结合在胆碱酯酶上的磷酰基夺过来，恢复酶的水解能力，并能使进入体内的有机磷酸酯失去毒性。因而常用于有机磷农药中毒的解毒剂。

【用法与用量】 注射液，每支 10 毫升（含原药 0.4 克），静脉注射，羊每次每千克体重 15 ~ 30 毫克。

3. 亚甲蓝（美蓝、次甲蓝、甲烯蓝）

【性状】 本品为深绿色有铜光的结晶或结晶性粉末，易溶于水。

【作用与用途】 亚甲蓝可用于治疗亚硝酸盐中毒所引起的高铁血红蛋白症和氰化物中毒。

【用法与用量】 注射液，有 20 毫克/2 毫升、50 毫克/5 毫升和 100 毫克/10 毫升 3 种规格。亚硝酸盐中毒时，羊每千克体重静脉注射 1 ~ 2 毫克；氰化物中毒时，羊每千克体重静脉注射 10 毫克。

4. 硫代硫酸钠（次亚硫酸钠、大苏打、海波）

【性状】 本品为无色透明的结晶或结晶性细粒，在干燥空气中有风化性，在潮湿空气中易潮解。极易溶于水，水溶液呈弱碱性反应。

【作用与用途】 硫代硫酸钠能在体内转硫酶作用下释放出硫，硫与氰化物可形成稳定、无毒的硫氰酸盐由尿液排出，因此可治疗氰化物中毒。但本品作用缓慢，所以必须首先使用亚硝酸钠或亚甲蓝，数分钟后再用本品，效果最好。本品在体内还可与多种金属、类金属形成无毒的硫化物由尿液排出，因此可治疗砷、汞、铅、铋、碘等的中毒症，但效果不及二巯丙醇。

【用法与用量】 注射液，有 0.5 克/10 毫升和 1 克/20 毫升 2 种规格，静脉注射或肌内注射，羊每次 1 ~ 3 克。粉针剂，每支 0.32 克或 0.64 克，临用时以注射用水溶解成 5% ~ 20% 溶液。

第五节 常用中药方剂

一 解表方

（一）辛温解表方

1. 麻黄汤

【主要成分及用量】 麻黄、桂枝各 9 克，杏仁 12 克，甘草 4 克。

【功效主治】 发汗解表，宣肺平喘。外感风寒实证。证见恶寒发热，无汗咳喘，苔薄白，脉浮紧。临床上常用以本方加减治疗感冒、流感和急性气管炎等属于风寒表实证者。

【用法】 水煎，候温灌服；或为细末，稍煎，候温灌服。

2. 桂枝汤

【主要成分及用量】 桂枝9克，白芍9克，炙甘草9克，生姜12克，大枣12克。

【功效主治】 解肌发表，调和营卫。外感风寒表寒证。证见恶风发寒，汗出，鼻流清涕，舌苔薄白，脉浮缓。本方对流感、外感性腹痛、产后发热等均有良效。

【用法】 水煎，候温灌服；或为细末，稍煎，候温灌服。

3. 荆防败毒散

【主要成分及用量】 荆芥12克，防风12克，羌活8克，独活8克，柴胡8克，前胡8克，桔梗10克，枳壳8壳，茯苓15克，甘草5克，川芎7克。

【功效主治】 发汗解表，散寒除湿。外感挟湿的表寒证。证见发热无汗，恶寒颤抖，皮紧肉硬，肢体疼痛，咳嗽，舌苔白腻，脉浮。本方是治疗感冒的常用方，对于时疫、痢疾、疮疡而挟湿的表寒证均可酌情应用。

【用法】 为末，开水冲调，候温灌服；或煎汤灌服。

（二）辛凉解表方

1. 银翘散

【主要成分及用量】 银花12克，连翘9克，淡豆豉6克，桔梗5克，荆芥6克，淡竹叶4克，薄荷6克，牛蒡子9克，芦根6克，甘草4克。

【功效主治】 辛凉解表，清热解毒。外感风热或温病初起。证见发热无汗或微汗，微恶风寒，口渴咽痛，咳嗽，舌苔薄白或薄黄，脉浮数。本方常用于治疗流感、急性咽喉炎、支气管炎、肺炎及某些感染性疾病初期而见有表热证者。

【用法】 为末，开水冲调，候温灌服；或煎汤服。

2. 小柴胡汤（和解方）

【主要成分及用量】 柴胡、黄芩、党参各9克，姜半夏6克，炙甘草3克。

【功效主治】 功能和解少阳，扶正祛邪，解热。主治少阳证。证见寒热往来，不欲饮食，口津少，反胃呕吐，脉弦。本方可用于体虚及母畜产后或发情期间外感寒邪。

【用法】 水煎服；或为末，开水冲调，候温灌服。

二 清热方

（一）清热泻火方

白虎汤（清气分热）

【主要成分及用量】 石膏（打碎先煎）50克，知母9克，甘草5克，粳米9克。

【功效主治】 清热生津。阳明经证或气分热盛。证见高热大汗，口干舌燥，大渴贪饮，脉洪大有力。本方加减用于乙型脑炎、中暑、肺炎等热性病而有上述诸证者。

【用法】 水煎至米熟汤成，去渣候温灌服。

（二）清热凉血方

犀角地黄汤（清血分热）

【主要成分及用量】 犀角1克，（用10倍量水牛角代），生地15克，白芍6克，丹皮4.5克。

【功效主治】 清热解毒，凉血散瘀。温热病之血分证或热入血分，有热甚动血，热扰心营见证者。本方随症加减：鼻衄者，加白茅根，侧柏叶，以凉血止血；便血者，加地榆、槐花，以清肠止血；尿血者，加白茅根、小蓟，以利尿止血；心火盛者，加黄连、黑栀子，以清心泻火。

【用法】 为末，开水冲调，候温灌服；或水煎服。

（三）清热燥湿方

1. 白头翁汤

【主要成分及用量】 白头翁12克，黄檗6克，黄连9克，秦皮12克。

【功效主治】 清热解毒，凉血止痢。主治热毒血痢。证见里急后重，泻痢频繁，或大便脓血，发热，渴欲饮水，舌红苔黄，脉弦数。本方常用于细菌性痢疾和阿米巴痢疾。

【用法】 为末，开水冲调，候温灌服。

2. 茵陈蒿汤

【主要成分及用量】 茵陈蒿25克，栀子6克，大黄4.5克。

【功效主治】 清热，利湿，退黄。湿热黄疸。证见结膜、口色皆黄，鲜明如橘色，尿短赤，苔黄腻，脉滑数等。

【用法】 水煎服。

3. 郁金散

【主要成分及用量】 郁金6克，诃子3克，黄芩6克，大黄12克，黄连6克，栀子6克，白芍3克，黄檗6克。

【功效主治】 清热解毒，涩肠止泻。肠黄。证见泄泻腹痛，荡泻如水，泄粪腥臭，舌红苔黄，渴欲饮水，脉数。本方用于治疗各种动物性急性肠炎。

【用法】 为末，开水冲调，候温灌服。

（四）清热解毒方

黄连解毒汤

【主要成分及用量】 黄连5克，黄芩10克，黄檗10克，栀子7.5克。

【功效主治】 泻火解毒。三焦热盛或疮疡肿毒。证见大热烦躁，甚则发狂，或见发斑，以及外科疮疡肿毒等。本方可用于败血症、脓毒血症、痢疾、肺炎及各种急性炎症等属于火毒炽盛者。

【用法】 为末，开水冲调，候温灌服；或煎汤服。

三 泻下方

（一）攻下方

大承气汤

【主要成分及用量】 大黄12克（后下），芒硝36克，厚朴6克，枳实6克。

【功效主治】 攻下热结，破结通肠。结症，便秘。证见粪便秘结，腹部胀满，二便不通，口干舌燥，苔厚，脉沉实。本方用于实热便秘。

【用法】 水煎服；或为末，开水冲调，候温灌服。

（二）润下方

当归苁蓉汤

【主要成分及用量】 当归18克，肉苁蓉9克，番泻叶4.5克，广木香1.2克，厚朴4.5克，炒枳壳3克，醋香附4.5克，瞿麦1.5克，通草1.2克，六曲6克。

【功效主治】 润燥滑肠，理气通便。老弱、久病、体虚患畜之便秘。本方药性平和，偏重于治疗老弱久病、胎产家畜的症结。

【用法】 水煎取汁，候温加麻油25~50克，同调灌服。

四 消导方

1. 曲蘖散

【主要成分及用量】 六曲12克，麦芽6克，山楂6克，厚朴5克，枳壳5克，陈皮5克，苍术5克，青皮5克，甘草3克。

【功效主治】 消积化谷，破气宽肠。料伤。证见精神倦怠，眼闭头低，拘行束步，四足如攒，口色鲜红，脉洪大。用于治疗料伤。

【用法】 共为末，开水冲，候温加生油60克，白萝卜一个，同调灌服。

2. 保和丸

【主要成分及用量】 山楂12克，六曲12克，半夏6克，茯苓6克，陈皮6克，连翘6克，莱菔子6克。

【功效主治】 消食和胃，清热利湿。食积停滞。证见肚腹胀满，食欲不振，嗳气酸臭，或大便失常，舌苔厚腻，脉滑等。治一切食积。

【用法】 共为末，开水冲调，候温灌服。

五 止咳化痰平喘方

（一）温化寒痰方

二陈汤

【主要成分及用量】 制半夏9克，陈皮10克，茯苓6克，炙甘草3克。

【功效主治】 燥湿化痰，理气和中。湿痰咳嗽，呕吐，腹胀。证见咳嗽痰多，色白，舌苔白润。本方多用于治疗因脾阳不足、运化失职、水湿凝聚成痰所引起的咳嗽、呕吐等证。

【用法】 水煎服；或为末，开水冲调，候温灌服。

（二）清化热痰方

麻杏石甘汤

【主要成分及用量】 麻黄、杏仁、炙甘草各6克，石膏（打碎先煎）30克。

【功效主治】 辛凉泄热，宣肺平喘。肺热气喘。证见咳嗽喘急，发热有汗或无汗，口干渴，舌红，苔薄白或黄，脉浮滑而数。本方是治疗肺热气喘的常用方剂，使用时以喘急身热为依据。

【用法】 为末，开水冲调，候温灌服；或煎汤服。

（三）止咳平喘方

1. 止嗽散

【主要成分及用量】 荆芥、桔梗、紫苑、百部、百前各30克，陈皮10克，甘草6克。

【功效主治】 止咳化痰，疏风解表。外感咳嗽。证见咳嗽痰多，日久不愈，舌苔白，脉浮缓。本方用于外感风寒咳嗽，以咳嗽不畅、痰多为主症。

【用法】 为末，开水冲，候温灌服。

2. 苏子降气汤

【主要成分及用量】 苏子12克，制半夏、厚朴各6克，前胡、陈皮、当归各9克，肉桂、炙甘草各3克，生姜2克。

【功效主治】 降气平喘，温肾纳气。上实下虚的喘咳证。证见痰涎壅盛，咳喘气短，舌苔白滑等。常用于治疗慢性气管炎、支气管炎、轻度肺气肿，属痰涎壅盛、肾气不足者。

【用法】 水煎服。

六 温里方

1. 理中汤

【主要成分及用量】 党参、干姜、炙甘草、白术各12克。

【功效主治】 补气健脾，温中散寒。脾胃虚寒证。证见慢草不食，腹痛泄泻，完谷不化，口不渴，口色淡白，脉象沉细或沉迟。本方用于治疗慢性胃肠炎、胃及十二指肠溃疡等属脾胃虚寒者。

【用法】 水煎服；或共为末，开水冲调，候温灌服。

2. 茴香散

【主要成分及用量】 茴香6克，肉桂4克，槟榔2克，白术5克，巴戟天5克，当归6克，牵牛子2克，藁本5克，白附子3克，肉豆蔻3克，荜澄茄4克，木通4克，川楝子5克。

【功效主治】 温肾散寒，祛湿止痛。风寒湿邪引起的腰胯疼痛。临床用于治疗寒邪偏胜的寒伤腰胯疼痛。妊娠期慎用。

【用法】 共为末，开水冲调，候温加炒盐30克，醋60毫升，同调灌服。

3. 桂心散

【主要成分及用量】 桂心4克，青皮3克，益智仁4克，白术6克，厚朴4克，干姜5克，当归4克，陈皮6克，砂仁3克，五味子3克，肉豆蔻3克，炙甘草3克。

【功效主治】 温中散寒，健脾理气。脾胃阴寒所致的吐涎不食、腹痛、肠鸣泄泻等证。凡冷肠泄泻、胃寒草少、伤水腹痛者均可加减使用。

【用法】 共为末，开水冲调，候温加炒盐3克、青葱1根、酒20毫升灌服；或水煎汁，候温灌服。

4. 四逆汤

【主要成分及用量】 熟附子9克，干姜9克，炙甘草6克。

【功效主治】 回阳救逆。少阴病或太阳病误汗亡阳。证见四肢厥逆，恶寒倦卧，神疲力乏，呕吐不渴，腹痛泄泻，舌淡苔白，脉沉微细。常用于急性心衰，休克，急慢性胃肠炎吐泻失水过多，或急性病大汗出而见休克等属阴盛阳衰者。

【用法】 水煎服；或共为末，开水冲调，候温灌服。

七 祛湿方

（一）祛风湿方

1. 独活散

【主要成分及用量】 独活、羌活、防风、肉桂、泽泻、酒黄檗、大黄各10克，当归、连翘、汉防己、炙甘草各5克，桃仁3克。

【功效主治】 疏风祛湿，活血止痛。风湿麻痹，证见腰胯疼痛，项背僵直，四肢关节疼痛，肌肉震颤。适用于汗出受风，或久处潮湿之地，外感风湿之邪所致的急性风湿症。

【用法】 研为细末，开水冲，候温加酒40毫升，同调灌服。

2. 独活寄生汤

【主要成分及用量】 独活6克，桑寄生9克，秦艽6克，防风5克，细辛1.2克，当归6克，白芍5克，川芎3克，熟地黄9克，杜仲、牛膝、党参、茯苓各6克，肉桂4克，甘草3克。

【功效主治】 为祛湿剂，具有祛风湿、止痹痛、益肝肾、补气血之功效。主治痹证日久，肝肾两虚，气血不足证。腰膝疼痛、痿软，肢节屈伸不利，或麻木不仁，畏寒喜温，气短，舌淡苔白，脉细弱。临床常用于治疗慢性关节炎、类风湿性关节炎、骨质增生症等属风寒湿痹日久、正气不足者。

【用法】 水煎服；或研末，开水冲调，候温灌服。

（二）利湿方

1. 五苓散

【主要成分及用量】 猪苓、茯苓各6克，泽泻9克，白术6克，桂枝5克。

【功效主治】 为祛湿剂、具有温阳化气、利湿行水之功效。用于阳不化气、水湿内停所致的水肿，证见小便不利、水肿腹胀、呕逆泄泻、渴不思饮。舌苔白，脉浮。常用于治疗肾炎、心源性水肿、急性肠炎、尿潴留等属于水湿内停者。

【用法】 共为细末，开水冲调，候温灌服；或煎汤服。

2. 八正散

【主要成分及用量】 木通、瞿麦、萹蓄、车前子各6克，滑石12克，甘草5克，栀子（炒）6克，大黄（酒制）6克，灯芯草3克。

【功效主治】 为祛湿剂，具有清热泻火、利水通淋之功效。主治湿热淋证。尿频尿急，溺时涩痛，淋沥不畅，尿色浑赤，甚则癃闭不通，小腹急满，口燥咽干，舌苔黄腻，脉滑数。临床常用于治疗膀胱炎、尿道炎、急性前列腺炎、泌尿系结石、肾盂肾炎、术后或产后尿潴留等属湿热下注者。临床上广泛用于治疗泌尿系感染、泌尿系结石、急性肾炎等属于下焦湿热者。

【用法】 共为细末，开水冲调，候温灌服；或水煎服。

（三）化湿药

1. 平胃散

【主要成分及用量】 苍术16克，厚朴、陈皮各10克，甘草6克。

【功效主治】 为祛湿剂，具有燥湿运脾、行气和胃之功效。主治湿滞脾胃证。脘腹胀满，不思饮食，口淡无味，恶心呕吐，嗳气吞酸，肢体沉重，怠惰嗜卧，常多自利，舌苔白腻而厚，脉缓。临床常用于治疗慢性胃炎、消化道功能紊乱、胃及十二指肠溃疡等属湿滞脾胃者。

【用法】 共为末，开水冲调，候温灌服；或水煎服。

2. 藿香正气散

【主要成分及用量】 广藿香12克，紫苏叶9克，茯苓6克，白芷3克，大腹皮、陈皮各6克，桔梗5克，白术（炒）、厚朴各6克，半夏（制）4克，甘草3克。

【功效主治】 为祛湿剂，具有解表化湿、理气和中之功效。主治外感风寒，内伤湿滞证。恶寒发热，头痛，胸膈满闷，脘腹疼痛，恶心呕吐，肠鸣泄泻，舌苔白腻，以及山岚瘴疟等。临床常用于治疗急性胃肠炎、胃肠型感冒、消化不良等属于外感风寒者。

【用法】 共为末，生姜、大枣煎水冲调，候温灌服；或水煎灌服。

八 理气方

1. 橘皮散

【主要成分及用量】 青皮5克，陈皮6克，厚朴5克，肉桂6克，细辛2.4克，小茴香9克，当归5克，白芷3克，槟榔2.4克。

【功效主治】 功能理气止痛，温中散寒。主治冷痛。证见腹痛起卧，肠鸣如雷，口色淡青，脉象沉迟。本方广泛用于治疗马属动物伤水冷痛。

【用法】 共为末，开水冲，候温加葱白1支、炒盐2克、醋24毫升，同调灌服。

2. 越鞠丸

【主要成分及用量】 香附、苍术、川芎、神曲、栀子各6克。

【功效主治】 为理血剂，具有理气解郁、疏肝理脾、宽中除满之功效。主治肚腹胀满，嗳气呕吐，水谷不消。本方是治疗气、火、血、痰、湿、食六郁症的基础方，常用于治疗胃肠神经官能症、胃及十二指肠溃疡、慢性胃炎及其他慢性胃肠病和消化不良等属于六郁所致者。

【用法】 水煎服；或研末，开水冲调，候温灌服。

九 理血方

（一）活血祛瘀方

1. 桃红四物汤

【主要成分及用量】 桃仁、当归、赤芍各9克，红花6克，川芎4克，生地12克。

【功效主治】 功能为活血祛瘀，补血止痛。主治四肢疼痛，产后腹痛，血瘀不孕。本方广泛用于血瘀诸证。常用于跌打损伤所致的四肢瘀血疼痛、产后血瘀腹痛及瘀血所致的不孕症。

【用法】 水煎服；或共为末，开水冲调，候温灌服。

2. 红花散

【主要成分及用量】 红花、没药（制）、桔梗各4克，六神曲、枳壳、当归、山楂各6克，厚朴4克，陈皮5克，甘草3克，白药子、黄药子各5克，麦芽6克。

【功效主治】 功能为活血理气，消食化。主治料伤五攒痛，即蹄叶炎。证见站立时弓腰头低，四肢攒聚腹下，食欲大减，吃草不吃料，粪稀带水，口色红，呼吸急促，脉洪大。常用于喂养过剩、运动不足或食精料所致马属动物料伤五攒痛。

【用法】 共为末，开水冲，候温灌服。

3. 生化汤

【主要成分及用量】 当归24克，川芎、桃仁各9克，干姜（炮）、甘草（炙）各2克。

【功效主治】 为理血剂，具有养血祛瘀、温经止痛之功效。主治血虚寒凝，瘀血阻滞证。产后恶露不行，肚腹疼痛。临床常用于治疗产后子宫复旧不良、恶露不行，子宫内膜炎，胎衣不下及产后调理。

【用法】 加黄酒50毫升，童尿50毫升煮，候温灌服；或水煎服。

4. 通乳散

【主要成分及用量】 黄芪12克，党参8克，通草、川芎、白术、川续断、山甲珠各6克，当归、王不留行各12克，木通、杜仲、甘草各4克，阿胶12克。

【功效主治】 功能为补益气血，通经下乳。主治产后少乳，乳汁不下。用于母畜体质瘦弱、气血不足、经络不通所致的缺乳症。

【用法】 共为末，开水冲调，加黄酒20毫升，候温灌服；或水煎服。

（二）止血方

1. 槐花散

【主要成分及用量】 槐花（炒）、侧柏叶（炒）、荆芥（炒炭）、枳壳（炒）各12克。

【功效主治】 功能为清肠止血，疏风行气。主治肠风下血。证见排粪带血，血色鲜红。常用于大肠湿热所致的便血。

【用法】 共为末，开水冲，候温灌服。

2. 秦艽散

【主要成分】 秦艽6克，蒲黄5克，黄芩4克，瞿麦、当归各5克，红花3克，车前子5克，大黄、白芍各4克，栀子、天花粉各5克，淡竹叶、甘草各3克。

【功效主治】 清热利尿，祛瘀止血。主治膀胱积热，努伤尿血。证见尿血，努气弓腰，头低耳耷，草料迟细，毛焦，舌质如绵，脉滑。

【用法】 共为末，开水冲，候温灌服；或煎汤服。

十 收涩方

（一）涩肠止泻药

乌梅散

【主要成分及用量】 乌梅5克，诃子、黄连、郁金香各2克。

【功效主治】 清热解毒，涩肠止泻。主治幼畜奶泻，湿热下痢。

【用法】 共为末，开水冲调，候温灌服；或水煎服。

（二）敛汗涩精药

1. 牡蛎散

【主要成分及用量】 牡蛎（煅）、黄芪各12克，麻黄根6克，浮小麦24克。

【功效主治】 为固涩剂，具有敛阴止汗、益气固表之功效。主治体虚自汗、盗汗证。常自汗出，夜晚尤甚，心悸警惕，短气烦倦，舌淡红，脉细弱。临床常用于治疗病后、手术后或产后身体虚弱、自主神经功能失调及肺结核等所致自汗、盗汗，属体虚卫外不固，又复心阳不潜者。

【用法】 共为末，开水冲调或用浮小麦煎水冲调，候温灌服；或水煎服。

2. 玉屏风散

【主要成分及用量】 黄芪18克，白术12克，防风6克。

【功效主治】 益气固表止汗。主治表虚自汗。证见自汗，恶风，苔白，舌淡，脉浮缓。本方常用于表虚为外不固所致的感冒、多汗症，以及体虚易感风邪者。

【用法】 共为末，开水冲调，候温灌服；或水煎服。

十一 补虚方

（一）补气方

1. 四君子汤

【主要成分及用量】 党参、白术、茯苓各12克，甘草（炙）6克。

【功效主治】 为补益剂，具有补气、益气、健脾之功效。主治脾胃气虚证，面色萎黄，语声低微，气短乏力，食少便溏，舌淡苔白，脉虚数。临床常用于治疗慢性胃炎、消化性溃疡等属脾胃气虚者。

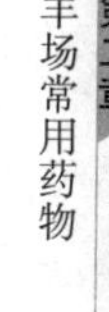

【用法】 共为末，开水冲调，候温灌服；或水煎服。

2. 补中益气汤

【主要成分及用量】 黄芪（炙）15克，党参、白术（炒）各12克，甘草（炙）、当归各6克，陈皮、升麻、柴胡各4克。

【功效主治】 补中益气，升阳举陷。主治脾胃气虚，久泻，脱肛，子宫或阴道脱垂。证见精神倦怠，草料减少，发热，汗自出，口渴喜饮，粪便稀，舌质淡，苔薄白，或久泻脱肛，子宫脱垂。

【用法】 水煎服。

3. 生脉散

【主要成分及用量】 党参18克，麦门冬12克，五味子6克。

【功效主治】 补气生津，敛阴止汗。主治暑热伤气、气津两伤之证。证见精神倦怠，汗多气短，口渴舌干，或久咳肺虚，干咳少痰，气短自汗，舌红无津，脉象虚弱。常用本方加减治疗肺结核、慢性支气管炎、心律不齐及心源性休克、失血性休克等属气津不足者。

【用法】 水煎服。

（二）补血药

四物汤

【主要成分及用量】 熟地黄、白芍、当归各9克，川芎6克。

【功效主治】 补血调血。主治血虚、血瘀诸证。证见舌淡，脉细，或血虚兼有瘀滞。本方合四君子名八珍汤，双补气血，用治气血两虚者。现代多用于治疗血液系统、循环系统等多种疾病，尤其对胎前、产后病证最为常用。

【用法】 共为末，开水冲调，候温灌服；或水煎服。

（三）助阳药

巴戟散

【主要成分】 巴戟天、小茴香各6克，槟榔2.4克，肉桂、陈皮各5克，肉豆蔻（煨）4克，肉苁蓉5克，川楝子4克，补骨脂、葫芦巴各6克，木通、青皮各3克。

【功效主治】 补肾壮阳，祛寒止痛。主治腰胯风湿。证见腰胯疼痛，后肢难移，腰脊僵硬等。

【用法】 共为末，开水冲调，候温灌服；或水煎服。

（四）滋阴药

1. 六味地黄丸

【主要成分及用量】 熟地黄14克，山茱萸（制）、山药各7克，泽泻、茯苓、丹皮各6克。

【功效主治】 滋补肝肾。主治肝肾阴虚，腰胯无力，盗汗，滑精，阴虚发热。证见潮热盗汗，腰膝痿软无力，耳鼻四肢温热，舌燥喉痛，滑精早泄，粪干尿少，舌红苔少，脉细数。本方随证加减常用于治疗慢性肾炎、肺结核、骨软症、贫血、消瘦、子宫内膜炎、周期性眼炎、慢性消耗性疾病等属于肝肾阴虚者。

【用法】 水煎服，或作为散剂服用。

2. 百合固金汤

【主要成分及用量】 百合9克，白芍、当归各5克，甘草4克，玄参、川贝母、生地、熟地各6克，桔梗5克，麦冬6克。

【功效主治】 养阴清热，润肺化痰。主治肺虚咳喘，阴虚火旺，咽喉肿痛。证见燥咳气喘，痰中带血，咽喉疼痛，舌红少苔，脉细数。常用于肺结核、慢性气管炎、支气管扩张、咯血、肺炎中后期、慢性肝炎、咽炎等属于肺肾阴虚者。

【用法】 水煎服；或共为末，开水冲调，候温灌服。

十二 平肝方

（一）平肝明目方

决明散

【主要成分及用量】 石决明（煅）、决明子、黄芪、黄芩各30克，大黄、马尾连各25克，栀子、郁金、没药（制）、白药子、黄药子各20克。

【功效主治】 清肝明目，消瘀退翳。主治肝经积热，云翳遮睛。常用于外障眼及鞭伤所致的眼目红肿，睛生云翳，畏光。

【用法】 煎汤候温，加蜂蜜60克、鸡蛋清2个，同调灌服。

（二）平肝熄风方

镇肝熄风汤

【主要成分及用量】 怀牛膝、生赭石各18克，生龙骨、生牡蛎、生龟板、生杭芍、玄参、天冬各9克，川楝子、生麦芽、茵陈、甘草各3克。

【功效主治】 镇肝熄风，滋阴潜阳。主治阴虚阳亢、肝风内动所致的口眼歪斜、转圈运动或四肢屈伸不利、痉挛抽搐。

【用法】 水煎服；或共为末，开水冲调，候温灌服。

十三 外用方

1. 冰硼散

【主要成分及用量】 冰片10克，朱砂12克，硼砂100克，玄明粉100克。

【功效主治】 清热解毒，消肿止痛，敛疮生肌。主治舌疮。用于咽喉肿痛，口舌生疮。

【用法】 共为极细末，混匀，吹撒患部。

2. 青黛散

【主要成分及用量】 青黛、黄连、黄檗、薄荷、桔梗、儿茶各40克。

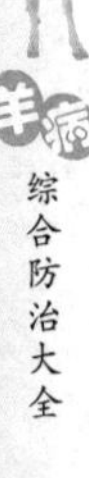

【功效主治】 清热解毒，消肿止痛。主治心火上炎，口舌生疮，咽喉肿痛。

【用法】 共为极细末，混匀，装瓶备用。用时以醋或蜂蜜调敷患部。

3. 桃花散

【主要成分及用量】 陈石灰80克，大黄15克。

【功效主治】 防腐、收敛、止血。主治创伤出血。

【用法】 陈石灰用水泼成末，与大黄同炒至陈石灰呈粉红色为度，去大黄，将陈石灰研细末，过筛，装瓶备用。外用撒布于创面。

第三章 羊病诊疗及防疫技术

第一节　羊常见临床诊疗技术

一　羊的保定技术

1. 站立保定法

一般检查时，可用两臂在羊的胸前及股后围抱即可固定；也可用两手握住两角或两耳，使头部固定，或者用两膝夹住羊颈部或背部加以固定。该方法常用于临床检查和灌药治疗。

2. 倒卧保定法

用两手抓住羊前腿和对侧后腿使其横卧，再用绳捆住四肢进行固定。该方法用于治疗或者手术时的保定。

二　羊的临床检查与诊断

1. 羊群的临床检查与诊断

观察羊群的运动、休息和采食饮水等，利用观察、问诊、听诊、嗅诊、触诊、视诊、叩诊及体温测定等临床检查技术，确定羊群的健康状况。

（1）观察羊的精神状态及运动状态　正常羊精神活泼，步态平稳，不离群和掉队。病羊精神沉郁或兴奋不安，步态踉跄，跛行，甚至倒地抽搐等。健康羊鼻镜湿润，外观整洁干净；患病羊鼻镜干燥，鼻孔流出分泌物，眼角有脓性分泌物等。

（2）观察羊站立和躺卧姿态　健康羊饱食后多成群卧地休息，反刍正常，对外界刺激反应灵敏。病羊则呆立或离群，反刍减少或停止，懒动，且被毛逆乱，皮肤有伤口，可听到咳嗽声、喘息声等。放牧时，健康羊行走灵敏，主动采食，多迅速奔向饮水处喝水；病羊则多掉队，食欲下降或者废绝，离群呆立，饮水减少或增多等。

2. 羊只个体检查与诊断

可通过问诊、视诊、嗅诊、听诊、切诊（触诊、叩诊），对羊只个体进行临床检查和诊断。

（1）问诊 通过询问饲养员，了解羊只发病时间，发病头数，发病前后的临床表现、病史、治疗用药情况和疫苗免疫情况，以及饲养管理状况等。

（2）视诊 观察病羊的肥瘦、姿势、运动、被毛、皮肤、黏膜、粪尿等状况。急性病羊身体一般较健壮；慢性病羊常较瘦弱。观察病羊运动姿势，了解发病部位。健康羊步伐活泼而稳定；病羊则行动不稳，懒动或跛行。

健康羊被毛平整光滑。病羊被毛杂乱蓬松，常发现被毛脱落，皮肤有蹭痕和擦伤等。健康羊可视黏膜为粉红色。若可视黏膜潮红，多为体温升高；苍白色，多为贫血；黄色，多为黄疸；发绀则多为呼吸系统疾病或心血管系统疾病。若羊的采食、饮水减少或停止，须检查羊口腔有无异物、溃疡等；若羊反刍减少或停止，常为前胃疾病。

若粪便干结，多为缺水和肠弛缓；粪便稀薄，多为肠机能亢进；混有黏液过多或纤维素性膜，则为肠炎；含有完整饲料且呈酸臭味，则为消化不良；若有寄生虫或节片，则为寄生虫感染；排尿困难、失禁则为泌尿系统发生炎症、结石等。呼吸次数增多，常为急性病、热性病、呼吸系统疾病及贫血等；呼吸次数减少，则多为中毒及代谢障碍性疾病。

（3）嗅诊 通过嗅觉了解羊群的分泌物、排泄物、气体及口腔气味。如发生肺炎时，鼻液带有腐败性恶臭；胃肠炎时，粪便腥臭或恶臭；羊只消化不良时，呼气酸臭，粪便也为酸臭味。

（4）触诊 用手感触羊只被检查的部位，以确定各组织器官是否正常。可采用体温计测量羊只体温，羊的正常体温为38～39.5℃，羔羊高出约0.5℃；可用手指触摸每分钟跳动次数和强弱等，羊的脉搏一般是70～80次/分钟。当羊发生结核病、伪结核病、羊链球菌病时，体表淋巴结往往肿大，其形状、硬度、温度、敏感性及活动性等都会发生变化。

> ⚠【注意】 羊的体温在直肠内测定。测定前必须将体温计的水银柱甩至35℃以下，用消毒棉擦拭并涂以润滑剂，然后把体温计缓慢插入肛门内，保持3～5分钟后取出，擦净体温计上的粪便并查看读数。剧烈运动或经曝晒的病羊，需要休息半小时后再测温。

（5）听诊

1）心脏：心音增强，见于热性病的初期；心音减弱，见于心脏机能障碍的后期或患有渗出性胸膜炎、心包炎；第二心音增强时，见于肺气肿、肺水肿、肾炎等病理过程中。若有其他杂音，多为瓣膜疾病、创伤性心包炎、胸膜炎等。

2）肺脏：主要通过听诊器听取羊肺部声音变化，确定羊发病情况。肺泡呼吸音过强，多为支气管炎，过弱则多为肺泡肿胀、肺泡气肿、渗出性胸膜炎等。支气管呼吸音多为肺炎的肝变期，如羊传染性胸膜肺炎等。干啰音多见于慢性支气管炎、慢性肺气肿、肺结核等；湿啰音多见于肺水肿、肺充血、肺出血、慢性肺炎等。捻发音多见于慢性肺炎、肺水肿等。摩擦音多见于纤维素性胸膜炎、胸膜结核等。

3）腹部：主要听取腹部胃肠运动的声音。羊瘤胃蠕动次数为1～1.5次/分钟，瘤胃蠕动音减弱或消失，多为前胃弛缓或发热性疾病。肠音亢进多见于肠炎初期；肠音消失多为便秘。

（6）叩诊 叩诊胸廓为清音，则为健康羊；若为水平浊音，则为胸腔积液；半浊音，则为支气管肺炎；叩诊瘤胃呈鼓音，则见于瘤胃臌气。

三 羊病的实验室诊断

实验室诊断包括细菌学检查、病毒学检查、免疫学检查及寄生虫学检查等方式。

（1）细菌学检查 通过将病原菌涂片、染色、镜检，可做出初步诊断，同时对病原菌进行分离培养和生化特性及致病力鉴定。

（2）病毒学检查 通过细胞培养或鸡胚培养，分离获得病毒，进行镜检、血清学试验和动物试验进行鉴定。

（3）免疫学检查 利用各种免疫反应对病原进行诊断和确诊的方法。

（4）寄生虫学检查 通过对羊粪便、虫体检查等进行镜检，确定感染寄生虫类型。

四 羊的临床给药方法

根据临床病情、药物特点、羊群规模、羊群结构组成、数量等确定羊群投药方式。

1. 群体给药法

群体给药方式：拌料饲喂和饮水给药。前者将药物均匀混入饲料中，适合长期投药，且给药方便；后者是将药物溶解于饮水中，方便羊群饮用，适合不能采食但饮水的羊群。

2. 个体给药法

（1）口服给药法 可将片剂、粉剂或膏剂等药物装入投药器中，从口腔伸入到羊舌根处，将药物放入；或者将药物用水溶解后，用长颈瓶、塑料瓶将药物从羊嘴角部灌入。

（2）灌肠法 将药物配成液体，直接灌入羊只的直肠内。

（3）灌胃法 先将胃管插入鼻孔内，沿下鼻道慢慢送入咽部，也可经过口腔插入胃管，经食道插入胃内，将用水溶解的药物经胃管灌入胃内。

（4）皮肤涂药法 将药物直接涂抹于羊只皮肤表面病变部位表面，用于羊只患有疥癣、皮肤外伤、口疮等疾病的治疗。

（5）注射法 羊只的临床疾病常需注射药物治疗，包括皮下注射、肌内注射、静脉注射和气管注射等。注射前需将注射器和针头清洗洁净，煮沸30分钟后才可使用。有条件者，可使用一次性注射器。

1）皮下注射：把药液注射到羊的颈部或者大腿内侧的皮肤和肌肉之间。凡易于溶解又无刺激性的药物及疫苗等，均可进行皮下注射。

2）肌内注射：将灭菌的药液注入羊颈部肌肉比较多的部位。刺激性小、吸收缓慢的药液，可采用肌内注射。

3）静脉注射：将灭菌的药液直接注射到羊颈静脉内，使药液随血流很快分布到全身，迅速发生药效；一般用于输液。药物刺激性大，不宜皮下或肌内注射的药物，可采用静脉注射。

4）气管注射：将药液直接注入气管内，一般用于治疗气管、支气管和肺部疾病的药物治疗。

5）腹腔注射：通过羊右肷部刺入长针头，再连接上注射器或输液器，将药物或者营养液输入即可；一般用于补充体液营养物质，以治疗内脏疾病或者补液。

6）瘤胃穿刺给药：在羊右肷部最高处，将套管针垂直刺入羊瘤胃内，放出瘤胃气体，然后将药物注射入瘤胃内；常用于进行瘤胃放气后，防止胃内容物继续发酵产气，注入止酵剂及有关药液。

瘤胃穿刺放气技术要领： 瘤胃臌气时，穿刺部位是左肷窝中央臌气最高处，局部剪毛，用碘酊涂擦消毒，将皮肤向上移，将套管针垂直朝右侧肘头方向刺入皮肤及瘤胃内，可放出气体。放气时需间断放气，放完后注入相应药物，然后左手指压紧皮肤，右手迅速拔出针头，穿刺部涂擦碘酊消毒。

第二节 羊场常用消毒防疫技术

一 消毒技术及药物

消毒是指在羊生产中，采用物理或化学方法，对病原微生物进行杀灭或清除，目的在于消灭由传染源散布到外界环境中的病原微生物，以切断病原微生物的传播途径，防止疫病的蔓延并达到无害化要求。

1. 概念

(1) 消毒药 指能杀灭病原微生物的药物，主要用于环境、圈舍、动物排泄物、用具和器械等非生物表面的消毒。

(2) 防腐药 指能抑制病原微生物生长繁殖的药物，主要用于局部皮肤、黏膜和创伤等生物体表的抗微生物感染，也用于食品及生物制品等的抗微生物污染。防腐药和消毒药之间并无严格的界限，其作用与药物使用的浓度有关。

2. 作用机理

(1) 使菌体蛋白变性、沉淀 大部分的消毒防腐药是通过这一机理起作用的，如酚类、醛类、醇类、重金属盐类等。

(2) 改变菌体细胞膜的通透性 主要为表面活性剂，如新洁尔灭等。

(3) 干扰或损害细菌等病原体内重要的酶系统 主要为氧化剂，如高锰酸钾等，以及卤化物，如次氯酸等。

3. 影响消毒效果的因素

(1) 药物浓度和作用时间 掌握好配比浓度，保证有一定的反应时间。药物浓度太高或太低都不对，反应时间太短会降低杀灭效果。

(2) 病原微生物的类型 要根据病原微生物的类型来选择相应消毒药物的种类，如繁殖的细菌对消毒药物较敏感，而产生的芽孢对药物有很强的抵抗力。

（3）药物与病原微生物直接充分接触 消毒前要彻底清洗场舍、器具，以保证药物与病原微生物直接且充分接触。若环境脏乱差，消毒效果就会不理想。

（4）药物配伍禁忌 有些物理性状或化学性质不同的药物不能混合使用，称配伍禁忌，如酸性的消毒药不能与碱性消毒药混用。

（5）消毒温度 一般来说，温度每提高 10℃，其消毒效果就提高一倍。但有些药物不受温度的影响，如过氧乙酸就可用于冷库消毒。

4. 消毒防腐药物的种类

（1）用于外部环境的消毒防腐药物 主要作用于外部环境、器具、运输工具。常用药物有：醛类（如甲醛）、碱类（如氢氧化钠）、氧化剂（高锰酸钾）、氯制剂（如漂白粉）等。

（2）用于皮肤黏膜及创伤的消毒防腐药物 常用药物有：醇类（如75%酒精）、酸类（如硼酸）、表面活性剂（如新洁尔灭）、碘及碘化合物（如碘甘油、碘附）等。

5. 正确选择消毒防腐药物的品种

消毒防腐药物品种的选择不是越多越好，养殖场要根据本场消毒目的有针对性地选择。同时还要考虑到消毒剂是否会产生抗药性或拮抗作用，如酸性消毒剂能被碱性消毒剂中和。

季铵盐与阴离子表面活性剂的消毒作用相抵消；酸性消毒剂在碱性情况下转化为没有消毒活性的成分；氯制剂与酸性消毒剂一起使用会有大量有毒气体产生。有些羊场误认为同时使用消毒剂越多越好，其实不然，除了可能效果不佳外，还可能对人畜有危险。

6. 选取合适的消毒方法

（1）物理消毒方法 此法无公害，如生物堆积发酵法、高温消毒法、日光消毒法、火焰消毒法、紫外线消毒法等。

（2）化学消毒方法 此法是目前最常用的消毒方法。在采用此方法消毒时要根据消毒对象和消毒目的而采取不同的方式方法。

1）刷洗：用刷子蘸消毒液刷洗饲槽、饮水槽设备、用具等。

2）浸泡：将需要消毒的物品浸泡在一定浓度的消毒药液中，浸泡一定时间后再拿出来。

3）撒布：将粉剂型药品均匀地撒布在消毒对象表面。

4）熏蒸：常用福尔马林配合高锰酸钾进行熏蒸消毒，但要求圈舍能够密闭，消毒后有较浓的刺激气味，圈舍不能立即使用。

此外，有关操作人员在使用化学消毒剂时要注意做足个人生物安全防护措施，如戴橡胶手套、穿工作服、戴口罩、配防护目镜等防护用品。

7. 消毒程序及技术

（1）消毒程序 根据消毒种类、对象、气温、疫病流行的规律，将多种消毒方法科学合理地加以组合而进行的消毒过程，称为消毒程序。

全进全出系统中的空栏大消毒的消毒程序可分为以下步骤：清扫→高压水冲洗→喷洒消毒剂→清洗→熏蒸→干燥或火焰消毒→喷洒消毒剂→转入羊群。

传染病流行时，清扫前应先消毒，即执行“消毒→清扫→冲洗→再消毒”的消毒程序。

（2）消毒技术 可分为以下几类。

1）喷雾消毒：配制一定浓度的次氯酸盐、有机碘混合物、过氧乙酸、新洁尔灭等，用喷雾装置进行喷雾消毒，主要用于羊舍清洗完毕后的喷洒消毒、带羊环境消毒、羊场道路和周围及进入场区的车辆的消毒。

2）浸液消毒：用一定浓度的新洁尔灭、有机碘混合物溶液，进行洗手、洗工作服或胶靴。

3）紫外线消毒：在人员入口处常设紫外线灯照射，以起到杀菌效果。

4）撒布消毒：在羊舍周围、入口、产床和床下面撒生石灰或氢氧化钠杀死细菌或病毒。

5）热水消毒：用35～46℃温水及70～75℃的热碱水清洗饲槽，用以除去残留物质。

二 生产用具消毒、饮水消毒

1. 生产用具消毒

羊场生产用具包括饲喂用具、料槽、车辆、兽医用具、助产用具和配种用具等。应定期用0.1%新洁尔灭或0.2%～0.5%过氧乙酸对饲喂用具、料槽等进行消毒。车辆在进入场区前应对车身和底盘进行喷雾消毒，在消毒池中对轮胎进行浸渍消毒，消毒剂可选用奎甲溴安（博灭特）、溴化二甲基二癸基烃铵（百毒杀）、过氧乙酸和氢氧化钠（又称烧碱、苛性钠）等。兽医器械、配种器械等在使用前后进行彻底清洗、烘干和高压灭菌。

2. 饮水消毒

主要包括牧场的水源消毒和饮水消毒两个方面。

（1）水源消毒 可用物理消毒法（如煮沸消毒、紫外线消毒等）和化学消毒法。目前主要采用氯化消毒法即用氯或含有效氯的化合物进行消毒。

1）常量氯化消毒法：即按常规加氯量进行饮水消毒的方法。1000升水中加入漂白粉的量为：深井水2～4克，泉水4～8克，湖、河水6～12克，塘水（较清洁）8～12克。

2）持续氯化消毒法：在水井或缸中放入装有漂白粉或漂白粉片的带孔容器，氯液可从小孔溢出，使水中保持一定的有效氯量。加入容器中的消毒剂，可为一次加入量的20～30倍，一次加入，可持续消毒10～20天。

（2）饮水消毒 在另外的容器内调制成一定浓度的消毒液，然后放入饮水槽让动物饮用。此法简便，适用于小型牧场或幼龄家畜。

在给水管上安装药液注入器，在给水过程中进行稀释，可根据给水管的水量调节注入器药剂流量以达到规定的稀释倍数，这种方法适合于大型牧场进行饮水消毒。饮水消毒应严格遵照各种消毒药的正确使用浓度，防止饮水中消毒药浓度过大，或因水中添加了消毒药而造成羊饮水量减少，影响其生产性能。

三 环境卫生消毒

环境卫生消毒包括以下内容。

1. 环境消毒

羊舍周围环境（包括运动场）每周用2%氢氧化钠消毒或撒生石灰一次；场周围及场内污水池、排粪坑和下水道出口，每月用漂白粉消毒一次。在大门口和羊舍入口设消毒池，使用2%氢氧化钠溶液。

2. 畜舍消毒

由于不同病原体对不同消毒剂的敏感性不同，建议采用不同消毒剂做2～3次消毒。第一次消毒可用碱性消毒剂，如1%～2%热氢氧化钠液做喷雾消毒，10%石灰乳可用来粉刷墙面、圈栏和地面。第二次消毒可用酚类、卤素类、表面活性剂或氧化剂（如过氧乙酸），进行喷雾消毒。喷雾消毒时，按先消毒畜舍的后部再前部，先顶部墙壁，再地面的顺序。第三次消毒可用福尔马林熏蒸消毒，用福尔马林42毫升/米^3、高锰酸钾21克/米^3，混合后即可高热蒸发；或用福尔马林25毫升/米^3，加等量水后一起加热蒸发。各次消毒间应有间隔，上次消毒后应冲洗、干燥后，再进行下次消毒。

3. 地面土壤消毒

土壤表面可用10%漂白粉溶液、10%氢氧化钠溶液消毒。停放过芽孢杆菌所致传染病病羊尸体的场所，应加以严格消毒，首先用10%漂白粉溶液喷洒地面，然后将表面土壤掘起30厘米左右，撒上干漂白粉，并与土混合，将此表土妥善运出掩埋。

4. 粪便消毒

羊的粪便消毒方法有多种，最常用方法是生物热消毒法，即在距羊场10～200米以外的地方设一个堆粪场，将羊粪堆积起来，上面覆盖10厘米厚的沙土或用泥密封，堆放发酵30天左右，即可用作肥料。

5. 污水消毒

最常用的方法是将污水引入处理池，加入化学药品（如漂白粉或其他氯制剂）进行消毒，一般每升污水用2～5克漂白粉。

6. 杀虫、灭鼠

由于蚊、蝇和老鼠在许多传染病中是很重要的传播媒介，所以要定期灭蚊、灭蝇和灭鼠。

四 羊病防疫技术

每年进行春、秋两次防疫注射，做好日常疫苗注射工作，结合日常消毒防疫和定期驱虫工作，可实现有效的羊病防疫。

1. 疫苗免疫接种方法

（1）肌内注射 适用于接种弱毒苗或灭活疫苗，在臀部或两侧颈部进行肌内注射，一般使用16～20号灭菌针头。

（2）皮下注射 适用于接种弱毒苗或灭活疫苗，在股内侧或肘后进行皮下注射。

（3）皮内注射 在羊只尾根皮肤内注射，可采用16～24号针头。目前此法一般适用于羊痘弱毒疫苗等少数疫苗。

（4）口服 将疫苗混入饮水中，应按羊头数和每只羊的平均饮水量，准确计算疫苗用量和用水量。

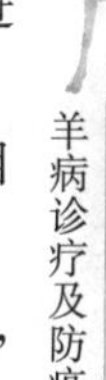

> **口服疫苗免疫技巧：** 免疫前羊群应停饮或停喂半天；疫苗稀释用水为纯净冷水；混合饮水的温度，不宜超过室温；疫苗混入饮水后须迅速口服，不宜超过3小时，最好在清晨气温适宜时饮喂，须注意避免阳光曝晒；疫苗须为高效苗。

尾根皮内注射技巧：将羊只尾根翻转固定后，以左手拇指和食指将尾根皮肤绷紧，以16~24号针头平行于皮肤缓慢刺入皮内，注入疫苗至出现一个黄豆大液泡，即注射成功。

2. 疫苗接种注意事项

1）接种疫苗前须全面调查羊群的年龄、妊娠、泌乳及健康状况，体弱或患病羊应进行隔离饲养和治疗，暂时不打预防针，待恢复健康后再进行疫苗注射。

2）妊娠超过3个月的妊娠母羊，须暂停疫苗接种，防止发生流产。

3）凡15日龄内羔羊，除紧急免疫外，一般不予疫苗接种，防止降低母源抗体水平。

4）慎重选择疫苗，仔细检查疫苗有效期、批号、保存条件，并进行详细记录，以备复查。

5）根据本地区和本场羊病流行特点，制订适宜本场的羊病防疫程序，同时仔细阅读疫苗使用方法，严格按照疫苗使用说明进行疫苗接种。

6）注射过程中严格无菌操作，做到一只羊一个无菌针头，做好注射部位的消毒，减少不必要的交叉感染和免疫失败。

3. 羊群常用免疫程序

各地各场羊群免疫程序不尽相同，可根据本场情况，有选择地进行疫苗免疫。可参考表3-1~表3-3的羊免疫程序，进行羊群疫苗接种工作。

表3-1　羔羊免疫程序

接种时间	疫苗	接种方式	免疫期
7日龄	羊传染性脓疱皮炎灭活苗	口唇黏膜注射	12个月
15日龄	羊传染性胸膜肺炎灭活苗	皮下注射	12个月
2月龄	羊痘灭活苗	尾根皮内注射	12个月
2.5月龄	牛O型口蹄疫灭活苗	肌内注射	6个月
3月龄	羊梭菌病三联四防灭活苗	皮下或肌内注射（第一次）	6个月
	气肿疽灭活苗	皮下注射（第一次）	7个月
3.5月龄	羊梭菌病三联四防灭活苗、Ⅱ号炭疽芽孢菌疫苗	皮下或肌内注射（第二次）	6个月
	气肿疽灭活苗	皮下注射（第二次）	7个月

（续）

接种时间	疫　苗	接种方式	免疫期
4 月龄	羊链球菌灭活苗	皮下注射	6 个月
5 月龄	布鲁氏菌病活苗（猪 2 号）	肌内注射或口服	36 个月
7 月龄	牛 O 型口蹄疫灭活苗	肌内注射	6 个月

表 3-2　成年母羊免疫程序

接种时间	疫　苗	接种方法	免疫期
配种前 2 周	牛 O 型口蹄疫灭活苗	肌内注射	6 个月
	羊梭菌病三联四防灭活苗	皮下或肌内注射	6 个月
配种前 1 周	羊链球菌灭活苗	皮下注射	6 个月
	Ⅱ号炭疽芽孢苗	皮下注射	6 个月
产后 1 个月	牛 O 型口蹄疫灭活苗	肌内注射	6 个月
	羊梭菌病三联四防灭活苗	皮下或肌内注射	6 个月
	Ⅱ号炭疽芽孢菌疫苗	皮下注射	6 个月
产后 1.5 个月	羊链球菌灭活苗	皮下注射	6 个月
	羊传染性脑膜肺炎灭活苗	皮下注射	12 个月
	布鲁氏菌病灭活苗（猪 2 号）	肌内注射或口服	36 个月
	羊痘灭活苗	尾根皮内注射	12 个月

表 3-3　成年公羊免疫程序

接种时间	疫　苗	接种方法	免疫期
配种前 2 周	牛 O 型口蹄疫灭活苗	肌内注射	6 个月
	羊梭菌病三联四防灭活苗	皮下或肌内注射	6 个月
配种前 1 周	羊链球菌灭活苗	皮下注射	6 个月
	Ⅱ号炭疽芽孢苗	皮下注射	6 个月

五　羊群定期驱虫

寄生虫对养羊业的危害巨大，需要重视羊群寄生虫疾病的防治工作。根据当地寄生虫病流行规律，有计划地对羊群进行全群预防性驱虫。目前多采用春秋两次或每年三次进行全群驱虫工作。

1. 外寄生虫

药浴或淋浴是防治羊外寄生虫病，特别是螨病的有效方法。常用的药物有螨净、巴胺磷、溴氰菊酯等，可配制成药液在药浴池内进行。需要选择天气暖和时进行药浴，结束后要注意防风避寒，防止羊群感冒。

2. 内寄生虫

一般选在春季放牧前和秋季转入舍饲后，在羊圈内对羊群进行全群给药驱虫。驱虫间隔期一般为 3 个月，注意选用合适的药物，给予合理给药期及给药方式。驱虫工作后一周内羊群的粪尿等要集中进行堆积发酵，消灭虫卵，并对圈舍进行彻底消毒，结合寄生虫传播媒介的清理工作，避免羊群的二次感染。

第四章 羊常见传染病

第一节　羊细菌性传染病

一　炭疽

炭疽是由炭疽杆菌引起的一种急性、热性、败血性人畜共患传染病。临床以突然发生高热、可视黏膜发绀、天然孔出血和败血症，急性死亡为主，解剖以脾脏高度肿胀、皮下和浆膜下有出血性胶冻样浸润、血液凝固不良呈煤焦油样、尸僵不全、尸体极易腐烂等为特征。若通过破损的皮肤伤口感染则可能形成炭疽痈。由于炭疽杆菌在接触空气后能形成芽孢，可长期存在于自然界而散播传染。

【流行病学】　绵羊和山羊都易感，绵羊易感性相对较高。传染源为患病羊及其尸体，当病羊处于菌血症时，炭疽杆菌可随病羊的分泌物和排泄物排出体外，尤其是濒死期病羊天然孔流出的血液，与外界空气接触后，可形成抵抗力强大的炭疽芽孢，可在土壤中长期存活而成为长久的疫源地，随时通过污染的饲料、饮水等经消化道传播给易感羊。

本病分布于世界各地，多为散发，有时呈地方流行。四季均可发生，其中以夏季多雨、洪水泛滥、吸血昆虫活动时更为常见。有不少地区暴发本病是因从疫区输入患病动物产品，如肉类、血粉、骨粉、皮革、屠宰下脚料、羊毛等而引起的。

【临床症状】　潜伏期一般为 1 ~5 天，最长为 14 天。临床表现有最急性型、急性型和亚急性型 3 种类型，多为最急性型。个别山羊可能突然昏迷、全身痉挛、很快倒地死亡。病程稍缓者可能在数小时前仍健康，死前体温升高达 42℃，精神不振或兴奋不安、食欲减退、反刍停止、全身痉挛、呼吸困难，可视黏膜发绀、呈蓝紫色或有小出血点，随即出现体温下降、气喘、昏迷、虚脱而死。死后可见血液凝固不良，口腔、鼻孔、肛门、阴门流血，胃肠迅速膨胀，尸僵不全。病程短者几小时，长者1~2天。

【病理剖检】 一般严禁剖检，当必须剖检时，应严格避免污染，并做好彻底的消毒工作。主要病理变化是病死羊尸僵不全，腹部膨胀，天然孔流出带泡沫的黑红色血液，血液凝固不良，呈暗红色煤焦油样。病程短者除脾脏、淋巴结有轻度肿胀外，其他组织无明显眼观变化。病程稍长者表现全身多发性出血，皮下、肌间、浆膜下胶冻样水肿。脾脏肿大2~5倍，脾脏软化如糊状、切面呈樱桃红色，有出血。

【诊断要点】 根据患病羊的流行病学及临床表现特征，可做出炭疽疑似诊断，在未排除炭疽前不得剖检死亡羊只，防止炭疽杆菌遇空气后形成芽孢。此时应采集发病羊的血液送检，可通过涂片镜检、分离培养、动物接种等方法进行诊断。

鉴别诊断：需考虑与气肿疽、巴氏杆菌病的区别。气肿疽病原为不形成荚膜的气肿疽梭菌，症状表现为气性肿胀、有捻发音，患部肌肉为黑红色，切面呈海绵状，脾脏和血液无变化。巴氏杆菌病羊脾脏不肿大，血液凝固良好，水肿液和心血涂片可检出两极浓染的巴氏杆菌。

【药物治疗】 对可疑山羊进行药物治疗，可选用的药物有青霉素、土霉素、链霉素及磺胺类药等。

对病程稍缓和的病羊在严格的隔离条件下进行治疗，采用特异性血清结合药物疗法：病羊皮下或静脉注射抗炭疽血清50~100毫升，12小时后体温如不下降，再注射一次，同时肌内注射青霉素每千克体重5万~10万单位，每隔4~6小时一次。磺胺类药物对炭疽也有一定效果，以磺胺嘧啶为最好，每天用量按每千克体重0.1~0.2克计算，分3~4次灌服。或用10%~20%磺胺嘧啶钠溶液静脉或肌内注射，每次20~30毫升。

【预防措施】 由于炭疽的疫源地一旦形成难以在短期内根除，对炭疽疫区内的羊，每年应定期进行预防接种。常用疫苗有无毒炭疽芽孢苗（山羊0.5毫升，皮下注射）和Ⅱ号炭疽芽孢苗（山羊1毫升，皮下注射），接种后14天产生免疫力，免疫期为1年。应用时应严格按照疫苗使用说明操作，并要认真执行兽医卫生制度。

当某地区或饲养场发生炭疽时，应立即上报疫情划定疫区，封锁发病场所，禁止羊及其产品和草料出入疫区，禁止食用患病羊肉等产品，并合理处理患病羊及其尸体。死亡羊只尸体应依法进行焚烧或覆盖生石灰或

20%漂白粉后深埋，周围假定健康羊群立即进行紧急预防接种。

全场进行彻底消毒，污染的地面连同30厘米厚的表层土一起取下，加入20%漂白粉溶液混合后深埋。污染的饲料、垫料、粪便做焚烧处理。羊圈的地面和墙壁可用20%漂白粉溶液或10%氢氧化钠水溶液喷洒3次，每次间隔1小时，最后认真冲洗，干燥后火焰消毒。

解除封锁在最后1头羊死亡或痊愈14天后，若无新病例出现，则可报请有关部门批准，并经终末消毒后可解除封锁。

二 破伤风

破伤风又名“锁口风”“强直症”，是由破伤风梭菌经伤口深部感染后产生外毒素，侵害神经组织所引起的一种急性、中毒性传染病。放养的羊被植物刺篱等尖锐物刺伤后易感，以全身肌肉持续性或阵发性痉挛及对外界刺激反射兴奋性增高为特征。

【流行病学】 不同年龄、品种和性别的山羊均可感染发病，山羊常因各种创伤，如刺伤、断脐、断尾、去势、剪毛、断角、钉伤及产后等感染。临床上也常见于羔羊和产后母羊。破伤风的发生主要是破伤风梭菌经伤口侵入羊体的结果，若创口小而深，创伤内发生坏死，创口被泥土、粪便或痂皮封盖，或创伤内组织损伤严重、出血、有异物，或在与需氧菌混合感染的情况下，破伤风梭菌才能在局部大量繁殖并产生毒素，即容易发病。

有些发病羊见不到伤口，可能是伤口已愈合或经子宫、消化道黏膜损伤而感染。本病无季节性，常表现零星散发。羔羊易感性更高。

【临床症状】 潜伏期一般为4~6天，长的可达40天。潜伏期长短与被刺伤感染创伤的性质、部位及侵入的破伤风梭菌数量等有关。

患病羊初期症状不明显，往往出现掉群，行动迟缓，头颈活动不灵活，采食、吞咽困难，常因急性胃肠炎而引起腹泻。随着病情的加重，出现卧立困难，不能自由卧下或立起，运步困难，四肢逐渐强直；两眼呆滞，耳朵直硬，牙关紧咬、口流白色泡沫，角弓反张，尾直，常发生轻度肠臌胀；易受到惊吓，突然的声响等外界刺激有可能使病羊骨骼肌发生痉挛而瞬间倒地。病情继续发展，出现四肢僵硬，呈“木马”状，不能采食和饮水，反刍停止，反射兴奋性增高，受触摸、声响、强光等外界刺激，痉挛状况加重，最后患病羊因呼吸功能障碍、系统功能衰竭而死，死亡率较高，一般发病后1~3天死亡。病羊体温一般正常，死前可升高到42℃。

【病理剖检】 一般无明显病理变化。窒息死亡的病羊，通常多见血液呈暗红色且凝固不良，黏膜及浆膜上有小出血点，肺脏充血、高度水肿。感染部位的外周神经有小出血点及浆液性浸润。肌间结缔组织呈浆液性浸润并伴有出血点。

【诊断要点】 根据患病羊的创伤史和典型破伤风的特征性全身强直及特征性神经反射兴奋症状（如体温正常、神志清醒、反射兴奋增强、呈木马姿势、强直性举尾等），结合外伤、外科手术等创伤病史，排除类似症状后，即可确诊。该菌对青霉素敏感，磺胺药次之，链霉素无效。

鉴别诊断：诊断本病还应与马钱子中毒、脑膜炎、狂犬病相区别。马钱子中毒的痉挛发生迅速，有间断性，致死时间相对较长；脑膜炎患羊精神沉郁，牙关不紧闭，对外界刺激不出现远部肌肉的强直痉挛；狂犬病则有典型的恐水症状。

【药物治疗】 将患病羊放入清洁、干燥、僻静、较黑暗的房舍，使病羊保持安静，避免声响刺激，减少痉挛发生次数，同时给予易消化的饲料和充足的饮水。对便秘、臌气的病羊，须用镇静药物及时处理，可用温水灌肠或投服盐类泻剂。

如果能发现伤口，要及时彻底清除伤口内的坏死组织，可用3%过氧化氢、1%高锰酸钾或5%~10%碘酊进行消毒处理，然后用青霉素、链霉素或破伤风抗毒素做伤口周围注射，以清除破伤风梭菌。

发病初期可先静脉注射4%乌洛托品5~10毫升，再用破伤风抗毒素5万~10万单位，肌内或皮下注射，每天1次，以中和毒素。缓解肌肉痉挛，可用盐酸氯丙嗪注射液肌内注射，剂量按每千克体重1~2毫克；或用25%硫酸镁注射液5~20毫升，肌内注射，并配合5%碳酸氢钠100毫升，静脉注射。

发病初期用中药治疗也有一定疗效：全蝎、天麻、乌蛇、蝉蜕、僵蚕、天南星、川芎、羌活、独活、荆芥、薄荷各9克，防风12克，当归12克，将以上各药共煎为水，分成3次灌服，每天2次，直到痉挛消失为止。

如果找不到伤口，病羊出现较重病情，如病羊不能采食，可进行补糖、补液治疗，加用青霉素40万~80万单位，肌内注射，每天2次，连用5~7天。如出现牙关紧闭，可用2%普鲁卡因5毫升和0.1%肾上腺素0.2~0.5毫升混合后，注入两侧咬肌。如胃肠机能紊乱，可内服健胃剂；

心脏出现衰竭时，可肌内注射安钠咖溶液。

【预防措施】 加强饲养管理，防止发生外伤。因处理羔羊脐带或去势而发生外伤时，要用2%~5%碘酊及时进行严格消毒。如果创口小而深、创内有坏死、创口被污物覆盖、组织损伤严重，应在24小时内紧急皮下注射破伤风类毒素1毫升。如是较大较深的创伤，除用2%~5%碘酊及时进行严格消毒处理外，应肌内注射破伤风抗血清5000~10000单位。

近年发现，经常放养的山羊群中，羊只在灌木丛采食时，常被刺或坚硬异物刺伤而引发本病，因此，在放牧羊群应每年定期给羊接种精制破伤风类毒素，皮下注射1毫升，羔羊减半。接种后21天产生免疫力，免疫期为1年，第二年再注射1次，免疫期可达4年。

三 气肿疽

气肿疽又名鸣疽，俗名黑腿病，是气肿疽梭菌引起山羊的一种急性热性败血性传染病。本病的临床特征是突然发病，在股、臀、腰、肩和胸部等肌肉丰满处发生炎性气性肿胀，按压有捻发音，并多伴发跛行。

【流行病学】 气肿疽在山羊主要呈散发或地方性流行，总体上山羊对该菌的易感性不强，自然病例并不多见。气肿疽梭菌常存在于土壤中，消化道感染是主要的传播途径。外伤和吸血昆虫叮咬也可传播。患病羊及处理不当的尸体或其排泄物、分泌物中的细菌，排出体外后形成芽孢污染土壤，该芽孢可长期存活，成为持久的传染来源，污染饲料和饮水而经口感染健康羊。本病多为散发，有一定的地区性和季节性，多发生于天气炎热的多雨季节及洪水泛滥时；夏季干旱酷热，昆虫活动时也易发生。

【临床症状】 气肿疽病的潜伏期为1~3天。山羊感染后往往突然发病，病羊体温升高至41~42℃，初期兴奋不安，耳角发热，眼结膜潮红充血；呼吸、脉搏加快、次数增加；步态僵硬，背部软弱，呈现跛行；口角流有含血泡沫的唾涎。中后期食欲废绝，呆立不动；在股、肩、腰、背等处的肌肉出现气性肿胀，用指压留痕，四肢尤其明显，触诊敏感疼痛，并可以听到捻发音；切开肿胀处，从切口流出暗红色带有泡沫并有酸臭气味的液体。随着病情的发展，肿胀部较凉且渐无知觉，皮肤慢慢变干燥呈紫黑色，捻发音更明显。最后体温下降，呼吸困难，心力衰竭而死亡。

【病理剖检】 病死羊尸体口、鼻、肛门流出带泡沫的暗红色液体，而且尸体迅速腐败，因皮下结缔组织气肿及瘤胃臌气而显著肿胀，由于胃肠胀气而导致肛门突出。

剖检见皮下组织有黄色胶样或出血性浸润，尸体丰满处肌肉组织呈海绵状，触之有捻发音，这种肿胀可向周围肌肉组织扩散。病变中心变黑色，其周围色泽变浅，有乳酪臭味。病变处切面出现污红色或灰红色、浅黄色或黑色相间，外观呈斑驳状。病死羊胸腔、腹腔和心包积液，色浅红或黄色，且在胸腔、腹膜常有纤维蛋白或胶冻状物质。全身淋巴结肿胀、出血并有浆液性浸润。心内膜及外膜有出血斑，心肌脆弱，肺充血、出血、间质水肿，肝脏充血呈暗黑色，稍肿大，实质有核桃大的坏死灶，脾脏不肿大。网膜、肠浆膜出血。

【诊断要点】 本病在临床上可根据病羊出现高热、跛行，肌肉丰满处皮肤肿胀紧张，触诊有捻发音，叩诊发鼓音，病理变化可见局部呈黑色，肌肉干燥呈海绵样，病变肌肉和正常肌肉相间呈现斑驳状等表现，结合流行病学常可做出初步诊断。确诊要进行细菌分离和鉴定。

鉴别诊断：气肿疽易与山羊巴氏杆菌病、恶性水肿及炭疽等相混淆，应注意鉴别。巴氏杆菌病的肿胀部主要见于咽喉部和颈部，为炎性水肿，硬固热痛，但不产气，无捻发音，常伴发急性纤维素性胸膜炎的症状与病变，血液与实质器官涂片染色镜检，可见到两极着色的巴氏杆菌。羊恶性水肿病是由腐败梭菌引起的，主要表现体表气肿、水肿和全身性毒血症，病程短急，死亡率高，死后血液凝固不良，在病羊伤口周围发生弥漫性炎性水肿，病初坚实、灼热、疼痛，后变为无热、无痛，手压柔软，有轻度捻发声。创口常渗出不洁的红棕色浆液、恶臭。剖检也可见皮下结缔组织有红褐色或红黄色液体浸润。炭疽可使多种动物感染发病，局部肿胀为水肿性，没有捻发音，脾脏高度肿大，末梢血涂片镜检可见到竹节状炭疽杆菌。

【药物治疗】 由于本病发病急、病程短，在发现病羊后，应立即大剂量地使用抗菌药物进行全身治疗，可有效地控制疫情的发展。

在早期，可在肿胀部位的周围，皮下或肌内分点注射1%~2%高锰酸钾溶液或0.1%甲醛溶液。如果肿胀位于腿的中部，可用带子扎紧肿胀部位的上方，以免沿循环途径向上蔓延。肌内注射青霉素每次80万单位，每天2次，连用5天。也可静脉滴注庆大霉素120万单位或四环素1克加入5%葡萄糖溶液中，每天1次，连用5天；后期实施强心、补液，以提高治疗效果。5%碳酸氢钠注射液500毫升，1%地塞米松注射液3毫升，10%安钠咖注射液5毫升，5%葡萄糖生理盐水300毫升，1次静脉注射，碳酸氢钠与安钠咖分开注射，每天1次，直至病情解除。

【预防措施】 加强饲养管理：不在污染牧场及低湿地区放牧羊只。尽量减少各种应激因素对羊群的刺激，保持羊舍清洁、卫生、干燥、宽敞、通风、保暖，饲喂富含营养的饲料，以增强羊只的抵抗力。疫区及受气肿疽威胁的地区，应通过接种气肿疽灭活疫苗来进行预防。一旦发病，立即对病羊和可疑羊就地隔离治疗。严禁剥皮食用病死山羊。对其污染的粪、尿、垫草等连同尸体一起深埋或焚烧处理。被污染的场地用25%漂白粉溶液或3%福尔马林溶液进行彻底消毒，以防止形成气肿疽疫源地。

在本病流行地区及其周围，可接种气肿疽甲醛灭活疫苗，近年来已研制出气肿疽、巴氏杆菌二联苗，免疫期为1年。

四 结核病

山羊结核病是由结核分枝杆菌引起的一种慢性传染病。临床特征是病程缓慢、渐进性消瘦、咳嗽、衰竭，并在多种组织器官中形成特征性肉芽肿、干酪样坏死和钙化的结节性病灶。

【流行病学】 山羊结核病多呈散发或地方性流行，常因环境卫生差、通风不良等因素导致本病发生和传播。开放性严重病羊或其他病畜的痰液、粪尿、奶、泌尿生殖道分泌物及体表溃疡分泌物中都含有结核分枝杆菌，可通过消化道、呼吸道和生殖道发生传播。母羊乳腺结核可垂直传给羔羊。人结核病也可传给羊，所以患有结核病的病人不能作为养羊场工人或管理人员。

【临床症状】 山羊结核病发病早期病羊不表现临床症状，当病重时食欲减退、全身消瘦、皮毛干燥、精神不振。经常排出黄色浓稠鼻涕，鼻液中偶尔含有血丝，呼吸带痰音（呼噜作响），发生湿性咳嗽，肺部听诊有显著啰音。部分病羊前肢或腕关节可发生慢性浮肿。母羊往往乳上淋巴结发硬、肿大，乳房有结节状溃疡。每当饲养管理不良时，即见食欲减退，迅速消瘦。尤其是在天气炎热的时候，病羊常常出现体温波动，体温上升达40~41℃，症状同时加剧。病羊在发病后期表现贫血，贫血严重时，乳房皮肤浅黄，粪球变为浅黄褐色。呼吸带臭味，磨牙、喜吃土，常因痰咳不出而高声叫唤。病羊最后出现严重消瘦，死前2天左右体温开始下降，最后消瘦衰竭而死亡，死前高声惨叫。

【病理剖检】 病死羊剖检可见喉头和气管黏膜有溃疡，胸膜常有大片发炎，尤其与肺部严重病变区接触之处更为明显，发炎区域有胶样渗出物附着，发炎区之肋骨间有炎性结节，可见胸水呈浅红色，量增多。支气管及小支气管充有不同量的白色泡沫，肺脏的表面有粟粒大、枣子大至胡桃大的浅黄色脓肿，周围呈紫红色，最大的直径为3厘米，深度达4厘米，压之感软，切开时见充满豆渣样内容物。有的病羊出现全肺脏表面密布粟粒样的硬结节。乳上淋巴结肿胀。纵隔淋巴结肿大而发硬，前后连成一长条，内含黏稠肿液。心包膜内常有粟粒大到枣子大的结节，内含豆渣样内容物。肝脏表面有大小不等脓肿，或者聚集成片的小结节，常含豆渣样内容物，或因钙化而硬如砂粒。

【诊断要点】 当羊只发生不明原因的渐进性消瘦、咳嗽、肺部异常、慢性乳腺炎、顽固性腹泻或下痢、体表淋巴结慢性肿胀等，可作为疑似本病的临诊依据。羊死后可根据特异性结核病变，不难做出诊断。必要时进行实验室细菌分离和微生物学检验或活羊结核菌素变态反应诊断（可用稀释的牛型和禽型两种结核菌素同时分别皮内接种0.1毫升，72小时判定反应，局部有明显炎症反应，皮厚差在4毫米以上者为阳性）。

【药物治疗】 结核分枝杆菌对磺胺类药物、青霉素及其他广谱类抗生素均不敏感，但对链霉素、利福平、异烟肼、对氨基水杨酸和环丝氨酸等药物敏感。

对于有价值的种羊，可以采用链霉素、异烟肼（雷米封）、对氨基水杨酸钠或盐酸黄连素治疗轻型病例。链霉素按每千克体重10毫克肌内注射，每天1次，连用15天为一个疗程。异烟肼按每千克体重4~8毫克，分3次灌服，连用1个月。

对于临床症状明显的病例，不必治疗，应该坚决扑杀，以防后患。

【预防措施】 加强引进羊的检疫，防止引进带菌羊；将阳性反应的羊严格隔离，禁止与健康羊群发生任何直接或间接的接触。放牧时应避免走同一牧道及利用同一牧场；病羊所产的羔羊，立刻用3%克辽林或1%来苏儿溶液洗涤消毒，运往羔羊舍隔离饲养，用健康山羊奶实行人工哺乳，禁止哺吮病羊奶，3个月后进行结核菌素试验，阴性者方可与健康羊群混养。禁止将生奶出售或运往健康羊场进行消毒；若病羊为数不多，可以全部宰杀，以免增加管理上的麻烦及威胁健康羊群；如要增添新羊，必须先做结核菌素试验，阴性反应的才可引进。

五 副结核病

山羊副结核病又称副结核性肠炎，是由副结核分枝杆菌引起山羊的一种慢性接触性传染病。其特征为间歇性腹泻、进行性消瘦、肠黏膜增厚并形成皱襞。本病分布广泛，在青黄不接、草料供应不上、山羊体质不良时，发病率上升。转入青草期，病羊症状减轻，病情好转。

【流行病学】 山羊副结核病原菌主要存在于病羊的肠道黏膜和肠系膜淋巴结中，通过粪便排出，污染饲料、饮水等，经过消化道感染健康山羊，副结核分枝杆菌对外界环境的抵抗力较强，因此可以存活很长时间（数月）。

山羊副结核病潜伏期长，发展缓慢，多数山羊在幼龄时感染，经过很长的潜伏期，到成年时才表现出临床症状，发病率不高，但病死率极高，并且一旦在山羊群中出现则很难根除。在污染山羊群中病羊数目通常不多，各个病例的发生和死亡间隔较长，因此本病表面上看似呈散发性，实际上为一种地方流行性疾病。

【临床症状】 山羊副结核病潜伏期数月至数年。病羊体温正常，早期症状为间断性腹泻，以后变为经常性的顽固腹泻。排泄物稀薄，恶臭，带有气泡、黏液和血液凝块。食欲起初正常，精神也良好；以后食欲有所减退，逐渐消瘦，眼窝下陷，精神不好，经常躺卧，尽管病畜消瘦，但仍有性欲。病羊体重逐渐减轻，间断性或持续性腹泻，腹泻有时可暂时停止，排泄物恢复常态，体重有所增加，然后再度发生腹泻。粪便呈稀粥状，体温正常或略有升高。发病数月后，病羊消瘦、衰弱、脱毛、卧地，患病末期可并发肺炎，染疫羊群的发病率为1%~10%，多数归于死亡。

【病理剖检】 病羊尸体极度消瘦，主要病变在消化道和肠系膜淋巴结，空肠、回肠和结肠前段，尤其是回肠，其浆膜和肠系膜显著水肿，肠黏膜增厚3~20倍，并发生硬而弯曲的皱褶。黏膜呈黄色或灰黄色，皱褶突起处常呈充血状，并附有黏稠而混浊的黏液，肠壁明显增厚，但无溃疡、结节或坏死发生。浆膜下淋巴管和肠系膜淋巴管肿大呈索状，淋巴结切面湿润，表面有黄白色病灶，有时则有干酪样病变。

【诊断要点】 根据本病的流行病学、临床症状和病理变化，一般不难做出初步诊断。但其他顽固性腹泻和渐进性消瘦病，如冬痢、沙门氏菌病、内寄生虫病、肝脓肿、肾盂肾炎、创伤性网胃炎、铅中毒、营养不良等，也有类似症状。因此，必须进行实验室鉴别诊断。

已有临床症状的病羊，可刮取直肠黏膜或取粪便中的小块黏液及血液凝块，尸体可采集回肠末端与附近肠系膜淋巴结，或采集回盲瓣附近的肠黏膜，制成涂片，经抗酸染色后镜检。副结核分枝杆菌为抗酸性染色红色的细小杆菌，成堆或丛状。镜检时，应注意与肠道中的其他腐生性抗酸菌相区别，后者虽然也呈红色，但较粗大，不呈菌丛状排列。在镜检未发现副结核分枝杆菌时，不可立即做出否定的判断，应隔多日后再对病羊进行检查。有条件或必要时可进行副结核分枝杆菌的分离培养。

变态反应诊断：对于没有临床症状或症状不明显的羊只，可以用副结核菌素或禽型结核菌素做变态反应试验。变态反应能检出大部分隐性病羊，副结核菌素检出率为94%，禽型结核菌素为80%。

【药物治疗】 本病尚无特效的药物治疗。发病后主要采取扑灭措施。

扑灭本病必须采取综合性防治措施。发现病羊和可疑羊，应及时隔离饲养，经实验室检查确诊后及时宰杀处理。对病羊污染的羊舍、羊栏、饲槽、用具、运动场等要用石炭酸等消毒药进行消毒。粪便应堆积，经生物发酵后方可利用。对假定健康羊群，每年要进行2次变态反应和粪便检查，连续2次检疫为阴性，可视为健康羊群。

【预防措施】 预防本病重在加强饲养管理，改善环境卫生条件。产羔圈应保持清洁、干燥，勤换垫草和定期消毒。羊群中出现进行性消瘦和衰竭的病羊，应认真查明原因。不要从疫区引进种羊，必须引进时，要进行隔离检疫，通过变态反应或对粪便进行检菌操作，确认健康方可混群。当场内羊群患有本病时，应特别注意防止交叉感染，严禁牛、羊混牧。被病畜粪便污染的草场，要确保至少1年内不在这种草场放牧。

六 羔羊大肠杆菌病

大肠杆菌病也称为新生羔羊腹泻或羔羊白痢，是由致病性大肠杆菌引起的一种幼羔急性、致死性传染病。多发生于数日龄至6周龄的羔羊，其特征主要为病羔羊呈现剧烈的腹泻和败血症。

【流行病学】 多发生于数日龄至6周龄的羔羊，偶有3~8月龄的羊发病，以2~6周龄的羔羊最易感，呈地方性流行或散发。病羊和带菌者为主要传染源，被本菌污染的饲料、饮水、垫草等物品均可成为污染物。通过消化道感染，直接接触和间接接触均可传染。羔羊先天性发育不良或后天性营养不良、气候不良、营养不足，羊舍阴暗潮湿、污秽、通风不良等条件，均能促使本病的发生。冬、春季舍饲期间多发，放牧季节则很少发病。

【临床症状】 潜伏期为数小时至1~2天。在临床上可分为败血型和下痢型。

(1) 败血型 多发生于2~6周龄羔羊。病羔体温升高达41.5~

42℃，精神委顿，结膜充血潮红，呼吸浅表，脉搏快而弱，四肢僵硬，运步失调，头常弯向一侧，视力障碍，继之卧地，磨牙。随着病情的发展，病羊头向后仰，四肢做划水动作。口流清涎，四肢冰凉，最后昏迷。有些病羔羊关节肿胀，腹痛。继发肺炎后呼吸困难。很少或无腹泻，常于发病后4～12小时死亡，发病急，死亡率高。

（2）下痢型 主要发生于7日龄内的羔羊，病初体温升高达41.5～42℃，出现下痢，其后体温下降或略升高。临床上以排黄色、灰白色、带有气泡或混有血液稀便为主要特征。病羔腹痛、拱背、咩叫、努责，虚弱卧地，后期病羔极度消瘦、衰竭，如不及时治疗，经24～36小时死亡，死亡率达15%～75%。有时可见化脓性纤维素性关节炎。

【病理剖检】

（1）败血型 关节肿大，尤其是肘和腕关节肿大，滑液混浊，内含纤维素性脓性絮片。主要病变是在胸腔、腹腔和心包腔内见大量积液，内有纤维素。脑充血，有许多小出血点，大脑沟常含有大量脓性渗出物。

（2）下痢型 尸体严重脱水，剖检可见肠系膜淋巴结肿胀，切面多汁或充血。有的肺呈小叶性肺炎变化。病羊皱胃、小肠和大肠内容物呈黄灰色半液状，主要为急性胃肠炎变化，胃内乳凝块发酵，肠黏膜充血、出血和水肿，肠内混有血液和气泡。

【诊断要点】 根据流行病学、临床症状、剖检变化，可做出初步诊断。确诊需进行细菌学检查。鉴别诊断：本病应与B型魏氏梭菌引起的初生羔羊下痢（羔羊痢疾）相区别。在病羔濒死或刚死时，可采取内脏和肠内容物做细菌分离培养，如能分离出纯致病性大肠杆菌即可确诊。

【药物治疗】

（1）西药治疗 大肠杆菌对土霉素、新霉素、庆大霉素、卡那霉素、阿米卡星、磺胺类药物均具有敏感性，但近年来产生耐药性菌株较多，生产实际中应根据药敏试验选取敏感抗生素，同时配合护理和对症治疗。可用氟苯尼考（氟甲砜霉素）或土霉素0.2～0.5克、胃蛋白酶2克、稀盐酸3毫升，加水20毫升，1次灌服，每天1次，连用3～5天。

对新生羔羊可同时加胃蛋白酶0.2～0.3克内服；心脏衰弱者可注射强心剂；脱水严重者可适当补充生理盐水或葡萄糖盐水，必要时还可加入碳酸氢钠或乳酸钠，以防止全身酸中毒；对于有兴奋症状的病羊，可内服水合氯醛0.1～0.2克（加水内服）。

如果多数羔羊群发，可以在饮水中加入口服补液盐和电解多维饮水，

对加速羔羊大肠杆菌病的治疗和恢复有很好的促进作用。

（2）中药治疗 以清热化湿、凉血止痢为治法，宜白龙散加减治疗。

方1（白龙散）：白头翁15克，地榆15克，黄连12克，胆草12克，萹蓄12克，粉碎后水煎3次，候温灌服，连用3天。

方2：白头翁、秦皮、黄连、炒神曲、炒山楂各15克，当归、木香、杭芍各20克，车前子、黄檗各30克，加水500毫升，煎至100毫升，每次灌服5～10毫升，每天2次，连用数天。

方3：大蒜酊（大蒜100克，95%酒精100毫升，浸泡15天，过滤即成）2～3毫升，加适量温水一次灌服；或用杨树花（雄株花絮）制成50%煎剂，羔羊每次口服10～30毫升，连用3～5天。

如病情好转，可用微生态制剂，如促菌生、调痢生、乳康生等，加速胃肠功能的恢复，但不能与抗生素同用。

【预防措施】 改善羊舍的环境卫生，保持圈舍干燥通风、阳光充足，消灭蝇虫，做到定期消毒。对妊娠母羊加强饲养管理，对妊娠羊可以适当添加配合日粮进行饲喂。注意羔羊防寒保暖，保证羔羊尽早吃到初乳，以增强羔羊的体质和抗病力。对病羔要隔离治疗，对所污染的环境、物品可用3%～5%来苏儿溶液消毒。

预防羔羊大肠杆菌病，可用大肠杆菌氢氧化铝苗预防注射。也可用当地菌株制成多价活苗或灭活苗，或注射高免血清，均可防治本病。

七 弯曲菌病

山羊弯曲菌病原名山羊弧菌病，由弯杆菌属中的胎儿弯杆菌引起妊娠母羊流产的一种传染病，其特征主要是病羊暂时性不育、流产、胎儿死亡、早产和乳腺炎。

【流行病学】 山羊弯曲菌病主要通过消化道、生殖道感染，以直接或间接方式传播。病母羊和带菌母羊为主要传染源，病原除存在于流产胎盘及胎儿胃内容物之外，尚可存在于感染人和动物（如鸡、鸭、鹅等）的血液、肠内容物及胆汁之中，并能在人、羊肠道和胆囊里生长繁殖。病母羊在流产时或流产后，病菌只局限于胆囊而成为带菌者，也是传染源之一。本病多呈地方性流行，在传染过程中，常具有在一个地区流行1～2年或更长一段时间后，停息1～2年又重新发病的规律。

【临床症状】 病初常见母羊阴道黏液分泌增多，可持续1～2个月，黏液常清澈，偶尔稍混浊。母羊生殖道病变导致妊娠胎儿早期死亡并被吸收，从而不断虚假发情，不少羊发情周期不规则和延长。如果母羊妊娠的胎儿死亡较迟，则发生流产。病母羊流产多发生于妊娠后的第三个月，分娩出死胎、死羔或弱羔。开始时，山羊群中流产数不多，一周后迅速增加，流产率平均5%~20%。多数流产的母羊无先兆症状，有的山羊流产前后，精神沉郁，阴户肿胀，并流出带血的分泌物。大多数流产母羊可很快恢复，少数母羊由于死胎滞留而发生子宫炎、腹膜炎或子宫脓毒症，最后死亡，病死率约为5%。山羊经第一次感染痊愈后，一般对感染具有抵抗力，因此，本病一般不会造成习惯性流产。

【病理剖检】 病死母羊病理剖检可见：阴道呈卡他性炎、黏膜发红，特别是子宫颈部分，可见子宫内膜炎、子宫蓄脓、腹膜炎。胎衣水肿，绒毛叶充血，有时可见坏死灶。流产胎儿的腹部皮下组织呈红色水肿，胸腹腔内有大量深红色的液体，偶见心冠部斑状出血，肺脏覆有灰黄色伪膜，有的可见斑状瘀血。肝脏稍肿大，可见肝脏表面有直径为1~3厘米的圆形溃疡，少数病例可见瘀血斑。肾脏呈深红色。淋巴结稍肿大。胃内有大量浅红色的胶状物。

【诊断要点】 根据妊娠山羊流产及产出弱胎或死胎、流产胎儿皮下水肿、肝脏坏死、子宫蓄脓等临床症状及病理变化可做出初步诊断，确诊需要进行细菌分离鉴定。

鉴别诊断：应与山羊布鲁氏菌病、山羊衣原体病和山羊沙门氏菌病等类似疾病进行鉴别诊断。

【药物治疗】 发病山羊可内服四环素或氟苯尼考治疗。四环素按每千克体重每天服20~50毫克，分2~3次服完。5%氟苯尼考注射液每千克体重20~30毫克，肌内注射，每天2次，连用3~5天。也可用庆大霉素每千克体重0.5万单位，5%葡萄糖氯化钠注射液500毫升，静脉注射。还可选用甲硝唑注射液每千克体重10毫克，静脉注射，每天1次，连用3天。

流产母羊发生全身症状者，宜输液强心，解除自体中毒，可用10%葡萄糖溶液250毫升、10%氯化钙溶液10毫升、10%樟脑磺酸钠3毫升，1次静脉注射。用10%氯化钠溶液100毫升，冲洗子宫，然后子宫灌注青霉素160万单位、链霉素100万单位，每天1次，连用3天。

【预防措施】 由于山羊弯曲菌病病原主要在分娩时散播环境中造成扩散，因此产羔季节要实行一般的卫生防疫措施。加强妊娠母羊的放牧管理，特别注意饲草饲料和饮水的清洁卫生，细心观察羊群动态，流产母羊应严格隔离并进行治疗，一般隔离15~20天。对流产的胎儿、胎衣及污物要深埋或焚烧，粪便、垫草等要及时清除并进行无害化处理，流产地点及时消毒除害。禁止出售病羊，避免病原扩散。本病流行羊场可用本场分离的菌株制备弯杆菌多价灭活疫苗，对母山羊进行免疫接种，可有效预防流产。

八 巴氏杆菌病

山羊巴氏杆菌病是由多杀性巴氏杆菌引起的一种急性热性传染病。急性病例主要以败血症和炎性出血为特征，故过去又称为山羊出血性败血症，简称“出败”。慢性型常表现为皮下结缔组织、关节及各脏器的化脓性病灶，并多与其他疾病混合感染或继发。本病分布广泛，世界各地均有发生。

【流行病学】 山羊巴氏杆菌病较少见，其中羔羊比成山羊更易感，成山羊较少发病。病羊和健康带菌羊是传染源，病原随分泌物和排泄物排出体外，主要经呼吸道、消化道感染，也可通过吸血昆虫和损伤的皮肤、黏膜而感染。本病发病率10%~40%，死亡率达40%甚至更高。

巴氏杆菌病发病一般无明显的季节性，但以冷热交替、多雨的季节发生较多。体温失调，抵抗力降低，是本病主要的发病诱因之一。当饲养环境不佳、气候剧变、寒冷、闷热、潮湿、拥挤、圈舍通风不良、营养缺乏、饲料突变、寄生虫病等诱发因素存在时，易使羊只发病。本病多为散发，有时呈地方性流行。

【临床症状】 山羊巴氏杆菌病潜伏期一般为2~5天，临床上根据病程长短，可分为最急性型、急性型和慢性型3种。

（1）最急性型 多发于哺乳期羔羊。突然发病，表现为虚弱、寒战、呼吸困难，往往呈一过性发作，在数分钟或数小时内死亡。

（2）急性型 病初体温升高至41~42℃，病羊精神沉郁，食欲废绝。呼吸急促，咳嗽，鼻孔常有出血或混有血液的黏性分泌物，颈部和胸下部有时发生水肿，眼结膜潮红，有黏性分泌物。初期便秘，后期腹泻，严重时粪便全部变为血水样，病羊常在严重腹泻后虚脱而死，病期2~5天。该型羔羊多见。

（3）慢性型 主要见于成年山羊。病羊食欲减退，渐进性消瘦，不思饮食，呼吸困难，咳嗽，鼻腔流出脓性分泌物。有时颈部和胸下部发生水肿。部分病羊出现角膜炎，舌头有大小不等、颜色深浅不一的青紫块。

病羊腹泻，粪便恶臭。濒死前极度衰弱，四肢厥冷，体温下降。病程可达 20 天以上。

【病理变化】

（1）最急性型 病死羔羊剖检往往见不到显著病理变化，偶尔可见黏膜、浆膜及内脏出血，淋巴结急性肿大。

（2）急性型 颈部和胸部皮下胶样水肿、出血，咽喉和淋巴结水肿、出血，周围组织水肿。上呼吸道黏膜充血、出血，并含有浅红色泡沫状液体。肺脏瘀血、水肿，少数可见出血。肝脏有散在的灰黄色病灶，其周围有红晕。胃肠道黏膜出血，浆膜斑点状出血。

（3）慢性型 病羊消瘦、贫血，皮下胶冻样浸润，可见到多发性关节炎、心外膜炎、脑膜炎等。胸腔内有黄色渗出物，常见纤维素性胸膜肺炎（彩图 4-1）和心包炎，肺胸膜变厚、粘连，肺呈灰红色，有坏死灶（彩图 4-2），偶见有黄豆至胡桃大的坏死灶或坏死化脓灶；有坏死性肝炎（彩图 4-3）。

【诊断要点】 根据流行病学、临床症状和剖检变化，可初步做出诊断，确诊需要细菌学检查和动物试验。本病需与肺炎链球菌病和山羊肠毒血症进行鉴别诊断。

肺炎链球菌病：剖检时可见脾脏肿大，采取病羊心血及脏器组织涂片镜检，可看到呈双球形并有荚膜的革兰氏阳性 3 ~ 5 个相连的链球菌。

山羊肠毒血症：是由 D 型魏氏梭菌引起的疾病。山羊肠毒血症尸体腐败较慢，皮下很少有带血的胶样浸润，肾脏软化呈泥状，大肠出血严重。

【药物治疗】

（1）西药治疗 氟本尼考、庆大霉素、四环素及磺胺类药物对本病都有良好的治疗效果。氟苯尼考按每次每千克体重 10 ~ 30 毫克，或庆大霉素按每次每千克体重 1000 ~ 1500 单位，或 20% 磺胺嘧啶钠按每次每千克体重 5 ~ 10 毫升，均肌内注射，每天 2 次。羊每次每千克体重用复方新诺明片 10 毫克，内服，每天 2 次，直到体温下降，食欲恢复为止。

可每只羊注射青霉素 320 万单位、链霉素 200 万单位、地塞米松磷酸钠 15 毫克，对体温高的加 30% 安乃近注射液 10 毫升，效果良好。对有神经症状的病羊同时应用维生素 B_1 注射液进行注射，每天 1 次，连用 3 天。心脏衰弱时，用安钠咖或樟脑等强心。呼吸困难时，可行气管切开术。

（2）中药治疗

① 冰片、硼砂等份，研成细末，吹入病羊喉内。或用蟾酥 10 克、麝香 10 克、螳螂 4 个（焙干）研成细末，拌匀吹入喉内。同时用山豆根 20 克，金银花、元参、山栀子各 10 克，射干、连翘、牛蒡子各 10 克，黄连 10 克，煎水灌服。

② 贝母、白芷、苍术、细辛、茯苓各 12 克，半夏、知母、芜荑、川穹、天花粉各 14 克，共研细末，每次 30 克，加生姜 6 克，酒 10 克，灌服。

③ 射干、连翘、金银花、山栀子、板蓝根各 15 克，款冬花、瓜蒌、知母、杏仁、贝母各 14 克，蝉蜕、甘草各 12 克，煎水灌服（高热稽留时比较适用）。

④ 兰花白根草、山栀子、射干、山豆根各 15 克，水煎，莱菔子、橘皮各 12 克，加水捣烂，混合灌服。

⑤ 金银花、蒲公英、瓜子金、十大功劳、薄荷、天胡荽、石斛、瓜蒌各 15 克，水煎，灌服。

⑥ 元参、大青、鱼腥草、麦冬各 15 克，水煎，灌服。

⑦ 白药（金钱吊蟾蜍）20 克，研末，明矾 15 克，食盐 10 克，水冲，灌服。

上列处方可根据具体情况选用。

【预防措施】 在平时应注意饲养管理，搞好环境卫生，增强羊机体抵抗力，避免羊只受寒、拥挤等。长途运输时，防止过度劳累。定期消毒。每年定期进行预防接种，用羊巴氏杆菌组织灭活疫苗对山羊群进行紧急免疫接种，可收到良好的免疫效果。

发生山羊巴氏杆菌病时，应将病羊隔离，严密消毒，发病羊群还应实行封锁。同群的假定健康山羊，可用高免血清进行紧急预防注射，隔离观察 1 周后，如无新病例出现，再注射疫苗。如无高免血清，也可用疫苗进行紧急预防接种，但应做好潜伏期病羊发病的紧急抢救准备。发病后用 5% 漂白粉液或 10% 石灰乳等彻底消毒圈舍、用具。

九 布鲁氏菌病

山羊布鲁氏菌病是由布鲁氏菌所引起的人兽共患慢性传染病，简称“布病”。在家畜中，牛、羊、猪最常发生本病，且可传染给人和其他家畜。本病的特征是生殖器官和胎膜发炎，引起流产、不育和各种组织的局部病灶。布鲁氏菌属有 6 个种，即马耳他布鲁氏菌、流产布鲁氏菌、猪布鲁氏菌、沙林鼠布鲁氏菌、绵羊布鲁氏菌和犬布鲁氏菌。

【流行病学】 病羊是主要传染源，山羊最易感，母山羊比公山羊易感，产羔期最易感染，成年山羊比幼龄山羊易感。病羊和带菌羊为本病的主要传染源。

病菌主要存在于患畜的体内，随乳汁、脓汁、流产胎儿、胎衣、生殖道分泌物等排出体外，污染饲料、饮水及周围环境，经消化道、呼吸道、皮肤黏膜、眼结膜等传染给其他家畜，吸血昆虫可成为传播媒介。病公羊的精液中也含有大量的病原菌，随配种而传播。山羊群感染后，开始少数妊娠山羊流产，以后逐渐增多，严重时可达半数以上，多数病羊只流产一次。第一次妊娠的羊流产多，占 50% 以上，多数病山羊很少发生第二次流产。

在疫区发生流产少，而多发生子宫炎、乳腺炎、关节炎，局部脓肿及胎衣停滞。交配不当、圈舍拥挤、光线不足、通风不良、寒冷潮湿、饲料供给不足或品质不佳、机体抵抗力下降等因素，可促使本病的发生和流行。

【临床症状】 山羊布鲁氏菌病潜伏期为 14～180 天。其主要表现是流产，山羊流产率有时高达 40%～90%。流产前体温升高、精神沉郁、食欲减退、口渴，由阴道排出黏液或带血的黏液性分泌物，有时掺杂血液。流产的胎儿多数死亡，成活的则极度衰弱，发育不良。流产胎儿呈败血症变化，浆膜和黏膜有出血斑点，皮下出血、水肿。

产后母羊子宫增大，黏膜充血和水肿，质地松弛，肉阜明显增大出血，周围被黄褐色黏液性物质所包围，表面松软污秽，出现慢性子宫炎的表现，致使病羊不孕。有的病羊发生慢性关节炎及黏液囊炎，病羊跛行，重症病例可呈现后躯麻痹，卧地不起，常因采食不足、饥饿而死。

公羊除发生关节炎外，有时发生睾丸炎、附睾炎，睾丸肿大，触诊局部发热，有痛感。奶山羊早期有乳腺炎症状，触之乳房乳腺有小的硬结节，泌乳量减少，乳汁内有小的凝块。少部分病羊发生角膜炎和支气管炎。

【病理剖检】 山羊布鲁氏菌病的病变多发生在生殖器官，可见胎膜呈浅黄色的胶冻样浸润，有些部位覆有纤维素絮状脓液，有的增厚且有出血点，胎盘子叶充血、出血及糜烂（彩图 4-4）。绒毛叶贫血呈苍黄色，或覆有灰色或黄绿色纤维蛋白絮片，或覆有脂肪渗出物。胎儿脐带呈浆液性浸润、肥厚。胎儿皮下呈出血性浆液性浸润。胎儿和新生羔可见有肺炎。淋巴结、脾脏和肝脏有不同程度的肿胀（彩图 4-5），有的呈现局灶性坏死（彩图 4-6）。胎儿的胃特别是皱胃中有浅黄色或灰白色絮状物，肠胃和膀胱的浆膜下可见点状出血或线状出血。有些病羊有化脓性或卡他性的子宫内膜炎、脓肿、输卵管炎及卵巢炎。病公羊的精囊有出血点和坏死灶（彩图 4-7），在睾丸和附睾内有榛子大的炎性坏死灶和化脓灶，有时整个睾丸发生坏死。慢性病例的睾丸和附睾可见结缔组织增生。

【诊断要点】 根据流行病学特点、流产胎儿、胎衣等病理变化，可怀疑本病。以细菌学检查、血清学检查和变态反应进行确诊。本病需与山羊衣原体病、山羊弯曲菌病、山羊沙门氏菌病进行鉴别诊断，鉴别诊断要点如下。

山羊衣原体病：山羊衣原体病是由鹦鹉热衣原体引起的一种传染病，临床上以发热、流产、死产和产出弱羔为特征。

山羊弯曲菌病：山羊弯曲菌病是由胎儿弯曲菌亚种引起妊娠母羊流产的一种传染病，临床上以暂时性不育和发情期延长为主要特征。

山羊沙门氏菌病：山羊沙门氏菌病是由羊流产沙门氏菌、鼠沙门氏菌和都柏林沙门氏菌引起的传染病。临床以羔羊下痢、妊娠母羊流产为特征。

【药物治疗】 目前尚无理想的治疗药物。山羊布鲁氏菌病以预防为主，一般不予治疗。一旦发现山羊布鲁氏菌病，应立即淘汰病羊和检疫同群羊。

若是珍贵种山羊一定要治疗时，一旦发现病山羊，应隔离，并用链霉素肌内注射，按每千克体重 10 毫克，每天 2 次。四环素肌内注射，每次每千克体重 5 ~ 10 毫克，每天 2 次，连用 3 ~ 5 天。在治疗过程中要避免消化道给药。

【预防措施】 在山羊饲养区应以预防为主，做法是对山羊群每年应定期进行布鲁氏菌病的血清学检查，对阳性或可疑羊只扑杀淘汰，以淘汰销毁为宜。对圈舍、饲具等要彻底消毒，流产胎儿、胎衣、羊水和生殖道分泌物应深埋。饲养人员注意做好防护工作，以防感染。

十 沙门氏菌病

山羊沙门氏菌病又名副伤寒，俗称血痢，是由羊流产沙门氏菌、鼠沙门氏菌和都柏林沙门氏菌引起的一种传染病。其临床特征为羔羊发生败血症和肠炎，妊娠母羊发生流产。本病遍发于世界各地，给山羊的繁殖和羔羊的健康带来严重威胁。沙门氏菌的许多血清型可使人感染，发生食物中毒和败血症等，是重要的人畜共患病病原体之一。

【流行病学】 本病四季均可发生，呈散发性或地方流行性。育成期羔羊常于夏季和早秋发病，妊娠羊则在晚冬、早春季节发生流产。不同性别、年龄、品种的羊均易感，羔羊易感性较成年羊高，其中以断奶或断奶不久的羊最易感。病羊和带菌羊是本病的主要传染源。病原菌可通过羊的粪便、尿液、乳汁、流产胎儿、胎衣和羊水污染的饲料、工具和饮水等，经消化道感染健康羊。病羊与健康羊交配或用病公羊的精液人工授精可发生感染。一般羊舍卫生条件恶劣、潮湿，饲养密度过大、羊群拥挤，饲料和饮水缺乏，长途运输，母羊奶水不足等因素均可诱发本病。

【临床症状】 根据临床表现可分为流产型和下痢型。

（1）流产型 妊娠母羊常于妊娠的最后1/3时期发生流产或死产。病羊体温升至40～41℃，厌食，精神抑郁，部分羊有腹泻症状，阴道常排出有黏性带血丝或血块的分泌物。发病母羊可在流产后或无流产的情况下死亡。病母羊产下的活羔，表现衰弱，委顿，卧地，稀粪混有未消化饲料，粪便恶臭，多数羔羊拒食，常于1～7天死亡。羊群暴发1次，一般可持续10～15天，流产率与病死率可达60%。其他羔羊的病死率可达10%，流产母羊一般死亡率为5%～7%。

（2）下痢型 多见于7～20日龄的羔羊，体温升高达40～41℃，食欲减退，腹泻，排黏性带血稀粪，有恶臭。精神沉郁、虚弱、低头拱背，继而卧地、昏迷，最终因衰竭而死亡。病程1～5天，有的经2周后可恢复。耐过病羔生长发育缓慢。发病率一般为30%，死亡率为25%。

【病理剖检】

（1）流产型 流产或死产的胎儿及产后一周内死亡的羔羊，常表现败血病变。组织水肿、充血。肝脏、脾脏肿大，有灰色病灶。胎盘水肿、出血。死亡母羊呈急性子宫炎症状，其子宫肿胀，常内含坏死组织、浆液性渗出物和滞留的胎盘。

（2）下痢型 羊尸体后躯常被稀粪污染，大多数组织脱水，心内、外膜有小出血点。病羊真胃和小肠空虚，内容物稀薄，常含有血块。肠黏膜充血，肠道和胆囊黏膜水肿（彩图4-8、彩图4-9）。肠系膜淋巴结肿大、充血。

【诊断要点】 根据流行病学、临床症状和病理变化，可做出初步诊

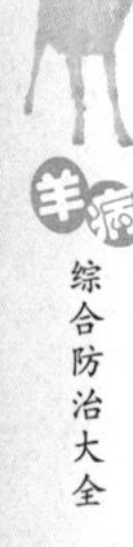

断，确诊需依靠实验室诊断结果。应注意与引起羔羊痢疾的B型魏氏梭菌和引起羔羊下痢的大肠杆菌进行鉴别诊断。

【药物治疗】

(1) 西药治疗 发生羊沙门氏菌病的病羊在初期应用抗血清有特效，也可选用抗生素或磺胺类药物治疗。首选药物为氟甲砜霉素（氟苯尼考）、恩诺沙星等，其次是庆大霉素、新霉素、土霉素和磺胺间甲氧嘧啶等。

氟甲砜霉素（氟苯尼考），羔羊按每天每千克体重30~50毫克，分3次内服；成年羊按每次每千克10~30毫克，肌内或静脉注射，每天2次。

青霉素80万~160万单位，肌内注射，每天2次，连用2~3天。20%磺胺嘧啶钠5~10毫升，肌内注射，每天2次。磺胺嘧啶5~6克，碳酸氢钠1~2克，内服，每天2次，连用3~4次。以上用量小羊减半。5%葡萄糖氯化钠注射液100~250毫升，静脉注射，每天1~2次，连用3~5天。

(2) 中药治疗

方1：用大蒜酊（大蒜100克，95%酒精100毫升，浸泡5~7天），喂服。

方2：白头翁、秦皮、黄连、炒神曲、炒山楂各15克，当归、木香、杭菊各25克，车前子、黄檗各12克，加水500毫升，煎至100毫升，每次3~5毫升灌服，每天2次，连用3~5天。

方3（加减承气汤）：大黄14克，朴硝15克（另包），酒黄芩10克，焦山栀10克，甘草10克，枳实10克，厚朴10克，青皮10克，将上药（除朴硝外）捣碎，加水400毫升，煎汤100毫升，然后加入朴硝。病初羔羊服20~30毫升，用胃管灌服，只服1次，如已腹泻2~3天，则可服第二方。

【预防措施】 加强饲养管理。保持圈舍清洁卫生，防止饲料和饮水被病原污染。羔羊在出生后应及早哺喂初乳，并注意保暖。发现病羊应及时隔离、治疗。被污染的圈栏要彻底消毒，发病羊群进行药物预防。对流产母羊及时隔离治疗，流产的胎儿、胎衣及污染物进行销毁，流产场地全面彻底进行消毒处理。对可能受传染威胁的羊群，有条件时注射相应疫苗进行预防。

十一 链球菌病

山羊链球菌病是由羊溶血性链球菌引起的一种急性、热性、败血性传染病。因发病山羊咽喉部及颌下淋巴结肿胀，俗称“嗓喉病”，又由于常继发大叶性肺炎、呼吸高度困难、各脏器出血、胆囊肿大，故有些地区又称其为“大胆病”。其特征是全身出血性败血症及浆液性肺炎与纤维素性胸膜肺炎，胆囊肿大。

【流行病学】 山羊链球菌病多发于羔羊。病羊和带菌羊是本病的主要传染源，病原多存在于鼻液、鼻腔、气管和肺部，通过分泌物排出体外造成传染。主要通过呼吸道途径，损伤皮肤、黏膜，以及羊、虱、蝇等吸血昆虫叮咬传播。一般于冬、春季节，气候剧变、气候寒冷、闷热、潮湿、通风不良、空气干燥、草质不良、羊群过大、大小混养、运输等因素作用时，羊机体抵抗力降低，可诱发本病。

【临床症状】 羊链球菌病人工感染时的潜伏期为3~10天，最急性的病程在24小时内死亡，急性的病程多为2~3天，很少病程达到5天以上。自然病例感染的潜伏期为2~7天，少数可长达10天。死亡率达80%。临床上将本病分为最急性型、急性型、亚急性型和慢性型4种。

（1）最急性型 病羊发病初期临床症状不明显，常于24小时内死亡，或在清晨检查圈舍时发现死于圈内。

（2）急性型 病羊病初体温升高到41℃以上，全身症状明显，起卧频繁、精神委顿、垂头、闭目、弓背、呆立、不愿走动、居于一隅。饮食减退或废绝，停止反刍。眼结膜充血，流泪，随后出现浆液性分泌物。鼻腔流出浆液性脓性鼻汁。咽喉肿胀，咽喉和颌下淋巴结肿大，呼吸困难，流涎、咳嗽。粪便有时带有黏液或血液。妊娠羊阴门红肿，多发生流产。最后衰竭倒地，多数窒息死亡。临死前出现磨牙、抽搐、惊厥等症状。多数病程为2~3天。

（3）亚急性型 体温升高，食欲减退。流黏液性透明鼻液，咳嗽、呼吸困难。粪便稀软带有黏液或血液。嗜卧，不愿走动，走时步态不稳。病程为1~2周。

（4）慢性型 一般轻度发热，消瘦、食欲不振、腹围缩小、步态僵硬。有的羊咳嗽，有的出现关节炎。排像蛋清样的黏液，逐渐混有血液，少数病例的黏液中混有粪便，肛门及尾根周围附着黏液性污垢。病程为1个月左右，最终死亡。

【病理剖检】 病死羊只剖检以败血性变化为主，尸僵不显著或不明显。最突出的病变是各脏器广泛出血，淋巴结肿大、出血。咽喉黏膜极度水肿（彩图4-10），鼻、咽喉、气管黏膜出血，其中有浅红色泡沫状液体；肺脏水肿、气肿，肺实质出血、肝变，呈浆液性及大叶性肺炎症状（彩图4-11）；胸、腹腔及心包积液；心内、外膜都有点状出血，心肌混浊。肝脏肿大，呈泥土色，边缘钝厚，表面有出血点；胆囊肿大2~4倍，其黏膜充血、出血、水肿，胆汁呈浅绿色或因出血而似酱油状；肾脏质地变脆、变软，肿胀、梗死，被膜不易剥离；胃肠黏膜肿胀，有的部分脱落，幽门充血及出血，瓣胃内容物干如石灰，皱胃内容物稀薄，黏膜充血、出血，十二指肠内变成黄色，回盲瓣区域间或有充血及出血；膀胱内膜有出血点。各脏器浆膜面常覆有黏稠、丝状的纤维素样物质。

【诊断要点】 根据临床症状和剖检变化，结合流行病学可进行初步诊断，确诊需进行实验室检查。应与炭疽、羊梭菌性痢疾、羊巴氏杆菌病相鉴别。炭疽病羊缺少大叶性肺炎症状，病原形态不同。羊梭菌性痢疾一般不出现高热和全身广泛出血变化。羊巴氏杆菌病表现为皮下水肿、高热、呼吸困难。

【药物治疗】

发病初期用青霉素或磺胺类药物进行治疗。青霉素80万~160万单位肌内注射，每天2次，连用2~3天。20%磺胺嘧啶钠5~10毫升，肌内注射，每天2次，或磺胺嘧啶5~6克、碳酸氢钠1~2克，内服，每天2次，连用3~4次。以上用量羔羊减半。

重症羊可先肌内注射尼可刹米，以缓解呼吸困难，再用盐酸林可霉素或大观霉素注射液按每千克体重0.1~0.2毫升剂量肌内注射。每天1次，连用5~7天。同时用特效先锋霉素50万~150万单位，加地塞米松2~5毫克、0.5%葡萄糖氯化钠液250~500毫升、维生素C5~10毫升、维生素B_{12} 5~10毫升，混合一次缓慢静脉注射。每天2次，连用2天，症状减轻后改为每天1次，连用2天。

局部治疗：先将下颌、关节及脐部等处局部脓肿切开，清除脓汁。然后清洗消毒，涂抗生素软膏。

【预防措施】 加强饲养管理，增加营养，提高机体抵抗力。未发病地区勿从发病地区引羊。做好夏秋抓膘、冬春防寒保温工作。

发病后，及时隔离病羊，粪便堆积发酵处理。在发病羊群周围的水源、牧场、圈舍等环境中撒布草木灰、生石灰消毒；羊圈可用含1%有效氯的漂白粉、10%石灰乳、3%来苏儿等消毒液消毒。加强清洁工作，清除牧场或圈舍遗留的皮毛和尸骨，进行深埋或焚烧。

在本病流行区，羊群要固定草场、牧场放牧，避免与未发病羊群接触。常发病地区坚持免疫接种，每年发病季节到来之前，用羊链球菌氢氧化铝甲醛疫苗进行预防接种。6 月龄以上羊 5 毫升/只，6 月龄以下羊 3 毫升/只，3 月龄以下羔羊 2 ~3 周后重复接种 1 次。免疫期可维持 6 个月以上。对未发病羊提前注射青霉素有良好的预防效果。

十二 羊猝疽

羊猝疽是由 C 型产气荚膜梭菌毒素引起的一种急性传染病，以溃疡性肠炎和腹膜炎为特征。羊猝疽和羊快疫可混合感染，其特征是发病突然，病程极短，几乎看不到临诊症状即死亡，胃肠道呈出血性、溃疡性炎症变化，肠内容物混有气泡，肝脏肿大质脆且色多变浅，常伴有腹膜炎。本病能造成急性死亡，对山羊养殖业危害很大。

【流行病学】 山羊猝疽主要发生于成年山羊，以 1 ~2 岁羊发病最多。病羊和带菌羊是本病的主要传染源，主要是食入被该菌污染的饲草、饲料及饮水等，经消化道感染。常见于低洼、沼泽地区，多发生于冬春季节，常呈地方流行性，多见于放养羊群。

【临床症状】 羊猝疽的病程短促，常未见到临诊症状即死亡，如晚间归圈时正常，次日早上发现死于圈内。白天放牧时，有时发现病羊掉队、卧地，表现不安、衰弱、痉挛，眼球突出等症状后在数小时内死亡。有最急性型和急性型两种临床表现。

（1）最急性型 一般见于流行初期。病羊突然停止采食，精神不振，四肢分开，弓腰，头向上，喜伏卧，头颈向后弯曲，行走时后躯摇摆，磨牙，不安，有腹痛表现。眼畏光流泪，结膜潮红，呼吸促迫。从口鼻流出泡沫，有时带有血色。随后呼吸愈加困难，痉挛倒地，四肢做游泳状，迅速死亡。从出现症状到死亡通常为几分钟至几小时。

（2）急性型 一般见于流行后期。病羊食欲减退，步态不稳，排粪困难，有里急后重表现。喜卧地，牙关紧闭，易惊厥。粪团变大，色黑而软，混有炎症产物或脱落黏膜，排油黑色或深绿色的稀粪，有时带有血丝。一般体温不升高。从出现症状到死亡通常为 1 天左右，也有少数病例延长到数天的。发病率为 6% ~25%，个别羊群高达 30%，发病羊几乎 100% 归于死亡。

【病理剖检】 病理变化主要见于循环系统和消化道。病羊刚死时骨骼肌表现正常，但在死后 8 小时内，细菌在骨骼肌里增殖，使肌间积聚血液液体，肌肉出血，有气性裂孔，骨骼肌的这种变化与黑腿病的病理变化十分相似。病死羊胸腔、腹腔和心包大量积液，心包积液暴露于空气后，可形成纤维素絮块；浆膜上有小点状出血。肾脏在病程短促或死后不久的病例中，多无肉眼可见变化，病程稍长或死后时间较久的，可见有软化现象，肾盂常储积白色尿液；膀胱积尿，量多少不等，呈乳白色。最急性的病例，胃黏膜皱襞水肿，增厚数倍，黏膜上有紫红斑。急性病例前三胃的黏膜有自溶脱落现象，真胃黏膜坏死脱落，黏膜水肿，有大小不一的紫红斑，甚至形成溃疡；十二指肠和空肠黏膜严重充血、糜烂，有的肠段可见大小不等的溃疡。肠系膜淋巴结有出血性炎症；小肠黏膜水肿、充血，黏膜面常附有糠皮样坏死物，肠壁增厚，结肠和直肠有条状溃疡，有条、点状出血斑点，小肠内容物呈糊状，其中混有许多气泡，并常混有血液。

混合感染羊快疫和羊猝疽死亡的羊，营养多在中等以上。尸体迅速腐败，腹围迅速胀大，可视黏膜充血，血液凝固不良，口鼻等处常见有白色或血色泡沫；全身淋巴结水肿，颌下、肩前淋巴结充血、出血及浆液浸润；肌肉出血，肩前、股前、尾底部等处皮下有红黄色胶样浸润，在淋巴结及其附近尤其明显；部分病例胸腔有浅红色混浊液体，心包内充满透明或血染液体，心脏扩大，心外膜有出血斑点；肺呈深红色或紫红色，气管内常有血色泡沫；大多数病例出现血色腹水，肝脏多呈水煮色、混浊、肿大、质脆，被膜下常见有大小不一的出血斑，切开后流出含气泡的血液，多呈土黄色；胆囊胀大，胆汁浓稠呈深绿色；脾脏多正常，少数瘀血。

【诊断要点】 本病病程急速，生前诊断比较困难。如果羊突然发病死亡，死后又发现胸腔、腹腔、心包有积水，肝脏肿胀而色浅，皱胃及十二指肠等处有急性炎症，肠内容物中有许多小气泡等变化时，应怀疑可能为本病。确诊需进行微生物学和毒素检查。

【药物治疗】 由于本病的病程短促，往往来不及治疗，因此，必须加强平时的防疫措施。发生本病时，将病羊隔离，对病程较长的病例试行对症治疗，也可马上用大剂量青霉素肌内注射，每只羊100万~200万单位。当本病发生严重时，转移牧地，可收到减少和停止发病的效果。

同时，将所有未发病羊只，转移到高燥地区放牧，加强饲养管理，防止受寒感冒，避免羊只采食冰冻饲草饲料，早晨出牧不要太早。

【预防措施】 用疫苗进行紧急接种。在本病常发地区，每年可定期注射1~2次羊快疫、羊猝疽二联疫苗或快疫、猝疽、肠毒血症三联干粉疫苗。由于吃乳羔羊产生主动免疫力较差，故在羔羊经常发病的羊场，应对妊娠母羊在产前进行两次免疫，第一次在产前1～1.5个月，第二次在产前15～30天，但在发病季节，羔羊也应接种疫苗。

十三 羊黑疫

羊黑疫又名传染性坏死性肝炎，是由B型诺维氏梭菌引起的山羊的一种急性高度致死性毒血症。其特征是突然发病，病程短促，皮肤发黑，肝实质发生坏死病灶。

【流行病学】 诺维氏梭菌能使1岁以上的羊感染，以2～4岁羊只发生最多。发病羊多为营养较好的肥胖羊只。病原体的芽孢广泛存在于土壤中。病羊和带菌羊是本病的主要传染源，食入被该菌污染的饲草、饲料及饮水等，经消化道感染。采食被芽孢污染的饲料后，进入消化道，再由肠壁进入肝脏而致病。与肝片吸虫的感染有密切关系，因此多发于春、夏季肝片吸虫流行的低洼潮湿地区。

【临床症状】 羊黑疫在临床上与羊快疫、羊肠毒血症等极其类似。病程十分急促，绝大多数情况是未见有病而突然发生死亡。少数病例病程稍长，可拖延1～2天，但没有超过3天的。病羊掉群，不食，呼吸困难，体温41.5℃左右，呈昏睡俯卧状，突然死去。

【病理剖检】 羊黑疫病死羊尸体皮下静脉显著充血，其皮肤呈暗黑色外观（黑疫之名即由此而来）。胸部皮下组织经常水肿。浆膜腔有液体渗出，暴露于空气易于凝固，液体常呈黄色，但腹腔液略带血色。左心室心内膜下常出血。肝脏充血肿胀，从表面可看到或摸到有一个到多个凝固性坏死灶，坏死灶的界限清晰，呈灰黄色，不整圆形，周围常为一鲜红色的充血带围绕，坏死灶直径可达2～3厘米（彩图4-12），切面成半圆形。羊黑疫肝脏的这种坏死变化是很典型的特征，具有很大的诊断意义。真胃幽门部和小肠充血、出血。

【诊断要点】 在肝片吸虫流行的地区发现急性死亡或昏睡状态下死亡的病羊，剖检见特殊的肝脏坏死变化，有助于诊断。必要时可做细菌学检查和毒素检查。

羊黑疫、羊快疫、羊猝疽、羊肠毒血症等梭菌性疾病由于病程短促，病状相似，在临床上不易互相区别，同时，这一类疾病在临床上与羊炭疽也有相似之处，应注意区别。

【药物治疗】 发生本病时，应将羊群移牧于高燥地区。对病羊可用抗诺维氏梭菌血清（7500 国际单位/毫升）治疗，每次 50 ~ 80 毫升，一次静脉注射，连用 1 ~ 2 次。还可以用 80 万 ~ 200 万国际单位的青霉素，溶解到 5 毫升注射用水中，一次肌内注射，每天 2 次，连用 5 天。

【预防措施】 在流行地区，必须控制肝片吸虫的感染。特异性免疫可用羊黑疫疫苗或羊黑疫、羊快疫二联苗或羊厌气五联疫苗或羊厌气菌七联干粉苗进行预防接种，一次 5 毫升，一次皮下或肌内注射。

十四 羊肠毒血症

羊肠毒血症是山羊的一种急性毒血症、急性非接触性传染病，各种年龄段的山羊均可被感染，以 1 岁左右和肥胖的羊发病较多。由于细菌毒素中毒，可引起迅速死亡。死后肾组织易于软化，故又称“软肾病”，与羊快疫相似，又称类快疫。

【流行病学】 病原为 D 型产气荚膜梭菌，是土壤常在菌，也存在于污水中。羊只采食被病原菌芽孢污染的饲料或饮水后，芽孢便进入消化道，其中大部分被真胃里的胃酸杀死，一小部分存活者进入肠道。当细菌获得有利繁殖条件时，在小肠内大量繁殖，产生大量毒素并被吸收后，引起羊只中毒发病。缺乏运动，饲喂精料过量，饲养不合理，破坏肠道的正常活动与分泌机能的饲料，如饲喂大量玉米、大麦或豆类，均易引起发病。

羊肠毒血症有明显的季节性和条件性。山羊饲养区，常常在收菜季节，羊只食入大量菜根、菜叶，或收了庄稼后羊群抢茬吃了大量谷类的时候发生本病。本病多呈散发。2 ~ 12 月龄的羊最易发病，且发病的多为膘情较好采饲多的羊。

【临床症状】

（1）最急型 为最常遇到的病型。病羊死亡很快。在个别情况下，呈现疝痛症状，步态不稳，呼吸困难，有时磨牙、流涎，短时间后即倒在地上，痉挛而死。

（2）急性型 病羊食欲消失，表现下痢，粪便有恶臭味，混有血液及黏液。意识不清，常呈昏迷状态，经过 1 ~ 3 天死亡。成年羊的病程可能延长，其表现为有时兴奋，有时沉郁，黏膜有黄疸或贫血。

表现为突然发病，很少能见到症状，往往症状出现后迅速死亡，可分为两种类型：一类以抽搐为其特征，另一类以昏迷和静静地死去为其特征。前者在死亡前四肢出现强烈的划动，肌肉搐搦，眼球转动，磨牙，口水过多，随后头颈显著抽搐，往往于2～3小时内死亡。后者的早期症状为步态不稳，向后倒卧，并有感觉过敏，流涎，上下颌“咯咯”作响。继而昏迷，角膜反射消失。有的病羊发生腹泻，排黑色或深绿色稀粪，常在3～4小时内静静地死去。

【病理剖检】 幼年羊的病变比较显著，成年羊则不一致。尸体迅速腐败，幼羊心包腔内的液体较成年羊多，心内膜或心外膜出血，尤以心内膜更为多见。小肠黏膜充血或出血（彩图4-13）。

羔羊以心包液增多与心内膜下部溢血为特征性病变。肾脏充血（彩图4-14），并呈进行性变软，甚至呈血色乳糜状，故有“髓样肾病”之称，成年羊的肾脏有时变软（成为软肾病），以病羊死亡6小时后最为明显。肝脏显著变性。脾脏常无眼观病变，部分羔羊发生严重肺水肿和大量的胸膜渗出液。

【诊断要点】 本病的诊断主要以流行病学、临床症状和病理剖检资料为基础，结合临床剖检特征综合判定。应注意个别羔羊突然死亡。最准确方法是进行细菌学检查，产气荚膜梭菌毒素的检查和鉴定，可用小鼠或豚鼠做中和试验。注意与炭疽病、焦虫病和羊快疫等相区别。

【药物治疗】 急性发病者，药物治疗通常无效。病程慢者，可用抗生素或磺胺类药，结合强心、镇静对症治疗。如12%复方磺胺嘧啶注射液8毫升，一次肌内注射，每天2次，连用5天，首量加倍。

中药治疗：白茅根9克、车前草15克、野菊花15克、筋骨草12克，粉碎，水煎后温水灌服。

【预防措施】

（1）采取促进肠蠕动措施 保证充足运动场地和时间，控制精料饲喂量，不可过多采食青嫩牧草。发病时，增加粗饲料饲喂量，减少或停止精料饲喂，加强运动。

（2）预防接种 在舍饲管理的后期用三联（快疫、猝疽、肠毒血症）疫苗或五联苗进行预防接种，每次5毫升，肌内注射，共接种2次，间隔为15～21天，免疫期为6个月。羔羊从5周龄开始接种疫苗。

（3）药物预防措施 按照20～30毫克/千克饲料的剂量在饲料中添加金霉素以预防肠毒血症。

（4）中药防治 苍术10克，大黄10克，贯众5克，龙胆草5克，玉片3克，甘草10克，雄黄1.5克（另外单独包）。用法：取前6味药水煎取汁，混入雄黄，一次灌服，灌药后再加服一些食用植物油。

十五 羊快疫

羊快疫是由腐败梭菌引起的羊急性传染病，以真胃出血性炎症为特征。羊快疫和羊猝疽可混合感染，其特征是发病突然，病程极短，几乎看不到临诊症状即死亡，胃肠道呈出血性、溃疡性炎症变化，肠内容物混有气泡，肝脏肿大、质脆且色多变浅，常伴有腹膜炎。羊快疫单发者居多。

【流行病学】 羊快疫发病羊年龄多在6~18个月之间，且营养多在中等以上。一般经消化道感染，腐败梭菌如经伤口感染则引起羊的恶性水肿。本病常在低洼草地、熟耕地及沼泽地区发生。当存在不良的外界诱因，特别是在秋、冬和初春气候骤变、阴雨连绵之际，羊只受寒感冒或采食了冰冻带霜的草料，机体遭受刺激，抵抗力减弱时，腐败梭菌即大量繁殖，产生外毒素，特别是真胃黏膜发生坏死和炎症，毒素同时经血液循环进入体内，刺激中枢神经系统，引起急性休克，使羊只迅速死亡。

【临床症状】 突然发病，病羊往往来不及出现临床症状，就突然死亡。有的病羊离群独处，卧地，不愿走动，强迫行走时表现虚弱和运动失调。腹部膨胀，有疝痛临床症状。体温表现不一，有的正常，有的升高至41.5℃左右。病羊最后极度衰竭、昏迷，通常在数小时至1天内死亡，极少数病例可达2~3天，罕有痊愈者。羊快疫及羊猝疽常混合感染，临床有最急性型和急性型。

（1）最急性型 一般见于流行初期。病羊突然停止采食，精神不振。四肢分开，弓腰，头向上。行走时后躯摇摆。喜伏卧，头颈向后弯曲。磨牙，不安，有腹痛表现。眼畏光流泪，结膜潮红，呼吸促迫。从口鼻流出泡沫，有时带有血色。随后呼吸愈加困难，痉挛倒地，四肢做游泳状，迅速死亡。从出现症状到死亡通常为2~6小时。

（2）急性型 一般见于流行后期。病羊食欲减退，步态不稳，排粪困难，有里急后重表现。喜卧地，牙关紧闭，易惊厥。粪团变大，色黑而软，其中混有黏稠的炎症产物或脱落的黏膜，或排油黑色或深绿色的稀粪，有时带有血丝。一般体温不升高。从出现症状到死亡通常为1天左右，也有少数病例延长到数天的。发病率为6%~25%，发病羊几乎100%归于死亡。

【病理剖检】 病死羊胸腔、腹腔、心包有大量积液，暴露于空气中易于凝固。心内膜下（特别是左心室）和心外膜下有多数点状出血。特征性病变主要呈现真胃出血性炎症变化，表现黏膜尤以胃底部及幽门附近的黏膜，有大小不等的出血斑块，表面发生坏死，出血坏死区低于周围的正常黏膜，黏膜下组织常水肿。肠道和肺脏的浆膜下也可见到出血。胆囊多肿胀。病羊死后如未及时剖检，则尸体因迅速腐败而出现其他死后变化。

混合感染羊快疫和羊猝疽死亡羊，营养多在中等以上。尸体迅速腐败，腹围迅速胀大，可视黏膜充血，血液凝固不良，口鼻等处常见有白色或血色泡沫；最急性的病例，大多数病例出现腹水，带血色；部分病例胸腔有浅红色混浊液体，心包内充满透明或血染液体，心脏扩大，心外膜有出血斑点（彩图4-15）；肺呈深红色或紫红色，气管内常有血色泡沫；全身淋巴结水肿，颌下、肩前淋巴结充血、出血及浆液浸润；肌肉出血，肌肉结缔组织积聚血样液体和气泡；胃黏膜皱襞水肿，增厚数倍，黏膜上有紫红斑、溃疡，十二指肠充血、出血；小肠黏膜水肿、充血，尤以前段黏膜为甚，黏膜面常附有糠皮样坏死物，肠壁增厚，结肠和直肠有条状溃疡，并有条、点状出血斑点；肝脏多呈水煮色、混浊、肿大、质脆，被膜下常见有大小不一的出血斑，胆囊胀大，胆汁浓稠呈深绿色；肾脏在病程短促或死后不久的病例中，多无肉眼可见变化，病程稍长或死后时间较久的，可见有软化现象（彩图4-16），肾盂常储积白色尿液；脾脏多正常，少数瘀血；膀胱积尿，量多少不等，呈乳白色。

【诊断要点】 病程急速，生前诊断比较困难。如果羊突然发病死亡，死后又发现皱胃及十二指肠等处有急性炎症，肠内容物中有许多小气泡，肝脏肿胀而色浅，胸腔、腹腔、心包有积液等变化时，应怀疑为本病。确诊需进行微生物学和毒素检查。

【药物治疗】

① 12%复方磺胺嘧啶注射液，用量为8毫升，一次肌内注射，每天2次，连用5天。

② 10%安钠咖注射液2～4毫升，维生素C注射液0.5～1克，地塞米松注射液2～5毫克，5%葡萄糖生理盐水200～400毫升。混匀，一次静脉注射，连用3～5天。

【预防措施】 由于本病的病程短促，往往来不及治疗，须加强平时防疫措施。

发生本病时，将病羊隔离，对病程较长的病例试行对症治疗，宜抗菌消炎、输液、强心。应将所有未发病羊只，转移到高燥地区放牧，加强饲养管理，防止受寒感冒，避免羊只采食冰冻饲料，早晨出牧不要太早。

用疫苗进行紧急接种。在本病常发地区，每年可定期注射1～2次羊快疫、猝疽二联疫苗或快疫、猝疽、肠毒血症三联苗。对妊娠母羊在产前进行2次免疫，第一次在产前1～1.5个月，第二次在产前15～30天，但在发病季节，羔羊也应接种疫苗。

十六 羊李氏杆菌病

羊李氏杆菌病是一种人畜共患的散发性传染病，发病率低但死亡率高。幼年羊常呈现败血症经过，成年羊多呈现脑膜炎或脑脊髓炎。临床表现典型的转圈运动，妊娠母羊流产。病原为产单核细胞李氏杆菌，革兰氏染色阳性，对热耐受力很强，一般消毒药可灭活该菌。

【流行病学】 本病易感动物较多，其中绵羊较山羊容易发病。病羊和带菌羊只都可作为本病的传染源，一般在病羊的分泌物及排泄物中都能够分离得到病菌，如眼、鼻、生殖道的分泌物及乳汁、尿液、粪便、精液等。本病的传播途径是通过眼结膜、呼吸道、消化道及损伤的皮肤等。本病的主要传染媒介是饮水和饲料。本病通常为散发性，偶有呈地方流行，尽管具有较低的发病率，但具有很高的致死率。

全年任何季节都能够发生，以冬、春季节发病较多，而夏、秋季节较少。2～4月龄及断奶前后1个月的羔羊易发生，且于每年的4～5月及10～11月多发。

【临床症状】 病初体温升高至40～46℃，不久降低至正常体温。病羊精神沉郁，食欲减退甚至废绝。多数病羊会出现不同神经症状，如视力减退或消失，头颈歪斜等，行进过程中遇到障碍物则头抵障碍物保持相同姿势数小时，之后转圈倒地，四肢呈划水样，颈项强直，角弓反张。面部神经、咬肌和咽部出现麻痹，最后陷入昏迷。

母羊感染本病后，常常在产前3周发生流产，且流产前无任何征兆，流产后常发生胎衣不下，流产后1周胎衣排除，胎儿由于早产多数死亡。羔羊呈急性败血症而迅速死亡，病死率很高，死亡率随着年龄的增长而降低。

【病理剖检】 出现神经症状的病羊，脑及脑膜充血、水肿，脑脊液增多稍混浊。流产母羊胎盘发炎、子叶水肿，子宫内膜充血、出血或坏死。血液和组织中单核白细胞增多。肝组织有不同程度的变性、坏死，有灰色的坏死灶。

【诊断要点】 根据流行病学、临床症状、剖检变化，可做出初步诊断。确诊需进行细菌学检查。鉴别诊断：本病应与具有神经症状的（转圈运动）疾病相区别，如羊的脑包虫病、羊鼻蝇蛆病和羊莫尼茨绦虫病等。此外应与具有流产症状的其他疾病相区别，主要依靠实验室检查。

【药物治疗】 早期大剂量应用磺胺类药物或与抗生素并用疗效较好，如磺胺嘧啶钠、氨苄西林、链霉素、庆大霉素等，也可配合使用液体支持疗法，治愈率会提高。病羊出现神经症状时可用镇静药物盐酸氯丙嗪1~3毫克/千克体重肌内注射治疗。

【预防措施】 注意环境卫生，加强饲养管理，定期驱虫，消灭啮齿类动物。对饲草进行实验室检查，检查是否污染李氏杆菌，如污染要及时更换饲草。对发病羊群，应立即检疫，病羊隔离治疗，其他羊使用药物进行预防，病羊尸体无害化处理，对于污染的环境和用具等使用5%来苏儿进行消毒。

十七 羊破伤风

羊破伤风是破伤风梭菌经创口感染后产生毒素，毒害羊运动中枢神经系统而发病的人畜共患疾病，临床以骨骼肌持续性痉挛、中枢神经系统对外界刺激反应增强为特征，表现为牙关紧闭、强制性和阵挛性痉挛，呈现典型木马状，又称“锁口风”“强直症”。

【流行病学】 破伤风梭菌在自然界中广泛存在。常因断角、公羊去势、羔羊断脐或断尾、创伤或擦伤感染，以刺伤、钉伤等狭小而深的创伤的消毒处理不当最易感染。破伤风梭菌适宜在缺氧的条件下生长繁殖，可产生大量毒素，侵害中枢神经系统而发病，可经胃肠黏膜的损伤而感染。本病多为散发，幼龄羊多发，可能与去势、断尾没有严格消毒有关。

【临床症状】 本病潜伏期一般为4~6天，长的可达40天。潜伏期长短与感染创伤的性质、部位及侵入的芽孢数量等有关。患羊病初期症状不明显，往往出现掉群，行动迟缓，头颈活动不灵活，眼神呆滞，采食缓慢，流涎，咀嚼和吞咽困难或不自然，常因急性胃肠炎而引起腹泻。随后，全身肌肉呈强直性痉挛，四肢僵硬形如木羊，行走困难；严重者牙关紧闭、瞬膜突出、颈强直、腹部蜷缩、背僵直，倒卧不起或角弓反张。对外界声音、光及震动等刺激性反应增强，痉挛状况加重，最后患羊因呼吸功能障碍、系统功能衰竭而死，死亡率较高，一般发病后2~4天死亡。

【病理剖检】 剖检一般无明显病理变化，多见窒息死亡的病变，如血液呈暗红色且凝固不良，黏膜及浆膜上有小出血点，肺脏充血、高度水肿；感染部位的外周神经有小出血点及浆液性浸润。心肌呈脂肪变性，肌

间结缔组织呈浆液性浸润并伴有出血点。

【诊断要点】 根据病羊的创伤史、外科手术史、全身强直等特征性神经反射症状（体温正常、神志清醒、反射兴奋增强、呈木马姿势、强制性举尾）等可做出临床诊断；必要时可进行细菌分离鉴定确诊。

临床诊断时需要与马钱子中毒、脑膜炎、狂犬病进行鉴别诊断。其中，马钱子中毒引起的痉挛发生迅速、间断性及致死性时间较长；脑膜炎患羊精神沉郁，无牙关紧闭及对外界刺激无肌肉强直痉挛；狂犬病则有恐水症状。

【药物治疗】

（1）伤口处理 伤口的正确处理是破伤风治疗中非常必要的。彻底清除伤口异物、坏死组织，彻底清除引流病灶；保持伤口外露且不包扎，可用3%过氧化氢或1%高锰酸钾溶液反复冲洗感染创，然后再用3%～5%浓碘酊涂抹创口，并在感染创周围封闭注射80万～160万国际单位的青霉素。

（2）杀菌抗毒素治疗 使用破伤风抗毒素，首次剂量为5万～10万国际单位，一次肌内或静脉注射，以后每隔2天，肌内注射2万～3万国际单位的破伤风抗毒素；同时按照每千克体重5万国际单位剂量肌内注射青霉素，每天2次，连用5～7天。

（3）缓解肌肉痉挛 将病羊放入清洁、干燥、僻静、较黑暗的房舍，给予易消化的饲料和充足的饮水；对便秘、臌气的病羊，可注射镇静药，温水灌肠或投服盐类泻剂。如强烈兴奋者，每次每千克体重肌内注射氯丙嗪1～2毫克，每天1～2次；或25%硫酸镁10～20毫升，一次深部肌内注射，每天1～2次。当患病羊牙关紧闭时，可用1%普鲁卡因1～2毫升、0.1%肾上腺素0.5～1毫升，锁口穴注射。当患病羊无食欲时，需每天输液与补糖对症治疗。

（4）中药治疗 防风散：防风8克，天麻5克，羌活8克，天南星7克，炒僵蚕7克，清半夏4克，川芎4克，蝉蜕7克，水煎2次，候温，加黄酒50克胃管投服，连服三剂，隔天一次。若创伤在头部，可重用白芷；若伤在四肢，加独活5克；瞬膜外露严重者，重用防风、蝉蜕；流涎量多者，重用僵蚕、半夏；牙关紧闭者，加蜈蚣1～2条，乌蛇3～6克，细辛1～2克。

【预防措施】

（1）加强饲养管理 加强饲养管理，圈养或放牧时防止羊群发生外伤；一旦发生创伤，及时对创口进行严格消毒处理，特别是进行公羊去势、母羊助产、羔羊断脐带和断尾术时，须用2%～5%碘酊对术部进行严格的消毒处理；对于经济价值较高的种羊，可在断角或断尾时注射破伤风疫苗来预防。

（2）预防接种　在破伤风病常发地区，每年应进行一次全面破伤风类毒素预防性注射工作，注射破伤风类毒素1毫升/头，注射后21天产生免疫力，免疫期为10～12个月。

第二节　羊病毒性传染病

一　口蹄疫

本病俗称“口疮”“蹄癀”，由口蹄疫病毒引起的人畜共患的急性、热性、高度接触性传染病。本病的临诊特征是传播速度快、流行范围广，主要侵害偶蹄动物，表现为口腔黏膜、四肢下端及乳房皮肤等出现水疱和溃疡，幼龄动物多因心肌炎使其死亡率升高。

【流行病学】　一年四季均可发生，常从秋末流行，冬末加剧，春季减弱，夏季基本平息。本病具有多型性，宿主广泛、传染力强、周期性流行，一般每隔1～2年或3～5年就流行一次，一旦发生常呈流行、大流行。可感染多种动物，尤以偶蹄目动物最易感。患病动物及带毒动物是本病最主要的传染源，发病初期排毒量最多，毒力最强。病畜发热期的水疱皮、水疱液、呼出的气体，以及粪、尿、眼泪、唾液和乳汁等分泌物和排泄物中均有病毒。常通过消化道和呼吸道及损伤的皮肤、黏膜而感染。病羊可带毒2～3个月，可在羊群中成为长期的传染源。本病毒可在同群饲养动物间进行直接接触传播，特别是在大群放牧与密集饲养条件下最常见，但通过各种媒介的间接接触传播是最主要的传播方式。患病动物的分泌物、排泄物、脏器、血液和各种动物产品（皮毛、肉品等）及被其污染的车辆、水源、牧地、饲养用具、饲料、饲草，以及来往人员等都是重要的传播媒介。

【临床症状】　病羊体温升高，精神不振，食欲减退，反刍减少或停止。水疱破溃后，体温降低至常温，全身症状好转。本病潜伏期1周左右，感染率较低。绵羊的蹄部、山羊的口腔易形成水疱，呈弥漫性口膜炎。唇内面、齿龈、舌面及颊部黏膜出现水疱，内含透明液逐渐变混浊，水疱破裂后形成鲜红色烂斑，流出大量泡沫状口涎；蹄部损害常在趾间及蹄冠皮肤，表现为红、肿、热、痛，继而发生水疱、烂斑（彩图4-17）。病羊跛行，常降低重心小步急进，甚至跪地或卧地不起。妊娠羊流产，羔羊偶尔出现出血性胃肠炎，常因心肌炎而死亡。本病主要症状在蹄部，50%以上为蹄型口蹄疫。

【病理剖检】 患病动物的口腔、蹄部、乳房、咽喉、气管、支气管和胃黏膜可见到水疱、圆形烂斑和溃疡，上面覆盖有黑棕色的痂块；真胃和大小肠黏膜可见出血性炎症。具有重要诊断意义的是心脏病变，心包膜有弥漫性及点状出血，心肌切面呈灰白色或浅黄色的斑点或条纹，似老虎身上的斑纹，因此称为“虎斑心”。心脏松软似煮过一样。

【诊断要点】 根据流行病学、临床症状和病理剖检变化可做出初步诊断，确诊需要进行实验室诊断。采取病畜水疱皮或水疱液，送口蹄疫参考实验室检查。应与水疱性口炎等相区别。

【药物治疗】 哺乳母羊或羔羊患病时立即断乳，羔羊人工哺乳或饲喂代乳料。肌内注射同型的口蹄疫高免血清，按每千克体重1毫升剂量，每天1次，连续2天。0.1%高锰酸钾溶液、食醋或0.2%福尔马林冲洗创面之后涂碘甘油、1%~2%明矾液或撒布冰硼散。乳房用肥皂水或2%~3%硼酸水清洗，然后涂抹青霉素软膏等刺激性较小的防腐软膏。

【预防措施】 畜舍应保持清洁、通风、干燥。可用10~20克/升的氢氧化钠溶液、10毫升/升福尔马林溶液、50~500克/升的碳酸盐溶液浸泡或喷洒污染物，在低温时可加入100克/升的氯化钠。预防接种：应选用与当地流行毒株同型的疫苗，目前可用口蹄疫O型-亚洲Ⅰ型二价灭活疫苗，按照1毫升/只剂量肌内注射，15~21天后加强免疫1次，每年2~3次。

当发生口蹄疫时，必须立即上报疫情，确切诊断，划定疫点、疫区和受威胁区，并分别进行封锁和监督，禁止人、动物和物品的流动。在严格封锁的基础上，扑杀患病动物及其同群动物，并对其进行无害化处理；对剩余的饲料、饮水、场地、患病动物污染的道路、圈舍、动物产品及其他物品进行全面严格的消毒。

二 小反刍兽疫

小反刍兽疫俗称羊瘟，又名小反刍兽假性羊瘟、肺肠炎、口炎肺肠炎复合症，是由小反刍兽疫病毒引起的一种急性接触性传染疾病，主要感染小反刍动物（特别是山羊和绵羊易感染），以发病急剧、高热稽留、眼鼻分泌物增加、口炎、腹泻和肺炎为特征。世界动物卫生组织（OIE）将本病定为A类疾病。

【流行病学】 自然发病主要见于绵羊、山羊、羚羊等小反刍动物，但山羊发病时比较严重。牛、猪等可以感染，但通常为亚临床型经过。本病的传染源主要为患病动物和隐形感染者，处于亚临床型的病羊尤为危险，通过其分泌物和排泄物可经直接接触或呼吸道飞沫传染。在易感动物群中本病的发病率可达100%，严重暴发时致死率为100%，中度暴发时致死率达50%。但是在本病的老疫区常为零星发生，只有在易感动物增加时才可发生流行。

【临床症状】 潜伏期为4~5天，最长21天。自然发病见于山羊和绵羊，以山羊发病严重。急性型体温可上升至41℃，并持续3~5天。病羊初期精神沉郁，食欲减退，口鼻干燥，背毛无光。流黏液脓性鼻漏，呼出恶臭气体。在发热的前4天，口腔黏膜充血，颊黏膜出现广泛性损害，导致涎液大量分泌排出（彩图4-18）；随后出现粉红色坏死性病灶，感染部位包括下唇、下齿龈等处。严重病例可见坏死病灶波及齿垫、腭、颊部及其乳头、舌头等处。后期出现带血水样腹泻，病羊严重脱水，消瘦，体温下降，咳嗽，呼吸异常。死前体温下降。发病率高达100%，死亡率达50%~100%。

【病理剖检】 病变从口腔直到瘤胃、网胃口。患畜可见结膜炎、坏死性口炎等肉眼病变，严重病例可蔓延到硬腭及咽喉部。皱胃常出现有规则、有轮廓的糜烂，创面呈红色、出血。肠糜烂或出血，特征性出血或斑马条纹常见于大肠，特别是在结肠直肠结合处。淋巴结肿大，脾脏有坏死性病变。在鼻甲、喉、气管等处有出血斑，可见支气管肺炎病变。

【诊断要点】 根据流行规律、临床症状表现和病理变化可做出初步诊断，确诊可用棉拭子采集活体结膜炎分泌物、口和鼻腔分泌物、直肠黏膜等，以及剖检淋巴结、扁桃体、大肠、肺、脾脏等组织块进行实验室诊断。

【预防措施】 本病无特效的治疗方法，发病初期使用抗生素和磺胺类药物等支持性疗法可以降低死亡率，还能有效防止继发性感染的发生。限制疫区的绵羊和山羊的运输。对来自疫区的动物要进行严格检疫，限制从疫区进口动物及其产品。对有传染病动物及时扑杀，尸体要焚烧、深埋。发生疫情的畜舍应彻底清洗和消毒（可使用苯酚、氢氧化钠、酒精、乙醚等）。可采用牛瘟弱毒苗、耐热疫苗及重组疫苗等预防本病。

三 羊痘

由羊痘病毒引起的一种人畜共患的急性、热性、接触性传染病，有绵羊痘和山羊痘2种。病羊以发热，皮肤和黏膜上出现丘疹和疱疹为特征。本病死亡率较高，在我国被列为一类动物疫病。

【流行病学】 不同地区的流行是由不同毒株所引起，敏感的绵羊和山羊呈现特征性的临诊表现，其中以细毛羊、羔羊最易感，病死率高。妊娠母羊感染时常常引起流产。但本土动物的发病率和病死率较低，主要感染从外地引进的绵羊和山羊新品种，对养羊业的发展影响极大。病羊是主要的传染源，多流行于冬末春初气候寒冷的季节，通过含有羊痘病毒的皮屑随风和灰尘吸入呼吸道而感染，也可通过损伤的皮肤或黏膜感染。饲养管理人员、护理用具、皮毛产品、饲料、垫草和外寄生虫等都可成为传播的媒介。在自然情况下，绵羊痘和山羊痘一般不会发生交叉感染，绵羊痘发生于绵羊，不能传染给山羊或其他家畜。

【临床症状】 山羊痘和绵羊痘的临床症状相似，主要在皮肤和黏膜上形成痘疹，体温升高，全身反应较重。潜伏期平均为6～8天，病羊体温升高达41～42℃，食欲减退，精神不振，结膜潮红，有浆液或脓性分泌物从鼻孔流出，呼吸和脉搏增速，1～4天后发痘。痘疹多发生于皮肤无毛或少毛部分，如眼周围、鼻、唇、颊、四肢和尾内侧、乳房、阴唇、会阴、阴囊和包皮上（彩图4-19、彩图4-20）。头部、背部、腹部有毛的地方较少发生，口腔与上呼吸道黏膜、骨骼肌、子宫黏膜和乳腺偶有发生。

开始为红斑，1～2天后形成丘疹，突出皮肤表面，随后丘疹逐渐增大，变成灰白色或浅红色半球状的隆起结节。结节在几天之内变成水疱，水疱内容物起初为淋巴液，后变成脓性液体。如果无继发感染，则局部病变在几天内干燥变成棕色痂块。痂块脱落后留下一个红斑，随着时间的推移该红斑逐渐变淡。顿挫型病例呈良性经过，病羊通常不发热，不出现或出现少量痘疹，或痘疹出现硬结状，不形成水疱和脓疱，最后干燥脱落而痊愈。

非典型病例的病羊全身症状较轻，有的脓疱融合形成大的融合痘。脓疱伴发出血时形成血痘，伴发坏死则形成坏疽痘。重症病羊常继发肺炎和肠炎，导致败血症而死亡。

【病理剖检】 在咽、支气管、肺和皱胃等部位出现痘疹。在消化道的嘴唇、食道、胃肠等黏膜上出现大小不等圆形或半圆形白色坚实的结节，其中有些表面破溃形成糜烂和溃疡，特别是唇黏膜与胃黏膜表面更明显。气管黏膜及其他实质器官，如心脏、肾脏等黏膜或包膜下则形成灰白色扁平或半球形的结节，特别是肺的病变与腺瘤很相似，多发生在肺的表面，切面质地均匀，但很坚硬，数量不定，性状则一致。此外，少量可见痘疱内出血，呈黑色痘。还有少部分发生化脓和坏疽，形成很深的溃疡且有恶臭味，呈恶性经过，病死率达20%～50%。

【诊断要点】 主要通过临床症状、流行病学特征进行诊断，如皮肤症状、鼻腔、器官、支气管等黏膜卡他性出血性炎症变化、痘疱和溃疡等确定；也可通过实验室诊断，如病毒鉴定、血清学鉴定等方式进行确诊。

【药物治疗】

（1）西药治疗 种羊病初可注射免疫血清、免疫羊血清。局部可用碘酊或0.1%高锰酸钾溶液洗涤，干后涂抹甲紫、碘甘油或碘酊等。静脉注射5%葡萄糖溶液250毫升、青霉素400万国际单位、链霉素100万～200万国际单位，安乃近注射液20毫升，吗啉胍20毫升、地塞米松4毫升的混合液体，每天2次。抗菌药物可防止继发感染，需根据实际情况合理应用。

（2）中药治疗

方1：黄连100克、射干50克、地骨皮25克、柴胡25克，加10千克水煎至3.5千克，煎煮3次，候温灌服，每天2次，连用5天。

方2：葛根、紫草、苍术各15克，黄连10克，白糖、绿豆各30克，水煎灌服，每天1剂，连服3剂。

【预防措施】

（1）加强饲养管理 羊圈要求通风良好，阳光充足，干燥，勤打扫，场地周围环境和通道可用10%～20%石灰水、2%福尔马林、30%草木灰水消毒，隔7天消毒一次。

（2）引种检疫 异地引种时，不从疫区购羊，并取得原产地动物防疫监督机构的检疫合格证明。新引入的羊只要进行21天的隔离，经观察和检疫后保证其健康方可混养。

（3）预防接种 采用羊痘弱毒冻干苗，大小羊一律于尾部或股内侧进行皮内注射0.5毫升，10天即可产生免疫力，免疫期可持续1年，羔羊应于7月龄时再注射一次。

（4）严格消毒和隔离 一旦暴发羊痘，应立即对发病羊群进行隔离治疗，并加强护理，注意卫生，防止继发感染。加强对疫情的检测，发生疫情要及时上报，同时将疫点封锁，采取措施严格控制疫情的扩散。要捕杀病羊，对病羊尸体消毒后要进行深埋处理。要及时清理羊舍，将羊粪、垫料等污染物进行及时的处理。对水槽、羊舍、用具等进行消毒处理，如0.1%的氢氧化钠溶液，每天2次，连续3天，以后每天1次，连续消毒1周。

四 狂犬病（恐水症）

狂犬病又名恐水症，俗称“疯狗病”，是由狂犬病病毒引起的一种人畜共患急性传染病。临床特征是神经兴奋和意识障碍，继而局部或全身麻痹而死亡。流行性广，病死率极高，几乎为100%，给人类生命及财产安全造成非常严重的威胁。狂犬病通常由病兽以咬伤的方式进行感染。

【流行病学】 本病多以散发形式出现，无明显季节性。主要的贮存宿主是犬、野生食肉动物、土拨鼠及蝙蝠，外表健康的猫也是狂犬病的重要传染源。病犬和带毒犬是家畜和人的主要传染源，主要经患病动物咬伤而感染，有时也可由病犬、病猫舔触健康动物伤口而感染。

【临床症状】 羊狂犬病较少见，一般有被狂犬咬伤病史，潜伏期为20～60天，有时可达1年或数年。初期患病动物精神沉郁、躲于暗处、不愿与人接近、意识模糊、呆立凝视，病羊对反射的兴奋性明显增高，在受到光线、音响或触摸等刺激时，表现高度惊恐或跳起；随后病羊常出现狂躁不安和意识紊乱、兴奋、攻击、顶撞墙壁，大量流涎、哞叫；最后出现麻痹，表现为伸颈、吞咽困难、口腔流涎、瘤胃臌气等，最终心力衰竭死亡。

【病理剖检】 本病常无特征性肉眼病理变化。一般表现尸体消瘦，有咬伤、撕裂伤等，血液浓稠，凝固不良。口腔黏膜和舌黏膜常见糜烂与溃疡。胃内常有毛发、石块、泥土和玻璃碎片等异物，胃黏膜充血、出血或溃疡。脑水肿，脑膜和脑实质的小血管充血，并常见点状出血。常在神经胞质内出现嗜酸性包涵体（内基小体），呈圆形或卵圆形。

【诊断要点】 根据临床症状、被狂犬咬伤史、病理变化可做出初步诊断，一般需要通过实验室诊断进行确诊。

【预防措施】 狂犬病可防，可控，不可治，重点在落实好以犬、猫等宿主动物的“管、免、灭”及暴露人群规范处置为主的综合性防治措施。在被咬伤后72小时之内，可按每千克体重1.5毫升剂量在伤口周围分点注射狂犬病免疫血清。避免被携带病毒的病犬等动物咬伤。正常免疫及被病犬或可疑动物咬伤后的紧急接种可皮下注射狂犬病疫苗，10～25毫升/次，间隔3～5天后注射第二次，免疫期为6个月。对刚被咬伤的羊，应立即扩开伤口使其局部出血，用肥皂水冲洗，以碘酊处理，或进行烧烙；立即注射狂犬病疫苗，使其在病的潜伏期内产生主动免疫。

五 伪狂犬病

伪狂犬病，俗称奇痒病、传染性延髓麻痹，又称奥耶斯基氏病，是由伪狂犬病毒引起的多种家畜和野生动物的一种急性传染病。感染后出现发热、奇痒和脑脊髓炎等典型症状，死亡率极高。山羊和绵羊都可以被感染。

【流行病学】 各种日龄的动物均可感染，感染日龄越小，死亡率越高。病羊、流产的胎儿和死胎、隐形感染动物及带毒鼠类是本病的主要传染源，也是该病毒重要的天然宿主。羊只感染本病大多与带毒猪和鼠接触有关。病毒随发病动物的分泌物（鼻汁、唾液、尿液和乳汁等）排出，污染饲料、饮水、垫草及圈舍等环境。羊接触了被带毒猪和鼠类污染的饮水、牧草、用具及饲料后，可通过呼吸道、消化道感染，也能经体表伤口、生殖道黏膜传染，或通过胎盘和哺乳直接传染。本病一年四季均可发生，但多见于春、秋两季，呈地方性流行。

【临床症状】 本病的潜伏期一般为3～7天。发病后羊初期体温可高达40～42℃，精神沉郁，呼吸加快。羊变为兴奋不安，不停咩咩叫，头、唇、颈、胸和背部等身体多处奇痒无比，经常用嘴舔、啃噬甚至用蹄搔扒发痒部位，有的羊在墙角、树桩等坚硬的地方摩擦头、颈、背部，造成局部皮肤脱毛、水肿、渗黄水并出血。紧接着病羊运动失调、狂躁跳跃或卧地不起，同时口腔流出泡沫状唾液，全身肌肉痉挛性收缩，呈现背高度强直、头尾向后弯曲如弓状的病症现象，最后全身衰弱麻痹死亡。病程一般2～3天，死亡率很高。

【病理剖检】 病死羊肉眼可见的变化一般是局部被毛脱落，皮肤水肿、擦伤、充血。组织病理学检查，是化脓性弥漫性脑膜脑脊髓炎和神经炎变化。病变部位有灶性胶质细胞及周围血管套增生，神经节细胞及胶质细胞大量坏死。气管和支气管处有很多泡沫样液体；消化道黏膜出血、充血；肝脏发暗肿大，胆囊充满墨绿色胆汁；肺部水肿、瘀血，切开后有暗红色血水淌出；肾脏质地变软；脾脏多处有出血性梗死，尤其是边缘明显；心内膜有点状出血；瘤胃黏膜被破坏，瓣胃内容物干燥，皱胃、大小肠、脑膜等处充血或出血，胆囊肿大。

【诊断要点】 根据临床症状及流行病学，可进行初步诊断。确诊需进行实验室检查。可采集扁桃体、肺脏、淋巴结组织进行病毒分离，进行电镜观察是否有特征性的伪狂犬病毒粒子。必要时还可以采用分离培养、血清学试验等方法。

【药物治疗】 当前尚无特效药物能够治疗本病，而临床上采用中草药治疗效果良好。方剂为（25千克体重用量）：黄连20克，黄芩30克，金银花50克，夏枯草、麦冬、生地、黄花地、栀子各80克，淡竹叶、板蓝根、地骨皮、连翘各100克，芦根200克，水煎去渣，候温灌服，每天1剂，连用3天。同时在饮水中添加葡萄糖及电解多维，或在精料中掺入维生素C粉剂，可增强羊只体质，避免继发感染。

【预防措施】 与病羊同群的其他羊只注射免疫血清。发现新病例时，经2周后再注射免疫血清。倘若无新病例出现，应对所有羊只进行疫苗接种。可按照羊群免疫程序，定期对羊只进行免疫接种，1~6月龄的羊只可在其颈部或大腿内部2次肌内注射伪狂犬病疫苗，第一次肌内注射和第二次肌内注射的接种量分别为2毫升和3毫升，间隔时间为6~8天；6月龄以上的羊只第一次肌内注射伪狂犬病疫苗和第二次肌内注射伪狂犬病疫苗的接种量都是5毫升，间隔时间为6~8天。圈舍灭鼠，避免其与羊接触，防止病毒散播。

注重日常饲养管理，坚持自繁自养，严禁从疫区引种。必须引种时应严格检疫，及时将阳性羊淘汰；对引进的羊只隔离观察2个月确认无病后才可以混群饲喂。此外，不同种类的动物不能混舍饲养。羊舍要进行灭鼠，阻止病毒散播。同时要严格圈舍消毒，疫区内羊舍地面应采用生石灰消毒，用具、墙壁等可用20%石灰水或5%氢氧化钠溶液喷洒消毒，垫草、羊粪等污物统一集中至指定场所堆积发酵处理。

六 传染性脓疱

羊传染性脓疱也称羊传染性脓疱皮炎、羊传染性脓疱口炎，俗称羊口疮，是由羊传染性脓疱病毒所致的一种人兽共患、接触性、嗜上皮性的传染病，临床诊断特征主要是口唇处皮肤和黏膜形成丘疹、脓疱、溃疡和结成疣状厚痂。本病发病率高，传染性较强，死亡率低，以羔羊等幼畜最易感。由于病变部位多在口唇周围，严重影响羔羊吸吮乳汁，采食饲草饲料，继而影响增重。当病期拖长时，因衰竭或继发肺炎等则大批死亡，因此本病已经越来越引起人们的重视。

【流行病学】 主要由外来病羊感染羊群，引起群发。3～6月龄的羔羊和幼羊最易被感染，成年羊发病较少。如果以群为单位计羔羊的发病率可达100%。若继发感染，死亡率可达20%～50%。本病潜伏期一般为4～8天，通常在引进羊后7～21天发病，常在15天左右集中暴发。本病春、夏季发病较多，但无明显季节性。病羊和带毒羊是主要传染源，病毒主要通过接触传播，病毒活性强，羊群被感染后很难彻底清除干净，可持续危害羊群多年。传染性脓疱除了感染羊，还可感染人，主要发生在屠宰工人、皮毛处理工人、兽医及常与病畜接触的人（如牧工）等，多发生在手、脸部，开始是丘疹，后转变为水疱和脓疱，最后结痂。

【临床症状】 羊一般潜伏期为4～7天，自然感染的潜伏期为6～8天，人工感染的为2～7天。最常见的症状是在口角出现小的红斑和轻微肿胀，很快形成水疱，1天后变成脓疱，脓疱破裂而呈疼痛性出血创面。一些破溃的脓疱融合成片，逐渐形成厚的浅灰褐色的痂皮，体温正常或稍有升高（40.5℃），病期可持续3～4周，人同病羊接触时可通过手上的破损皮肤而感染。根据侵害部位的不同在临床诊断上分为三型：唇型、蹄型、外阴型，也偶见有混合型。

（1）唇型 病羊首先在口角、上唇或鼻镜上发生散在的小红斑点，很快形成小结节，继而成为水疱或脓疱，破溃后形成黄色或棕色的疣状硬痂（彩图4-21）。病羊精神沉郁、被毛粗乱、食欲下降甚至消失，口腔内不时流出黏性唾液。本病致死率低，但当侵害羔羊时，会导致羔羊吮乳痛苦，吞咽困难，采食受阻，营养不良，严重影响其生长发育，经常造成羔羊饥饿衰竭或继发感染死亡。病程可长达2～3周。同时常有化脓菌和坏死杆菌等继发感染，引起深部组织化脓和坏死。若通过病羔羊的传染，母羊的乳头皮肤也可能和唇部皮肤同样患病。继发性感染可蔓延至喉、肺及皱胃。

（2）蹄型 几乎仅侵害绵羊，多单独发生，偶有混合型。多仅一肢患病，但也可能同时或相继侵犯多数甚至全部蹄端。常在蹄叉、蹄冠或系部皮肤上形成水疱或脓疱，破裂后形成由脓液覆盖的溃疡。病羊行走困难。

（3）外阴型 此型少见。有黏性和脓性阴道分泌物，在疼痛肿胀的阴唇和附近的皮肤上有溃疡。乳房和乳头的皮肤上发生脓疱、烂斑和痂垢。公羊阴鞘肿胀，阴鞘口和阴茎上发生小脓疱和溃疡。

【病理剖检】 开始时表皮细胞肿胀、变性和充血；随后增长并发生水疱变性，造成表皮层增厚且向表面隆突，真皮充血，渗出加重；表皮细胞溶解坏死，形成多个小水疱，有些可融合成大水疱。真皮内血管周围有大量单核细胞和中性粒细胞浸润；中性粒细胞移向水疱内，水疱逐渐转变为脓疮，痂皮下产生了桑葚状肉芽组织。

【诊断要点】 根据临床表现，如口唇部、蹄部、外阴部附近皮肤的丘疹、脓疱、溃疡、结痂等，结合羊的体温升高到41℃、精神萎靡、食欲减退、行动艰难等特征，可以做现场初步诊断。现场诊断困难时，可对病变皮肤做切片，染色后镜检，或者分离培养病毒进行确诊。还可用血清学方法进行确诊。

【药物治疗】 可分别采用西药或者中药治疗，也可中西药结合治疗。

（1）西药治疗 唇型用水杨酸软膏将创面痂垢软化，剥离后再用0.2%高锰酸钾溶液冲洗创面，涂2%甲紫、土霉素软膏或碘甘油溶液，每天1~2次，直至痊愈。蹄型病羊则将蹄部清洗干净后，置于5%~10%的福尔马林溶液中浸泡1分钟，连续浸泡3次；75%酒精100毫升、碘化钾5克、碘片5克溶解后，加入10毫升甘油涂于疮面，或用5%四环素涂于疮面，每天2次；每次内服维生素B_2 0.6克，维生素C 0.6克，吗啉胍0.8克/千克，每天2次，连续服用5天。

体温升高者，可肌内注射青霉素80万~160万单位、维生素E 0.5~1.5克、维生素B 20~30克，每天2次，连续3天。为了降低应激，可肌内注射青霉素80万~160万单位、5毫克/毫升地塞米松1毫升、100毫克/毫升利巴韦林2毫升、维生素B 20~30克、维生素E 0.5~1.5克，每天2次，连续使用3天。

（2）中药治疗 青黛、黄檗、黄连、薄荷、儿茶各10克，混在一起研成细末，吹撒在患处，每天2次。

【预防措施】

（1）慎重引进羊只 对引入羊进行严格检疫：引入羊必须隔离观察2~3周，期间多次清洗蹄部，引种后应当对羊只隔离并单独观察一段时间，确诊无病后方可混入羊群内进行整体饲养。

（2）加强饲养管理 产房与育羔舍饲养密度适中，温暖，干燥，阳光充足，通风良好，冬春寒冷季节勤换垫草。保护羊的皮肤黏膜，剔除饲料和垫草中的芒刺、玻璃碴、铁钉等锐利物。饲料中加入少许食盐，可以有效减少羊只啃土啃墙现象。

（3）加强对疫区的免疫工作 对本病流行地区的羊只，应当用羊口疮弱毒疫苗进行免疫接种预防，注意应根据疫病流行区毒株特点选用接种疫苗毒株株型。除此以外，也可在对疫病流行区进行严格隔离的条件下采集当地患有本病的羊只表面痂皮，回归易感羊，制备为活毒疫苗，对未发病羊尾根无毛部做划痕接种处理，接种后10天可产生对本病的抵抗能力，保护有效期可达到1年左右。

七 蓝舌病

由蓝舌病毒引起的一种以库蠓为主要传播媒介的侵染绵羊、山羊、牛及野生反刍兽的传染病。以发热、消瘦、口腔损伤、跛行为主要特征。主要发生于绵羊，以羔羊损失为重。由于本病传播迅速、发病率高、病情重、死亡率高，被世界动物卫生组织（OIE）规定为A类传染病。

【流行病学】 蓝舌病毒属呼肠孤病毒科，环状病毒属，26个血清型，无交互免疫力，对外界抵抗力强。牛、山羊和野生动物广泛存在隐性感染和带毒。主要通过库蠓叮咬传播；以绵羊易感，以1岁左右的绵羊最易感；牛和山羊易感性较低，鹿和羚羊也易感。多发于夏季和早秋，特别是低洼地区。牛是宿主，库蠓是传播媒介，而绵羊是临床表现最严重的动物。

【临床症状】 以体温升高、白细胞显著减少为典型症状。病畜体温升高达40～42℃，常稽留2～6天，也可长达11天。同时，血液白细胞数量明显降低。高温稽留后体温降至正常后，白细胞数逐渐回升至正常生理范围。病羊精神委顿、厌食、流涎，嘴唇水肿，并蔓延到面部、眼睑、耳，以及颈部和腋下；口腔黏膜、舌头充血、糜烂，重者舌头发绀、溃疡、糜烂，吞咽困难、口臭，呈现出蓝舌病特征症状；鼻分泌物初为浆液性后为黏脓性，常带血，结痂于鼻孔四周，引起呼吸困难，鼻腔黏膜和鼻镜糜烂出血；羊蹄冠和蹄叶发炎，跛行；妊娠羊流产、胎儿脑积水或先天畸形。病程为6～14天，发病率为30%～40%，病死率高达35%。常并发肺炎和胃肠炎死亡。

【病理剖检】 主要病理变化集中在口腔、瘤胃、心脏、肌肉、皮肤和蹄部，呈现糜烂出血点、溃疡和坏死。嘴唇内侧、牙床、舌体表皮脱落；皮下组织充血及胶样浸润；乳房和蹄冠等部位上皮脱落但无水疱，蹄部溃烂；肺严重充血，肺泡和肺间质严重水肿；脾脏轻微肿大，被膜下出血，淋巴结水肿，外观苍白；骨骼肌严重变性和坏死，肌间有清亮液体浸

润，呈胶样外观。

【诊断要点】 根据临床症状、病理变化、流行病学调查可做出初步诊断。同时，通过病毒分离、琼脂凝胶免疫扩散试验、补体结合试验、病毒中和试验、核酸杂交试验、免疫荧光试验、酶联免疫吸附试验等可确诊。

【药物治疗】 对于本病，目前尚无有效治疗方法，控制本病的关键是研制疫苗。

【预防措施】

（1）精心护理病畜 严格避免烈日风雨，给以易消化饲料，0.1%高锰酸钾消毒液冲洗口腔和蹄部，或涂以碘甘油。预防继发感染可用磺胺类药或抗生素，有条件时扑杀病羊或检测阳性羊只。

（2）加强管理 加强冻精管理，严禁使用带毒精液进行人工授精。定期进行药浴、驱虫，控制和消灭本病的媒介昆虫（库蠓），做好牧场的排水工作。

（3）定期接种疫苗 流行地区可在每年发病季节前1个月接种疫苗；在新发病地区可用疫苗进行紧急接种。目前所用疫苗有弱毒苗、灭活苗和亚单位疫苗，以弱毒疫苗比较常用，建议母羊在交配前9～15周接种疫苗，种公羊在交配后进行疫苗接种，疫苗免疫期为1年。

（4）定期驱虫检测 定期进行药浴，杀灭体表寄生虫。同时定期进行检测，及时淘汰和处理检测为阳性的羊只，确保消灭传染源，切断传播途径。

八 梅迪-维斯那病

梅迪-维斯那病是由梅迪-维斯那病毒（MV）感染，引起羊发生进行性间质性肺炎、麻痹性脑膜脑炎，表现为病羊消瘦、呼吸困难、干咳，或羊唇震颤、头部姿势异常、后肢麻痹，终末为全身麻痹等特征。

【流行病学】 乳腺和肺脏是病毒排出的主要通道。呈水平传播，传播途径为消化道和呼吸道。羔羊在感染双亲的羊圈内生活的时间越长，发病率越高，病情越严重；本病也可经呼吸道的飞沫传播，摄入被病毒污染的牧草也可引起感染。羊的性别和年龄对本病的易感性无直接影响。易感绵羊经肺内注射病羊肺细胞和分泌物均可复制本病；病羊乳及初乳中含有病毒，羔羊可经吸乳而感染。

【临床症状】 呼吸道型是梅迪-维斯那病毒感染后最常见的临床表现，早期表现为虚弱，运动时喘气（80～120次/分钟），驱赶羊群时，病羊掉群且呼吸急促；后期表现为呼吸困难，出现腹部两侧凹陷，卧地张口呼吸，消瘦和衰弱，部分羊出现不同程度掉毛。若无细菌性肺炎继发，则无发热、咳嗽、流鼻涕等。妊娠母羊流产或产弱仔，伴有硬性乳腺炎。

神经型发生率较低，表现为体重下降，可分为脑干型和脊髓型。其中脑干型表现为口唇震颤、头部姿势异常、转圈、伸展过度、共济失调等。脊髓型表现为伸展不足、胯关节弯曲度减少、本体感觉减弱，单侧下肢承重能力减弱而出现走路摇晃，继而偏瘫或完全麻痹。随后逐渐恶化，倒地不能站立，最终死亡。

【病理剖检】 呼吸道型病理变化主要见于肺和肺淋巴结。剖检可见肺明显膨大，肺的体积和重量比正常肺大2~4倍，肺重量增加，肺不塌陷，气管内无分泌物，肺组织质地变硬呈棕色或暗红色，触之有橡皮样感，以膈叶变化最重，心叶和尖叶次之。纵隔淋巴结和支气管淋巴结肿大、水肿；各叶之间及肺和胸壁粘连，胸腔积液，胸膜下散在许多针尖大小、半透明、暗灰白色小点。

神经型一般无眼观特异变化，病程长者后肢骨骼肌显著萎缩，少数病例脑膜轻度充血，或脑、脊髓切面有小的黄色斑点。关节的病变主要为滑液囊膜和黏液囊膜增生，关节囊纤维化及关节软骨和骨变性，发病关节面干燥，有纤维蛋白沉着。乳房有硬节。

【诊断要点】 根据成年绵羊体重减轻，伴有呼吸道症状或神经症状，结合流行病学调查可做出初步临床诊断。结合病毒分离鉴定、抗体检测、琼脂凝胶免疫扩散、放射免疫沉淀等可确诊本病。

【药物治疗】 本病目前尚无可靠的疫苗和有效的治疗方法。

【预防措施】 新进的羊必须隔离观察，经检疫确诊健康后才可混群。避免与病情不明羊群共同放牧，防止健康羊接触病羊。周期性应用琼脂凝胶免疫扩散和酶联免疫吸附测定（ELISA）法对羊群进行病毒感染情况检测，掌握羊群健康状况，如每6个月对羊群做一次血清学检查。

由于初乳和乳汁是新生羔羊感染梅迪－维斯那病的主要途径，羔羊出生后立即与母羊隔开，单独饲养，将饲喂的初乳进行热消毒（56℃，60分钟），乳汁经巴氏消毒法处理后再进行饲喂。同时坚持使用检测为阴性的种羊繁殖，坚决淘汰检测为阳性的羊。

一旦发现病羊，要坚决隔离和扑杀。病尸和污染物应销毁或用石灰掩埋。圈舍、饲养管理用具应用2%氢氧化钠或4%碳酸钠消毒，污染牧地停止放牧1个月以上。

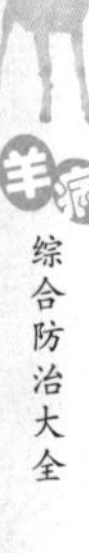

九 绵羊肺腺瘤病

绵羊肺腺瘤病是绵羊的一种慢性、进行性、接触性传染的肺脏肿瘤性疾病，山羊也发生本病。以咳嗽、呼吸困难、消瘦、大量浆液性鼻漏、Ⅱ型肺泡上皮细胞和无纤毛细支气管上皮细胞肿瘤性增生为主要特征。

【流行病学】 本病多为散发，有时也能大批发生。冬季寒冷、圈舍拥挤、羊群长途运输或驱行、尘土刺激、细菌及寄生虫侵袭等均可引起肺源性损伤，导致本病的发生。不同品种、年龄、性别的绵羊均易感染，品种间以美利奴绵羊的易感性最高，母羊发病较多，成年绵羊特别是3~5岁的发病较多。在特殊情况下，也可发生于2~3月龄羔羊。病羊是本病的传染源，通过咳嗽和喘气排出病毒，经呼吸道传染给易感羊，也可通过胎盘传染。感染羊群的发病率为2%~4%，病死率为100%。

【临床症状】 绵羊肺腺瘤病有较长潜伏期，人工感染潜伏期为3~7个月。一般成年绵羊有临床表现，早期表现为精神不振、被毛粗乱、步态僵硬，逐渐消瘦，结膜呈粉白色，伴有咳嗽、喘气、呼吸困难症状。在剧烈运动或驱赶时呼吸加快；后期呼吸快而浅，吸气时常见头颈伸直，鼻孔扩张，张口呼吸。

病羊常有混合性咳嗽，呼吸道积液是本病的特有症状，听诊时呼吸音明显，可听到升高的湿性啰音。当支气管分泌物聚积在鼻腔时，则随呼吸发出鼻塞音。若头下垂或后躯居高时，可见到泡沫状黏液和鼻中分泌物从鼻孔流出。病羊体温正常，但在病的后期可能继发细菌感染，引起化脓性肺炎，导致急性，有时为发热性病程。本病末期，病羊衰竭、消瘦、贫血，但仍然保持站立姿势（因躺卧时呼吸更加困难），直至死亡。

【病理剖检】 剖检病理变化主要见于肺和心脏，有时也见于胸腔内淋巴结。整个肺脏的外观常因气肿、上皮增生、液体含量增多而显著增大，其体积可达正常肺脏的3~4倍。早期，病羊肺尖叶、心叶和膈叶前缘等部位可见数量不等呈弥散性分布、如粟粒或豌豆大小的灰白色结节，微突出于肺表面。随着病程的发展，出现较大的实变区，其边缘不整，质地硬脆，触之有滑腻感。切面呈明显的颗粒状凸起，反光强，如有继发感染，则形成大小不等的脓肿。此外，患区胸膜增厚，常与胸壁或心包膜粘连。部分病例因肿瘤转移，致使局部淋巴结（如支气管和纵隔淋巴结）增大，形成不规则肿块。左心室也会增生、扩张，在体腔内集聚有少量的渗出液。

病理组织学检查可见肺泡壁细胞和支气管黏膜上皮细胞增殖，形成瘤样化，肿瘤呈乳头状突起；腺瘤样化的肺泡中膈有不同程度的细胞浸润及结缔组织增生，造成中膈的显著肥厚。

【诊断要点】 目前对于活体绵羊是否患有绵羊肺腺瘤病尚无明确诊断方法，主要通过调查临床病史、病理剖检和病理组织学检测确定。对可疑的病羊做驱赶试验，观察呼吸数变化、咳嗽和流鼻液情况。提起病羊后躯，使头部下垂观察鼻液流出情况等可做出初步诊断。可通过病理组织学检查、血清学诊断及分子生物学检查方法确诊。

【药物治疗】 目前尚无可用的特异性疫苗及有效的治疗方法。

【预防措施】 目前还没有可用的疫苗。预防本病的关键在于建立和保持无病畜群。因此，严禁从有病国家和羊群引进动物；在发生本病地区，将临床发病羊全部屠宰、淘汰，发病羊群应加隔离。对圈舍和草场等环境进行严格消毒并空闲一定时间再重新使用。在非疫区，严禁从疫区引进绵羊和山羊，如引进种羊，须严格检疫后隔离，进行长时间观察，做定期临床检查，如无异状再行混群。消除和减少诱发本病的各种因素，加强饲养管理，改善环境卫生，防止疾病的发生。

十 痒病

痒病又称慢性传染性脑炎，也称驴跑病、瘙痒病、摩擦病、震颤病或摇摆病，是由痒病阮病毒引起羊的中枢神经系统性疾病。主要表现为高度发痒、运动失调，病羊通常患病数月后死亡。

【流行病学】 通常呈散发性流行，感染羊群内只有少数羊发病，传播缓慢。羊群一旦感染痒病，很难根除。动物体感染后潜伏期长达数月至数年甚至数十年。可感染多种动物，被感染后机体温度不变，无炎症现象，也没有特异性应答反应。不同品种、性别的羊均可发生痒病，公羊和母羊都可感染。新生羔羊易感，随着年龄增长而对本病的易感性逐渐降低，不同品种间易感性也存在差异。不同毒株的致病性不尽相同，引起的神经系统病变、空泡化程度与分布均不同。羊群中患痒病的通常为3～5岁母羊，既可以是垂直传播，即子宫内感染；也可水平传播，即患病母羊在产期中感染羔羊，或羔羊在分娩的环境中被感染。痒病在绵羊之间及绵羊与山羊之间都可能自然传播。

通常呈散发流行，只有少数羊发病，传播缓慢；发病率可达5%～

20%或更高，死亡率几乎达100%。多种动物可被感染，如小鼠、大鼠、仓鼠、沙土鼠、水貂、猴子等。在绵羊、山羊和小鼠被感染后，既没有细胞免疫，也不会产生相应抗体。

【临床症状】 潜伏期长达1~5年，以3岁半羊发病率最高。羊患病早期容易兴奋，独自离群，或被其他羊给赶出群。疲劳，虚脱，头部肌肉颤抖，后肢运动不协调。发病中期，病羊出现瘙痒，用手抓挠其腰部，常发生伸颈、摆头、咬唇或舔舌等反射。病羊常依靠围栏、树等不断摩擦体侧、背部、臀部或脑袋，造成皮肤大面积脱毛，甚至破溃出血，有时还会出现大小便失禁。病羊视力也会受到影响，步态蹒跚，经常跌倒。患病末期，羊只躺卧不起，食欲不变但体重持续下降，最终死亡。整个过程维持数周至数月不等，病死率几乎达到100%。

【病理剖检】 肉眼观察，除了尸体消瘦和被毛损伤外，内脏器官缺乏明显可见的肉眼变化。但病理组织学变化很明显，病变发生在脑干和脊髓，没有炎症的产生。

【诊断要点】 可根据典型外观特征进行初步诊断，如不停摩擦，用蹄搔抓，啃咬皮肤，舔唇舔舌等，肌肉运动不协调。外观症状不能确定的话，可采用组织学变化鉴定和接种动物检测确诊。注意与螨虫感染、梅迪-维斯那病等区分。

【药物治疗】 由于痒病的特殊性（不含核酸、无抗原性），至今既没有相关疫苗也没有有效的治疗方法，实际生产中应以预防为主。

【预防措施】 禁止用病死羊加工蛋白质饲料，禁止用反刍动物蛋白饲喂牛、羊；加强对市场和屠宰场肉类的检验，检出的病羊肉必须销毁，不得食用。受感染羊只及其后代坚决扑杀；禁止从痒病疫区引进羊、羊肉、羊的精液和胚胎等。

（1）加强饲养管理，提高绵羊自身抗病能力 实行标准化饲养，采用全价饲料，提供充足洁净饮水，合理搭配草料，更换饲料要有一个循序渐进的过程。做好防雨措施，圈舍要避暑避寒，以减少应激。

（2）改善卫生环境，保持圈舍清洁 羊舍经常通风，干燥。做好药浴和驱虫。蜱螨的活动会造成本病的传播，因此灭蜱除螨是预防本病的重要措施之一。

（3）圈舍定期消毒 焚烧、5%氢氧化钠溶液作用1小时、5%次氯酸钠溶液作用2小时，1%~3%十二烷基磺酸钠溶液煮沸10分钟等。

第三节　其他病

一　放线杆菌病

羊放线杆菌病是由放线杆菌引起的一种慢性传染病，以头颈部、下颌、皮下及皮下淋巴结出现脓肿为特征。本病在牛羊间可互相传染，在我国被列为三类动物疫病，在预防上必须重视。

【流行病学】　本病多呈散发性，很少呈流行性。牛、羊、犬和人等均可感染。羊放线杆菌病的病原体平常存在于污染的饲料和饮水中，当羊口腔黏膜被草芒、谷糠或其他粗饲料刺破时，细菌即乘机由伤口侵入柔软组织，如舌、唇、齿龈、腭及附近淋巴结。有时损害到喉、食道、瘤胃、肝脏、肺及浆膜。

【临床症状】　羊放线杆菌病常见症状为嘴唇、头部及颈部肿胀。由于脓肿破裂，流出的黏稠白色或黄白色脓液使毛黏成团块，于是形成痂块。未破的病灶均为纤维组织，很坚固，含有黏稠的绿黄色脓液，脓内含有灰黄色小片状物。

【病理剖检】　羊放线杆菌病只侵害皮肤和软组织，常通过淋巴管在其他部位引起迁徙性病灶，故淋巴结常受影响，这是本病与放线杆菌病最重要的区别之处。对于山羊，肺部病变主要为微小的白色结节，凸出表面。

【诊断要点】　可通过临床症状及实验室镜检确诊。与本病相似的疾病有口疮、干酪样淋巴结炎、结核病及普通化脓菌所引起的脓肿等，在临床上应注意进行区别诊断。

【防疫措施】　因为粗硬的饲料可以损伤口腔黏膜，促进放线杆菌的侵入，所以为了预防，必须将秸秆、谷糠或其他粗饲料浸软以后再喂。注意饲料及饮水卫生，避免到低湿地区放牧。

【药物治疗】

（1）碘剂治疗　静脉注射10%碘化钠溶液，并经常给患部涂抹碘酊。碘化钠的用量为20～25毫升，每周一次，直到痊愈为止。由于侵害的是软组织，故静脉注射相当有效，在轻型病例往往2～3次即可治愈。内服碘化钾，每次1～1.5克，每天3次，稀释成水溶液服用，直到肿胀完全消失为止。如果应用碘剂引起碘中毒，应立即停止用药5～6天或减少用量。中毒的主要症状是流泪、流鼻液、食欲消失及皮屑增多。

（2）抗生素治疗 给患部周围注射链霉素，每天1次，连续5天为一个疗程。链霉素与碘化钾共同应用，效果更为显著。

（3）手术治疗 对于较大的脓肿，用手术切开排脓，然后以生理盐水冲洗脓腔2～3次，再用复方碘溶液冲洗，最后在脓腔周围注射链霉素。

二 传染性胸膜肺炎

传染性胸膜肺炎又称羊支原体性肺炎，俗称“烂肺病”，是由山羊支原体所引起的一种高度接触性传染病。临床上以发热、咳嗽、呼吸困难、流产为特征，特征性病变是浆液性和纤维素性肺炎和胸膜炎，本病常取急性和慢性经过，病死率很高。本病见于许多国家，我国也有发生，特别是饲养山羊的地区较为多见。世界动物卫生组织（OIE）将其列入B类疫病，我国则未列入名录。

【流行病学】 本病在自然条件下一般见于山羊，尤其是奶山羊，以3岁以下的山羊最易感。妊娠母羊的病死率较一般羊高。病羊通过支气管分泌物排出病原体，为主要传染源。耐过病羊的肺组织在病愈后一段时间内仍有病原存在。

本病主要通过空气飞沫经呼吸道传染，也可经接触传播。一年四季均可发生，多发于冬、春季节，常呈地方流行性。阴冷潮湿、气候骤变、营养缺乏、圈舍拥挤等不良因素均可促使本病的发生与流行。本病发病率可达30%，病死率可高达60%以上。新疫区暴发本病时几乎都是由引进病羊或带菌羊所致，发病后传播迅速，20天左右可波及全群。

【临床症状】 本病潜伏期为3～6天，长的可达20～30天。根据发病表现可分为3个类型。

（1）最急性 病初体温升高，可达41～43℃，极度委顿，食欲废绝，咳嗽且逐渐加剧，呼吸困难，有的发出痛苦的咩叫。数小时后呈现肺炎症状，呼吸困难、咳嗽，流浆液性带血鼻液。在12～36小时内，因渗出物充满肺部并进入胸腔，病羊可视黏膜充血、发绀，卧地不起，四肢伸直，呼吸极度困难，不久窒息死亡。病程多为1～3天，个别病例为12～24小时。

（2）急性 最常见。病初体温升高，继之出现短而湿的咳嗽，伴有浆性鼻漏。4～5天后，咳嗽变干而痛苦，鼻液转为黏液、脓性并呈铁锈色，高热稽留不退，食欲锐减，呼吸困难和痛苦呻吟，眼睑肿胀，流泪，眼有黏液、脓性分泌物。口半开张，流泡沫状唾液。头颈伸直，腰背拱起，腹肋紧缩，最后病羊倒卧，极度衰弱委顿，有的发生臌胀和腹泻，甚至口腔中发生溃疡，唇、乳房等部皮肤发疹，濒死前体温降至常温以下。病期多为 7~10 天，有的可达 1 个月。幸而不死的转为慢性。大批妊娠羊（70%~80%）发生流产。

（3）慢性 全身症状轻微，体温降至 40℃左右，病程发展缓慢，病羊间有咳嗽和腹泻，鼻涕时有时无，病羊消瘦，身体衰弱，被毛粗乱无光。在此期间，如饲养管理不良，与急性病例接触或机体抵抗力由于种种原因而降低时，很容易复发或出现并发症而迅速死亡。

【病理剖检】 羊传染性胸膜肺炎多局限于胸部，多为单侧。胸腔常有浅黄色液体，胸膜变厚而粗糙，上有黄白色纤维素层附着，直至胸膜与肋膜，或两侧有纤维素性肺炎（彩图 4-22）。肺表面不平，出血，呈现大小不等的肝变区（彩图 4-23），切面呈红色或暗红色，也有的中间为灰色、灰红色，如大理石外观，流出带血液和大量泡沫的褐色液体。心包发生粘连，心包积液，心肌松弛、变软。急性病例还可见肝脏、脾脏肿大，胆囊肿胀，肾脏肿大和膜下小点溢血。慢性病例，肺的肝变区结缔组织增生，形成深褐色、干燥、硬固、有包膜包裹的坏死块；肺膜和胸膜增厚更明显，肺与胸膜粘连更多见。

【诊断要点】 根据流行病学特点（3 岁以下羊易发、饲养管理条件差或气候突然改变等）、发病症状（高热、咳嗽、呼吸困难、流产）和特征性病理变化（浆液性和纤维素性肺炎与胸膜炎）可做出初步诊断。确诊需进行病原分离鉴定和血清学试验。血清学试验可用补体结合反应，多用于慢性病例。

临床上注意与羊肺炎链球菌病、羊巴氏杆菌病和羊流行性感冒等鉴别诊断。

【药物治疗】 病羊在隔离治疗过程中须加强饲养管理，如保暖、通风、供给优质饲料。对被污染的羊舍、场地、饲管用具，病羊的尸体、粪便等，应进行彻底消毒或无害处理。

可选用大环内酯类（替米考星、泰乐菌素、红霉素、罗红霉素等）或四环素类（多西环素、四环素、土霉素等）抗菌药。新胂凡纳明（914）也有效。

1）替米考星注射液每千克体重 2~10 毫克，皮下或肌内注射，每天 2 次，连用 3 天。

2）泰乐菌素注射液每千克体重 2~10 毫克，氟苯尼考注射液每千克体重 10~20 毫克，皮下或肌内注射，每天 2 次，连用 3 天。

3）左氧氟沙星注射液每千克体重2.5~5毫克，5%葡萄糖注射液500毫升，地塞米松注射液4~10毫克，静脉注射，每天1次，连用3天。

4）新胂凡纳明（914）每千克体重5~10毫克，用生理盐水稀释成5%静脉注射，视病情间隔5~7天用药1次。

【预防措施】 除加强饲养管理、做好卫生消毒工作外，关键问题是防止引入或迁入病羊和带菌羊。新引进羊只必须隔离检疫1个月以上，确认健康时方可混入大群。

免疫接种：为预防本病的有效措施。可选择山羊传染性胸膜肺炎氢氧化铝疫苗，6月龄以下山羊皮下或肌内注射3毫升，6月龄以上注射5毫升。疫苗注射14天后产生免疫抗体，保护期为1年。

三 衣原体病

山羊衣原体病是由鹦鹉热衣原体引起的一种传染病，临床上以妊娠羊流产、死产和产出弱羔，以及羔羊多发性关节炎、结膜炎为特征，是危害山羊的主要疾病之一。

【流行病学】 许多野生动物和禽类是本菌的自然贮主，患病羊和带菌羊为主要传染源，可通过粪便、尿液、乳汁、泪液、鼻分泌物，以及流产的胎儿、胎衣、羊水排出病原体，污染水源、饲料及环境。本病主要经呼吸道、消化道及损伤的皮肤、黏膜感染，也可通过交配或用患病公羊的精液人工授精发生感染，子宫内感染也有可能，蜱、螨等吸血昆虫叮咬也可能传播本病。羊衣原体性流产多呈地方性流行，在每年2~4月多发，2岁左右的母羊发病率最高。密集饲养、营养缺乏、长途运输或迁徙、寄生虫侵袭等应激因素可加快本病的发生、流行。

【临床症状】 山羊感染衣原体后，常表现出以下2种病型。

（1）流产型 流产通常发生于妊娠的中后期，绝大多数母羊在产前1个月左右发生流产。一般观察不到征兆，临床诊断表现主要为流产、死产或娩出生命力不强的弱羔羊。流产后往往胎衣滞留，流产羊阴道排出分泌物可达数日。有些病羊可因继发感染细菌性子宫内膜炎而死亡。羊群首次流产率可达25%~35%，以后则流产率下降。在本病流行的羊群中，可见公羊患睾丸炎、附睾炎等。

（2）关节炎型 主要发生于羔羊。病初体温上升至41~42℃，食欲丧失，离群。肌肉运动僵硬，并有疼痛，一肢甚至四肢跛行，肢关节摸之感痛。随着病的发展，跛行加重，羔羊弓背而立，有的羔羊长期侧卧，活动平均减少 10%。几乎有关节炎的病羔两眼都有滤泡性结膜炎，但有结膜炎的病羔不一定有关节炎。发病率一般达 30%，甚至可达 80% 或 80% 以上。如隔离和饲养条件较好，病死率低。病程为 2 ~4 周。

【病理剖检】

（1）流产型 流产母羊胎膜水肿、增厚，子叶呈黑红色或土黄色。流产胎儿水肿，皮肤、皮下组织、胸腺及淋巴结等处有点状出血，肝脏充血、肿胀，表面可能有针尖大小的灰白色病灶。

（2）关节炎型 关节囊扩张，内有大量琥珀色液体，滑膜附有疏松的纤维素性絮片，从纤维层一直到邻近的肌肉水肿，充血和小点出血。关节软骨一般正常。患病数周的关节滑膜层由于绒毛样增生而变粗糙。腱鞘的变化与关节膜相同，但纤维素量较少。两眼呈滤泡性结膜炎，滤泡的高度和直径可达 10 毫米。

【诊断要点】 对本病的初步诊断可根据流行病学调查、临床症状和病理解剖变化等综合分析，确诊需进行衣原体分离和血清学诊断。

【药物治疗】 可采用中西医结合进行治疗。

（1）西药治疗

1）复方苄星青霉素注射液：肌内注射，每次 120 万单位，3 天 1 次。

2）氟苯尼考注射液：每千克体重 0.05 毫升，2 天 1 次，连用 3 次。

3）盐酸林可霉素注射液：每千克体重 0.03 毫升，每天 1 次，连用 3 次。

4）甲磺酸培氟沙星注射液：每千克体重 0.1 ~0.15 毫升，每天 2 次，连用 3 天。

（2）中药治疗 白术散加减：白术 20 克，党参 25 克，炙甘草 15 克，当归 15 克，续断 10 克，川芎 10 克，白芍 20 克，熟地 25 克，阿胶 20 克，紫苏 15 克，陈皮 10 克，黄芩 10 克，杜仲 10 克，生姜 10 克，水煎服。

【预防措施】 免疫接种：防治本病最有效的措施就是免疫接种，用羊衣原体灭活苗，严格按疫苗使用说明进行免疫接种，可有效控制衣原体病的流行。每年定期注射卵黄囊油佐剂甲醛灭活苗，每只皮下注射 3 毫升，有效期为 1 ~2 年。

发病期间可按每吨料中添加金霉素 300 ~400 克，或氟苯尼考混饲，按每吨料添加 50 ~100 克。连续饲喂 2 周可预防本病暴发流行。也可以将四环素拌料饲喂以预防本病暴发。

对疑似病羊的分泌物、排泄物及被污染的土壤、场地、圈舍、用具和饲养人员衣物等进行消毒灭菌处理。应用2%氢氧化钠溶液进行消毒，每周1次，或用聚维酮碘消毒液进行圈舍、场地消毒，每周1次。要加强饲养管理水平，控制由管理不当，如拥挤，缺水，采食毒草、霜草、冰凌水，受冷等因素诱发的流产。同时要补喂常规元素（钙、磷、钠、钾等）和微量元素（铜、锰、锌、钴、硒等）。

四 传染性角膜结膜炎

羊传染性角膜结膜炎又称流行性眼炎、红眼病，是一种多病原（牛摩勒氏杆菌、立克次体、支原体和衣原体等）引起的急性、地方流行性传染病。其特征为眼结膜和角膜发生明显的炎症变化，伴有大量流泪。其后发生角膜混浊或呈乳白色。

【流行病学】 主要侵害反刍动物，特别是山羊，尤其是奶山羊，绵羊、奶牛、黄牛、水牛、骆驼等也能感染，偶尔波及猪和家禽。发病羊无性别、年龄差别，但羔羊最易得病。已感染羊只或病羊是传染源，通过接触感染，蝇类或某种飞蛾可机械传递本病，患病羊的分泌物，如鼻涕、泪、乳及尿等污染物，均能散播本病。本病多发生在蚊蝇较多的炎热季节，一般是在5~10月（夏、秋季），以放牧期发病率最高，进入舍饲期也有少数发病的，多为地方性流行。

【临床症状】 羊传染性角膜结膜炎主要表现为结膜炎和角膜炎。多数病羊先一眼患病，然后波及另一眼，有时一侧发病较重，另一侧较轻。发病初期呈结膜炎症状，流泪（彩图4-24），畏光，眼睑肿胀、疼痛，结膜潮红，并有树枝状充血。眼内角流出浆液或黏液性分泌物，不久则变成脓性。其后发生角膜炎，严重者角膜混浊和角膜溃疡，眼前房积脓或角膜破裂，晶状体可能脱落，造成永久性失明。

【诊断要点】 根据眼的临床症状、传播速度和发生的季节性，不难对本病做出诊断。必要时可做微生物学检查或应用荧光抗体技术确诊。

【鉴别诊断】 应注意与眼的外伤、传染性鼻气管炎、恶性卡他热等相区别。

【药物治疗】 一般病羊若无全身症状，在半个月内可以自愈。发病后应尽早治疗，越快越好。

（1）西药治疗 病初利用利福平和氯霉素滴眼液交替点眼即可。对患眼也可用2%~4%硼酸液洗眼，拭干后再用3%~5%弱蛋白银溶液滴入结膜囊中，每天2~3次，也可以用0.025%硝酸银液滴眼，每天2次，或涂以青霉素、金霉素、四环素软膏。如有角膜混浊或角膜翳，可用0.1%新洁尔灭，或用4%硼酸水溶液逐只洗眼后，再滴以5000单位/毫升普鲁卡因青霉素（用时摇匀），每天2次，重症病羊加滴醋酸可的松眼药水。角膜混浊者，滴视明露眼药水效果很好。

（2）中药治疗

方1：用柏树枝和明矾熬水，凉后洗眼。

方2：硼砂6克，白矾6克，荆芥6克，防风6克，郁金3克，水煎去渣，趁温洗病眼。

方3：黄连15克，草决明、黄芩、川柏、蝉蜕、菊花各20克，木贼草、苏薄荷、栀子、荆芥、甘草、白芷各30克，谷精草为引，共为细末，开水冲服。

方4（青葙子散）：青葙子50克，草决明40克，胆草55克，黄连、菊花各50克，石决明35克，郁金35克，黄芩、苍术各50克，木贼25克，防风50克，甘草25克，共为末，开水冲，饱后灌服。

方5（泻肝散）：石决明50克，草决明40克，胆草50克，茯苓35克，青葙子40克，栀子25克，郁金40克，黄连35克，生地50克，大黄35克，甘草25克，白羊肝150克，水煎，候温灌服。

方6：千里光、叶下珠各40克，叶下红500克，煎水候温灌服，每天1次。

方7：龙衣散、蛇蜕适量，火烧成灰，用硼酸水洗眼后，吹眼内。每天1～2次，急、慢性结膜炎均可用。

【预防措施】 对病羊采取舍饲喂养，避免强烈阳光照射，以利患眼康复。有条件的羊场，应建立健康群，立即隔离病羊，对羊圈定时清扫消毒。新购买的羊只，至少需隔离60天，方能允许与健康者合群。在夏、秋季尚需注意灭蝇。

五 钩端螺旋体病

羊钩端螺旋体病又称黄疸血红蛋白尿病、钩体病，是由致病性钩端螺旋体引起的一种人畜共患的急性传染病和自然疫源性疾病。其临床特征为发热、黄疸、血红蛋白尿、出血性素质、流产、皮肤黏膜坏死、水肿等。

【流行病学】 羊钩端螺旋体病在夏、秋季多见，每年7～10月为流行的高峰期，一般呈散发。各种家畜、鼠类和人都可感染发病，幼畜发病较多。传染源主要是病畜和鼠类，鼠类可终生带菌和排菌。病原主要由尿中排出，污染周围土壤、水源、饲料、圈舍、用具等，经消化道或皮肤黏膜引起传染，羔羊较成年羊易感且病情严重。饥饿、饲养不合理或其他疾病使机体抵抗力下降时，可促进本病的发生。圈舍、运动场的粪尿、污水不及时清理，常常是造成本病暴发的重要原因。

【临床症状】 本病潜伏期为4～5天。羊通常表现为隐性感染，少数羊出现短暂的体温升高，部分病羊表现体温升高，呼吸和心跳加速，食欲减退，反刍停止，可视黏膜、结膜发黄，黏膜和皮肤干裂、溃疡或坏死，消瘦、黄疸、血红蛋白尿，迅速衰竭而死。妊娠羊发生流产。

【病理剖检】 剖检病变可见尸体消瘦，皮下组织、全身黏膜、肌肉、胸腹膜和内脏器官均呈黄色，胸腹腔内有黄色液体。口腔黏膜和皮肤坏死或溃疡，淋巴结肿大，内脏（肺脏、心脏、肾脏、脾脏）广泛发生出血点，肾脏表面有多处散在的红棕色或灰白色小病灶，肝脏肿大，呈黄褐色，质脆弱或柔软有坏死灶，胆囊充满黏稠胆汁。膀胱内有红色或黄褐色尿液。

【诊断要点】 根据发病特点、发病症状、病理变化，结合实验室检查，做出确诊。在病羊发热初期，采取血液，在无热期采取尿液，死后立即取肾脏和肝脏，送实验室进行钩端螺旋体检查。

【药物治疗】 链霉素和四环素族抗生素对本病有一定疗效。链霉素按每次每千克体重15～25毫克，肌内注射，每天2次，连用3～5天；或用金霉素、林可霉素及磺胺类药物。土霉素按每次每千克体重10～20毫克，肌内注射，每天1次，连用3～5天。使用大剂量青霉素也有一定疗效，按每次每千克体重5万～10万单位，注射用水5～10毫升，每天2次，连用3～5天。四环素3～4克，5%糖盐水2000毫升，静脉注射，可配合用葡萄糖、维生素C、维生素K及强心利尿剂。

【预防措施】 严防病畜尿液污染周围环境，对污染的场地、用具、栏舍可用1%苯酚、2%氢氧化钠或0.5%甲醛液消毒。常发地区应提前预防，可接种钩端螺旋体疫苗或接种本病多价苗。严禁从疫区引进羊只，引进的羊只应隔离观察1个月确认无病后才能混群。避免去低洼草地、死水塘、水田、淤泥沼泽等有水的地方，以及被带菌鼠类、家畜的尿液污染的草地放牧。

六 附红细胞体病

附红细胞体病是由附红细胞体感染机体引起的人畜共患传染病。主要特征属于血液病。附红细胞体是寄生于红细胞表面、血浆及骨髓中的一群微生物，主要通过尘埃、飞沫、跳蚤、蚊子、病羊分泌物和粪便，以及被污染的水和饲料进行传播，传播途径较多，具有较大的危害性。各个年龄阶段的羊群均可发病，影响病羊生长发育和养羊业的经济效益。

【流行病学】 附红细胞体是血液原虫，传播途径主要有接触性传播、血源性传播、垂直传播和吸血昆虫传播等，其中以吸血昆虫传播为主；宿主有人、鼠类、羊、牛、马、猪、狗、猫、兔、鸟类、骆驼等动物。羊的附红细胞体可100%传染给人。发病具有一定季节性，高热、高湿、蚊蝇滋生季节多发。此外，当动物机体的抵抗力下降、外界环境恶劣、气候闷热潮湿、畜禽舍卫生情况不良、蚊蝇滋生、体外寄生虫严重、饲料营养缺乏、治疗用器械消毒不彻底时，可诱发本病。

【临床症状】 绵羊和山羊均可感染附红细胞体病，其中以感染羔羊的死亡率最高。患羊严重消瘦，体质变差，精神沉郁，采食和反刍逐渐减少或废绝，体温升高，被毛粗乱，四肢无力、步态不稳、喜卧、不愿走动，伴有腹泻症状，粪便稀薄、恶臭、混有黏液或血液。部分羊只出现呼吸困难、流涕等症状，鼻孔周围有黏液性黄色结痂，后期可视黏膜与皮肤苍白或黄染，腹泻，出现下痢症状，贫血和消瘦，常因衰竭而死亡。个别病羊后肢瘫痪，肌肉颤抖，四肢抽搐，口吐白色泡沫，便血，死亡时呈急性溶血性贫血，病程1～3天。母羊生产性能下降，表现出流产、死胎、木乃伊胎和受胎率低，有时在放牧或喂料时突然倒地死亡。

【病理剖检】 主要病变为贫血和黄疸。病羊尸体极度消瘦，可视黏膜苍白、黄疸。剖检可见皮下苍白，血液稀薄且凝固不良；皮下组织发黄，呈胶冻样浸润；淋巴结肿大并变软呈土黄色，脾脏肿胀呈黑褐色，肝脏肿大呈黄褐色，并有出血点；胆囊充盈，含浓稠的胶冻样胆汁；肾脏肿大质软，有出血点，髓质严重出血。

【诊断要点】 根据流行病学、临床症状、剖检变化和血液学检查可初步诊断，确诊需进行实验室检验。取患羊耳静脉血，加生理盐水稀释后混匀，加盖玻片后显微镜下观察，有带齿轮状红细胞，周围有半圆形、圆形或逗点状附着物，红细胞变形，血浆中有大小不一的游动物时可确诊；也可取发热期病畜血液制成血涂片，经甲醇固定、瑞氏染色或姬姆萨染色后油镜观察，见红细胞表面有数量不等的球形附红细胞体即可确诊。

【药物治疗】 隔离饲养患病羊，及时药物治疗。常用药物有：血虫净（贝尼尔）（按照每千克体重5～9毫克的剂量，用生理盐水稀释成5%

浓度后肌内注射，每48小时用药1次，连用2～3次）、咪唑苯脲、黄色素、新胂凡纳明、四环素、土霉素、金霉素、附红康、磺胺间甲氧嘧啶、盐酸多西环素、卡那霉素和庆大霉素等。同时，对患羊进行辅助性对症治疗，虚弱消瘦的病羊肌内注射维生素 B_6 和维生素 B_{12} 等，贫血严重者肌内注射牲血素1～2毫升/只，促进病羊早日康复。

中药治疗：天花粉20克，黄芩10克，生石膏20克，甘草6克，粉碎后煎煮2次，候温灌服。

【预防措施】

（1）减少应激反应 羊附红细胞体病多呈隐性感染状态，在免疫接种、换群及换料等应激条件下易发。因此，养羊场应加强饲养管理，做好羊场的清洁消毒、驱蚊灭蝇及免疫预防工作；在疫苗接种、治疗时要特别注意针头和器械的消毒；增强羊群的抵抗力，减少不良应激。

（2）坚持自繁自养 坚持自繁自养，在引进外地种羊时严格检疫，隔离观察后再合群。切断动物的传播途径，夏季搞好灭蚊蝇和驱螨灭蜱工作。

（3）加强饲养管理 饲养人员应保证羊只日常饲料良好的适口性，为全面供给营养，饲粮还应多样化。牛羊圈养保证合理的饲养密度，羊舍通风良好，调整羊群，不要拥挤。加强饲养管理，做好卫生消毒工作。养殖场要加强夏秋炎热季节的饲养管理工作，供应充足饮水，尽量减少热应激的发生。

（4）做好消毒防疫 羊场圈舍要做好卫生消毒工作，定期用生石灰等消毒药对环境和用具等进行消毒处理，确保养殖环境、圈舍和水食槽等的清洁卫生。及时清除垫料和粪便，防止对环境场地等发生重复污染，尤其是药物驱虫期间的粪便必须及时处理，并经堆积生物热发酵。此外还应合理使用杀虫剂，保持舍内清洁卫生。

第五章
羊常见寄生虫病

第一节　羊消化道寄生虫病

一　羊吸虫病

1. 肝片形吸虫病

羊的肝片形吸虫病主要由肝片吸虫和大片吸虫寄生于肝脏胆管中，引起急性或慢性肝炎和胆管炎，并伴发全身性中毒现象和营养障碍。其危害相当严重。

【流行病学】　本病流行一般以多雨的季节发生特别严重。因为雨水多，虫卵易落入水中孵化并钻入中间宿主——淡水螺类体内发育繁殖，并且雨水利于螺类繁殖，使囊蚴广泛散布，严重污染水草，致使羊容易感染。一般在河流、湖沼和低湿地等水草丰盛地区放牧的羊、收割水草直接饲喂的羊容易感染肝片吸虫病。

【临床症状】

（1）急性型　症状多发生于夏末秋初。急性型病羊，初期发热，衰弱，易疲劳，离群落后；叩诊肝区半浊音界扩大，压痛明显；很快出现贫血、黏膜苍白，红细胞及血红素显著降低，严重者多在几天内死亡。

（2）慢性型　症状较多见于患羊耐过急性期或轻度感染后，在冬、春季转为慢性，病羊主要表现消瘦，贫血，食欲不振，异嗜，被毛粗乱无光泽且易脱落，步行缓慢；眼睑、下颌、胸前及腹下出现水肿，便秘与下痢交替发生，病情逐渐恶化，最终因极度衰竭而死亡。

【病理剖检】　剖检时，病理变化主要呈现在肝脏，其变化程度与感染虫体的数量及病程长短有关。在大量感染、急性死亡的病例中，可见到急性肝炎和大出血后的贫血现象，肝脏肿大，肝包膜有纤维沉积，有暗红色虫道，虫道内有凝固的血液和少量幼虫。腹腔中有血红色的液体，有腹膜炎病变。慢性病例主要呈现慢性增生性肝炎，在肝组织被破坏的部位出现浅白色索状瘢痕，肝实质萎缩，褪色，变硬，边缘钝圆，小叶间结缔组织增生。胆管肥厚、扩张呈绳索样凸出于肝脏表面，胆管内有磷酸钙和磷酸镁等盐类的沉积，使内膜粗糙，刀切时有沙沙声；胆管内有虫体和污浊稠厚的液体。病尸出现消瘦、贫血和水肿现象；胸腹腔及心包内蓄积有透明的液体。

【诊断要点】 在流行区，根据临床表现和流行病学资料分析可做出初步诊断，但确诊要靠病原学检查和血清学诊断。

【药物治疗】

（1）西药治疗

1）吡喹酮：羊按每千克体重10~80毫克的剂量，1次内服。

2）阿苯达唑：又名抗蠕敏，羊按每千克体重10~20毫克的剂量，1次内服。

3）氯氰碘柳胺钠：又名富基华，羊按每千克体重10毫克的剂量，1次内服；也可按每千克体重5毫克的剂量皮下注射。

4）三氯苯咪唑：又名肝蛭净，羊按每千克体重10~15毫克的剂量，1次内服。

5）硫双二氯酚：又名“别丁”，羊按每千克体重75~100毫克的剂量，1次内服，但对童虫无效。用药后1天有时出现减食和下痢等反应，一般经3天左右可以恢复正常。

（2）中药治疗 肝蛭散（茯苓、肉蔻、苏木、槟榔、龙胆各30克，木通、甘草、厚朴、泽泻各20克，贯众45克，共研末，开水冲灌）。

【预防措施】 防治本病，必须采取综合性防治措施，才能取得较好的效果。其主要措施如下。

（1）定期驱虫 在进行预防性驱虫时，驱虫的次数和时间必须与当地的具体情况及条件相结合。通常情况下，每年进行1次驱虫，可在秋末冬初进行；如进行2次驱虫，另一次驱虫可在翌年的春季进行。

（2）粪便处理 及时对畜舍内的粪便进行堆肥发酵，以便利用生物热杀死虫卵。

（3）饮水及饲草卫生 尽可能避免在沼泽、低洼地区放牧，以免感染囊蚴。给羊的饮水最好用自来水、井水或流动的河水，保持水源清洁卫生。有条件的地区可采用轮牧方式，以减少感染机会。

（4）消灭中间宿主 肝片吸虫的中间宿主椎实螺生活在低洼阴湿地区，可结合水土改造，破坏椎实螺的生活条件。流行地区应用药物灭螺时，可选用1∶50000的硫酸铜溶液或25∶1000000的六氯对二甲苯（血防846）对椎实螺进行浸杀或喷杀。

2. 羊双腔吸虫病

羊的双腔吸虫病是由双腔科、双腔属的矛形双腔吸虫、东方双腔吸虫或中华双腔吸虫寄生于胆管和胆囊内，引起的一种以胆管炎、肝硬变、代谢障碍和营养不良为特点的寄生虫病。

【流行病学】 本病的分布遍及世界各地，多呈地方性流行，其流行与陆地螺和蚂蚁的广泛存在有关。陆地螺和蚂蚁可全年出现，在我国的分布极其广泛。因此，动物几乎全年都可感染。

【临床症状】 病羊初期精神不振，离群掉队，尚有食欲，表现为进行性消瘦；后期可视黏膜、皮肤苍白，高度贫血。部分病羊腹泻，最后衰竭死亡。以断乳羔羊病情较重，死亡率较高；成年羊病程稍长，部分羊出现下颌水肿。

【病理剖检】 患畜尸体外观极度消瘦，全身苍白；血液稀薄如水，不凝固；肝脏稍肿或肿大，切开肝脏用手挤压，从胆管内流出大量黑色或深褐色点状和小絮状虫体，胆汁中也存在大量虫体；除腹腔有数量不等的浅黄色腹水外，其他内脏未见明显变化。

【诊断要点】 在流行病学调查的基础上，结合临床症状进行粪便虫卵检查，可发现大量虫卵；死后剖检，可在胆管发现大量虫体，即可确诊。

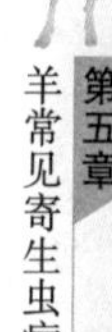

【药物治疗】

（1）西药治疗

1）三氯苯丙酰嗪：羊按每千克体重40～50毫克的剂量，经口灌服。

2）吡喹酮：用法及用量同羊肝片形吸虫病。

3）阿苯达唑：用法及用量同羊肝片形吸虫病。

（2）中药治疗 苏木15克，槟榔12克，贯众9克，煎水取汁，一次灌服。

【预防措施】 本病的预防主要涉及定期驱虫、粪便处理、消灭中间宿主、饮水及饲草卫生等方面。具体措施请参照羊肝片形吸虫病预防措施。

3. 羊阔盘吸虫病

羊阔盘吸虫病是由歧腔科、阔盘属中的胰阔盘吸虫、腔阔盘吸虫和枝睾阔盘吸虫寄生在羊的胰管引起的疾病。患畜呈现下痢、贫血、消瘦、水肿等症状，严重时可引起死亡。

【流行病学】 羊阔盘吸虫病流行的地区及受感染的情况，均与本类吸虫的中间宿主的分布，以及羊放牧习惯等密切相关。一般在夏、秋季，本病多发；在南方，感染季节有5～6月及9～10月两个高峰期；而在北方，感染的高峰期只在9～10月。

【临床症状】 病羊出现营养不良、消瘦、贫血、水肿、腹泻、生长发育受阻等临床症状，严重的甚至造成死亡。

【病理剖检】 胰阔盘吸虫寄生在羊的胰管中，由于虫体的机械性刺激和毒性物质的作用，使胰管发生慢性增生性炎症，致使胰管增厚，管腔狭小。感染严重时，引起管腔闭塞，可使动物胰脏功能异常，引起消化不良。胰管高度扩张，管上皮细胞增生，管壁增厚，管腔缩小，黏膜不平呈小结节状，也有出血，溃疡。严重时整个胰脏结缔组织增生，呈慢性增生性胰腺炎，从而使胰腺小叶及胰岛的结构变化，胰液和胰岛素的生成、分泌发生改变，机能紊乱。

【诊断要点】 粪检虫卵时，可用直接涂片法或水洗沉淀法。可结合剖检时发现大量虫体进行确诊。感染羊的主要是胰阔盘吸虫、腔阔盘吸虫和枝睾阔盘吸虫。

【药物治疗】 应用吡喹酮、阿苯达唑、氯氰碘柳胺钠、三氯苯咪唑进行治疗，用法及用量参照羊肝片形吸虫病。

【预防措施】 本病的预防主要涉及定期驱虫、粪便处理、消灭中间宿主、饮水及饲草卫生等方面。具体措施请参照羊肝片形吸虫病预防措施。

4. 羊前后盘吸虫病

羊前后盘吸虫病是由前后盘科的多种前后盘吸虫寄生于羊的瘤胃、真胃、小肠和胆管壁上引起的疾病。大量童虫寄生在真胃、小肠、胆管和胆囊时，可引起严重的疾病，甚至导致死亡。成虫一般寄生数量极大，导致动物严重贫血。

【流行病学】 本病的分布遍及全国各地，尤其在南方，感染率极高，感染强度大，多为混合感染。本病多发于夏、秋两季，特别是在多雨或洪涝年份，易造成本病的流行。长期在湖滩地放牧，羊采食水淹过的青草后最易感染本病。其中食量大的青壮龄羊发病严重，甚至死亡。

【临床症状】 成虫寄生于瘤胃，危害轻微。多为慢性消耗性的症状，如食欲减退、消瘦、贫血、下颌水肿、腹泻等。但童虫移行于小肠、胆管、胆囊、真胃中时，危害严重，呈现高度消耗性恶病质状态。病羊呈现顽固性腹泻，粪便成粥样有腥臭，消瘦，高度贫血，黏膜苍白，血液稀薄，下颌水肿。后期卧地不起，衰竭而死亡。

【病理剖检】 真胃黏膜水肿，有出血点及童虫附着。肠壁严重水肿，黏膜表面有充血区或出血斑，肠内充满水样内容物；或肠黏膜发生坏死和纤维素性炎症，肠内充满腥臭味稀粪，小肠内有很多童虫。肝脏稍肿或萎缩，胆囊显著膨大，内有童虫，胆管中也有童虫。

【诊断要点】 通常通过对临床症状的观察，粪便检查虫卵，死后病理剖检在瘤胃等处发现大量成虫、幼虫，以及相应的病理变化，可以确诊。

【药物治疗】

（1）西药治疗 氯氰碘柳胺钠、硫双二氯酚、吡喹酮、阿苯达唑：其用法及用量参照肝片形吸虫病和双腔吸虫病的部分。

（2）中药治疗 贯众62克，蜂蜜500克，先将贯众研成细末，拌入蜂蜜加水500毫升搅匀，空腹灌服。

【预防措施】 本病的预防主要涉及定期驱虫、粪便处理、改良土壤、消灭中间宿主、饮水及饲草卫生等方面。具体措施请参照羊肝片形吸虫病预防措施。

二 羊绦虫病

1. 羊莫尼茨绦虫病

羊莫尼茨绦虫病是由裸头科、莫尼茨属的两种莫尼茨绦虫，即扩展莫尼茨绦虫和贝氏莫尼茨绦虫，寄生于牛羊等反刍动物的小肠引起的一种蠕虫病。

【流行病学】 莫尼茨绦虫为全球性分布，在我国东北、西北、华北、华东、中南和西南各地经常发生，多发于夏、秋季节。莫尼茨绦虫主要危害1.5~8月龄的羔羊。

【临床症状】 本病常呈地方性流行，多发于夏、秋季节。严重感染时，可引起羊大批死亡。莫尼茨绦虫常引起幼羊发病，成年羊一般不表现出临床症状。幼羊病初表现精神不振、消瘦、粪便变软，后腹泻、粪中含黏液和妊娠节。有时有神经症状，如步样蹒跚，时有转圈，神经型的莫尼茨绦虫病羊往往以死亡告终。

【病理剖检】 尸体消瘦，黏膜苍白，贫血。胸腹腔渗出液增多。肠有时发生阻塞或扭转。肠系膜淋巴结、肠黏膜及脾脏出现增生。肠黏膜出血，有时大脑出血，浸润，肠内有绦虫。

【诊断要点】 根据流行病学、临床症状，结合粪便检查，发现大量虫卵或妊娠节，或剖检病畜、禽发现虫体可确诊。

【药物治疗】

（1）西药治疗

1）甲苯达唑：每千克体重15毫克的剂量，一次口服。

2）吡喹酮：用法及用量同羊肝片形吸虫病。

3）阿苯达唑：用法及用量同羊肝片形吸虫病。

4）氯硝柳胺：每千克体重100毫克，口服。

（2）中药治疗 宜用“驱虫消积散”。槟榔120克，鹤虱120克，榧子60克，鸭胆子60克，南瓜子240克，生山楂60克。共研细末，分成2剂，每天1剂，用温水冲调，食草前服用。

【预防措施】 防治本病，以采取综合性防治措施的效果较好。其主要措施如下。

（1）定期驱虫 在进行预防性驱虫时，驱虫的次数和时间必须与当地的具体情况及条件相结合。通常情况下，每年进行一次驱虫，可在秋末冬初进行；如进行两次驱虫，另一次驱虫可在翌年的春季进行。

（2）粪便处理 将羊粪集中处理，进行堆肥发酵，以利用生物热杀死其中的虫卵，避免污染草场。

（3）饮水及饲草卫生 尽可能避免在沼泽、低洼地区放牧，以免感染囊蚴。给羊的饮水最好用自来水、井水或流动的河水，保持水源清洁卫生。有条件的地区可采用轮牧方式。

2. 羊无卵黄腺绦虫病

羊无卵黄腺绦虫病由无卵黄腺绦虫引起，属裸头科、无卵黄腺属寄生虫。常见的虫种为中点无卵黄腺绦虫。

【流行病学】 寄生于羊的小肠中，经常与莫尼茨绦虫和曲子宫绦虫混合感染。中点无卵黄腺绦虫主要分布于西北及内蒙古牧区，西南及其他地区也有报道。羊无卵黄腺绦虫病的发生具有明显的季节性，多发于秋季与初冬季节，且常见于6月龄以上的羊。

【临床症状】 有的突然发病，放牧中离群，垂头，几小时后死亡，死亡羊一般膘情均好。

【病理剖检】 剖检见有急性卡他性肠炎并有许多出血点。

【诊断要点】 如在患畜、禽的粪中发现黄白色的节片，将其做涂片检查或用饱和盐水漂浮法检查粪便，发现特征性的虫卵（有六钩蚴）可确诊；或剖检病畜，发现虫体可确诊。

【药物治疗】 吡喹酮、阿苯达唑、氯硝柳胺及中药治疗。用法及用量参照莫尼茨绦虫病。

【预防措施】 本病的预防主要涉及定期驱虫、粪便处理、改良土壤、消灭中间宿主、饮水及饲草卫生等方面。具体措施参照羊莫尼茨绦虫病预防措施。

三 羊线虫病

1. 羊血矛线虫病

羊血矛线虫病主要是由捻转血矛线虫、柏氏血矛线虫寄生于反刍动物皱胃和小肠而引起的线虫病。寄生于消化道的捻转血矛线虫的致病力最强，危害最严重。

【流行病学】 捻转血矛线虫病在春季发病率较高，尤其在西北地区存在明显的春季高潮。在冬末春初，天气寒冷，羊营养缺乏，抵抗力明显下降，而捻转血矛线虫幼虫在外界的生长发育又达到高峰，一旦春季（4~5月）羊由舍饲转到牧场上，就会被大量感染。

【临床症状】 本病最重要的特征是贫血和衰弱。

（1）急性型 以肥羔羊突然死亡为特征。死羊眼结膜苍白，高度贫血。

（2）亚急性型 显著的贫血，患羊眼结膜苍白，下颌间和下腹部水肿；身体逐渐衰弱，被毛粗乱，放牧时落群，甚至卧地不起；下痢与便秘交替，最后可因衰竭死亡。死亡多发生在春季。

（3）慢性型 症状不太明显，病程可达一年以上。

【病理剖检】 在真胃和小肠前段内均见到有大量的粉红色线状虫体（彩图5-1），真胃和小肠黏膜出现不同程度的卡他性炎症（彩图5-2）；羊黏膜和皮肤苍白，血液稀薄如水，内部各脏器色浅；有胸水、心包积液和腹水，腹腔内脂肪组织呈胶冻状；肝脂肪变性而呈现浅棕色。

【诊断要点】 粪便中虫卵的检查常用饱和盐水漂浮法，可以发现大量血矛线虫卵。虫卵呈椭圆形，卵壳薄、光滑、稍带黄色。病羊死后剖检

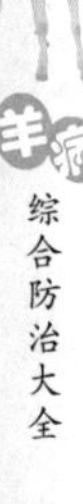

可在羊的皱胃、小肠发现大量血矛线虫的成虫或幼虫。虫体呈毛发状，呈浅红色。

【药物治疗】

（1）西药治疗

1）左旋咪唑：按每千克体重6~10毫克剂量口服，奶羊的休药期不得少于3天。

2）阿苯达唑：按每千克体重10~15毫克剂量灌服。

3）甲苯达唑：按每千克体重10~15毫克剂量灌服。

4）伊维菌素：按每千克体重0.2毫克剂量灌服或皮下注射。

（2）中药治疗 化虫汤：鹤虱30克，使君子30克，槟榔30克，芜荑30克，雷丸30克，贯众60克，炒干姜15克，附子15克，乌梅30克，诃子肉30克，大黄60克，百部30克，木香15克，榧子30克，为末，蜂蜜250克为引，开水冲调，候温空腹灌服。

【预防措施】

（1）有计划地进行驱虫 可根据本病的流行特点，于春、秋两季各进行一次驱虫。

（2）科学饲养管理 合理补充精料，增强羊的抗病能力；实行小区轮牧和注意饮水卫生，应避免在低温潮湿的地方放牧，不在清晨、傍晚或雨后放牧；不让羊饮死水、积水，应饮干净的井水或流水，饮水的地点要固定，以减少虫体的感染机会。

（3）加强粪便管理 及时清理圈舍内的粪便，并将粪便集中在适当地点进行堆积发酵处理，特别注意不要让冲洗圈舍后的污水混入饮水。

2. 羊奥斯特线虫病

羊奥斯特线虫病是由环纹奥斯特线虫、三叉奥斯特线虫寄生于反刍动物的真胃和小肠引起的疾病。该虫分布面广、繁殖力强，对宿主有很强的致病性，感染严重时，特别是在“春潮”发生时常常引起羊只大批死亡。

【流行病学】 奥斯特线虫较捻转血矛线虫耐寒，在较冷地区奥斯特线虫发生较多。我国北方广大牧区多处于高海拔高寒地带，奥斯特线虫对放牧家畜感染比较严重。

【临床症状】 严重感染时患畜有消瘦、贫血、衰弱和间歇性便秘等症状，严重时可引起死亡。

【诊断要点】 剖检可见胃黏膜结节特点（彩图5-3）。采用饱和盐水漂浮法，可以检查羊粪便有无虫卵。对奥斯特线虫感染，还可用酶联免疫吸附试验法（ELISA 法）诊断。

【药物治疗】 参照羊血矛线虫病。

【预防措施】 参照羊血矛线虫病。

3. 羊毛圆线虫病

羊毛圆线虫病主要是由蛇形毛圆线虫、突尾毛圆线虫、艾氏毛圆线虫等寄生于羊真胃、小肠引起的疾病。大多数寄生于羊的小肠前部，较少在皱胃及胰脏。

【流行病学】 毛圆线虫可直接经口或皮肤感染羊。羊毛圆线虫病有一定的地区性，在广泛施用生粪肥地区易流行。死亡多发生于春季，有“春季高潮”和“自愈现象”。

【临床症状】 严重感染第三期幼虫时，患畜发生腹泻，急剧消瘦，食欲消失，脱水，最后多引起死亡。断奶后至一岁的羔羊常发生本病。

【病理剖检】 急性病例胃肠道黏膜肿胀，特别是十二指肠，轻度出血，覆有黏液，刮取黏液于镜下可见到幼虫。慢性病例可见尸体消瘦，贫血，胃肠道黏膜增厚、溃疡。

【诊断要点】 本病主要根据羊毛圆线虫病的临床症状、流行病学特征进行初步诊断，诊断以粪便中查见虫卵为准。常用饱和盐水漂浮法检查羊粪便有无虫卵，在显微镜下毛圆线虫虫卵呈长卵圆形，一端钝一端尖，两侧不对称，卵细胞色浅而多（彩图 5-4）。也可用培养法检查丝状蚴。

【药物治疗】 应结合对症、支持疗法，参照羊血矛线虫病。

【预防措施】 参照羊血矛线虫病。

4. 羊仰口线虫病（钩虫病）

羊仰口线虫病是羊仰口线虫寄生于羊的小肠引起的，以贫血为主要特征的寄生虫病。本病在我国各地普遍流行，对家畜危害很大，并可以引起死亡，是危害草食动物的主要线虫病之一。

【流行病学】 仰口线虫病分布于全国各地，在比较潮湿的草场放牧的羊流行更严重。多呈地方性流行，一般秋季感染，春季发病。感染性幼虫在夏季牧场能存活 2 ~ 3 个月，在春季和秋季存活时间稍长一些。严冬的寒冷气候对幼虫有杀灭作用。

【临床症状】 患畜表现进行性贫血，严重消瘦，下颌水肿，顽固性下痢，粪带黑色。幼畜发育受阻，还有神经症状，如后躯萎缩和进行性麻痹等，死亡率很高。死亡时，红细胞降至 $(1.7 \sim 2.5) \times 10^6$ 个，血红蛋白降至 30%~40% 。

【病理剖检】 尸体消瘦，贫血，水肿，皮下有浆液性浸润。血液色浅，水样，凝固不全。肺有瘀血性出血和小点出血。心肌松软，冠状沟有水肿。肝脏呈浅紫色，松软，质脆。肾脏呈棕黄色。心包腔、胸腔、腹腔有异常浆液。肠黏膜发炎，有出血点。肠内容物呈褐色或血红色。病理组织切片可见仰口线虫寄生于肠道（彩图5-5）。

【诊断要点】 本病主要根据羊仰口线虫病的临床症状表现和流行病学特征进行初步诊断，采用饱和盐水漂浮法，检查羊粪便有无虫卵，即可确诊。该虫卵形态特殊，容易辨认，其大小为（79～97）微米×（47～50）微米，两端钝圆，胚细胞大而数少，内含暗黑色颗粒（彩图5-6）。病羊死后剖检可以在十二指肠和空肠找到大量虫体。

【药物治疗】 除参照羊血矛线虫病进行治疗外，还可用中药化虫丸加减进行治疗。

化虫丸加减：胡粉、鹤虱、槟榔、苦楝根皮各30克，枯白矾10克，共为末，按30克/只成年羊剂量开水冲调，候温灌服。

【预防措施】 包括定期驱虫，保持圈舍清洁干燥，严防粪便污染饲料和饮水，避免牛羊在低洼潮湿地放牧，注意牧场的排水等。

5. 羊食道口线虫病

羊食道口线虫病是食道口科、食道口属的几种线虫的幼虫及其成虫，寄生于反刍动物肠壁与肠腔而引起。由于有些食道口线虫的幼虫阶段可以使肠壁发生结节，故又名结节虫病。

【流行病学】 食道口线虫为土源性线虫，经口感染。羊主要是摄入被感染性幼虫污染的青草和饮水而遭感染。感染性幼虫适宜于潮湿的环境，尤其是在清晨、雨后和多雾天气放牧时易受感染。感染主要发生在春、秋季，且主要侵害羔羊。

【临床症状】 患畜表现出明显的持续性腹泻，粪便呈暗绿色，有很多黏液，有时带血，最后可能由于体液失去平衡，衰竭致死。在慢性病例，表现为便秘和腹泻交替出现，消瘦，下颌间可能发生水肿，最后虚脱而死。

【病理剖检】 主要表现为肠的结节病变。哥伦比亚食道口线虫对羊的危害较大，幼虫可在小肠和大肠壁中形成结节（彩图5-7），其余食道口线虫可在结肠壁中形成结节。结节在肠的浆膜面破溃时，可引发腹膜炎；有时可发现坏死性病变。在形成的小结节中，常可发现幼虫，有时可发现结节钙化。

【诊断要点】 本病主要根据临床症状表现和流行病学特征进行初步

诊断，结合饱和盐水漂浮法进行生前粪便检查，可检查出大量虫卵而确诊。以及病羊死后剖检，可在肠壁发现大量结节，在肠腔内找到大量虫体或在新鲜结节内找到幼虫而确诊（彩图5-8）。

【药物治疗】 除参照羊血矛线虫病进行治疗外，还可用中药南瓜子散进行治疗。

南瓜子散：南瓜子 12 克，贯众、槟榔、苦参各 6 克，为末，开水冲调，候温灌服。

【预防措施】 定期驱虫，春、秋季节各进行一次；加强营养，及时清理粪便，保持饲草和饮水卫生，改善牧场环境。提高放牧技术，避免羊群在感染季节到污染严重的牧场放牧等。

6. 羊毛首线虫病

羊毛首线虫病是由羊毛首线虫、球鞘毛首（尾）线虫寄生于羊的大肠（主要是盲肠）引起的。虫体前部呈毛发状，整个外形又像鞭子，前部细，像鞭梢，后部粗，像鞭杆，故又称为鞭虫。在我国各地都有报道，主要危害羔羊。

【流行病学】 毛首线虫为土源性线虫，其虫卵的抵抗力强，以感染性虫卵经口感染。毛首线虫遍布全国各地，夏、秋季感染较多，在我国南方高于北方，羔羊寄生较多，发病较严重。

【临床症状】 轻者无明显症状，重者消瘦、贫血、腹泻甚至水样血便，发育缓慢，羔羊因衰竭而死亡。

【病理剖检】 慢性：盲肠及结肠卡他性炎症。重者：盲肠黏膜出血性坏死、水肿和溃疡。

【诊断要点】 本病主要根据临床症状表现和流行病学特征进行初步诊断，粪便直接涂片法或漂浮法检查羊粪便中有无特征性虫卵，以及病羊死后在大肠查到虫体而确诊（彩图5-9）。

【药物治疗】 参照羊血矛线虫病。

【预防措施】 定期驱虫，春、秋季节各进行一次；加强营养及饲养管理；厩肥进行生物热处理；保持牧场和饮水的清洁。

四 羊球虫病

羊的球虫病是由多种艾美尔球虫感染，主要引起下痢或血性腹泻，故又称出血性腹泻或球虫性痢疾。其特征是以下痢为主，病羊发生渐进性贫血和消瘦。

【流行病学】 羊球虫病呈世界性分布，各种品种的羊均有易感性，成年羊一般为带虫者，1~2月龄羔羊易感染并可导致死亡。

流行的季节性不强，但气温较低的季节不易发生。羊感染发病还与体质和饲养管理条件相关，同时因感染球虫的种类和感染强度不同而呈现急性或慢性过程。

【临床症状】 病初羊出现软便，粪不成形，但精神、食欲正常。3~5天后开始下痢，粪便由粥样到水样，呈现黄褐色或黑色，混有坏死黏液、血液及大量的球虫卵囊，食欲减退或废绝，渴欲增加。随之被毛粗乱，迅速消瘦，可视黏膜苍白，急性病程1周左右，慢性病程长达数周，严重感染的最后衰竭而死，耐过的则长期生长发育不良。

【病理剖检】 剖检时，主要病变见于消化道，表现为十二指肠炎和结肠炎。在肠黏膜上有浅白、黄色圆形或卵圆形结节，粟粒至豌豆大，常成簇分布。同样病变也见于回肠和结肠，在回盲瓣、盲肠、结肠和直肠可能出现糜烂或溃疡，黏膜下可能有出血、溃疡和坏死（彩图5-10）。

【诊断要点】 主要通过临床症状、病理解剖特征进行初步诊断，如下痢、肠黏膜出现的结节和出血变化等，确诊则需在粪便中检出大量的卵囊。

【药物治疗】 可采用以下药物进行治疗。

（1）西药治疗

1）磺胺二甲基嘧啶：按每天每千克体重50毫克，混料投服，连用20天。

2）氨丙啉：按每天每千克体重20毫克，连用5天。

3）磺胺-6-甲氧嘧啶：按每天每千克体重100毫克，连用3~4天，效果好。

（2）中药治疗 常山60克，连翘40克，柴胡40克，生石膏100克，水煎服，每天1次，连用3天。

【预防措施】 在流行地区，可用药物治疗量的半量做预防用，连续用药10天。同时应加强羊舍清洁卫生，及时清除粪便，圈舍应保持清洁和干燥，饮水和饲料要卫生；放牧的羊群应定期更换草场。

第二节 羊呼吸道寄生虫病

一 羊肺线虫病

羊肺线虫病是由网尾科和原圆科的线虫寄生在羊气管、支气管、细支气管乃至肺实质，引起的以支气管炎和肺炎为主要症状的疾病。

【流行病学】 本病分布很广，广泛流行于我国西北、西南地区，对羊的感染率高，感染强度大。网尾线虫为土源性线虫，经口感染。原圆线虫的发育需要多种陆地螺类或蛞蝓作为中间宿主。一般在河流、湖沼和低湿地等水草丰盛地区放牧的羊，或收割水草直接饲喂的羊容易感染本病。

【临床症状】 羊群遭受感染时，首先个别羊干咳，继而成群咳嗽，运动时和夜间更为明显，此时呼吸声也明显粗重，如拉风箱。在频繁而痛苦的咳嗽时，常咳出含有成虫、幼虫及虫卵的黏液团块，咳嗽时伴发啰音和呼吸急促，鼻孔中排出黏稠分泌物，干涸后形成鼻痂，从而使呼吸更加困难。病羊常打喷嚏，逐渐消瘦，贫血，头、胸及四肢水肿，被毛粗乱。

【病理剖检】 虫体寄生和刺激引起局部炎性细胞浸润、肺萎陷和实变，继之其周围的肺泡和末梢支气管发生代偿性气肿与膨大；当肺泡和毛细支气管膨大到破裂时，发生支气管肺炎；受害的肺泡和支气管脱落的表皮阻塞管道，发展为小叶性肺炎；在肺脏边缘病灶切面的涂片上，可见到成虫和幼虫（彩图 5-11）。

【诊断要点】 本病可根据临床症状和当地流行病学情况做初步判断，然后以幼虫分离法检查病畜粪便，看是否有第一期幼虫，并结合对死亡羊只的剖检，在肺中发现成虫即可确诊。

【药物治疗】 可采用以下药物进行治疗。

（1）西药治疗

1）左旋咪唑：按每千克体重 8～10 毫克的剂量，口服。

2）阿苯达唑：按每千克体重 25 毫克的剂量，口服。

3）阿维菌素或伊维菌素：按每千克体重 0.2 毫克的剂量，口服或皮下注射。

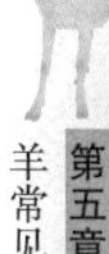

（2）中药治疗

1）白矾 200 克，溶在 2000 毫升开水中，让羊吸入，每天 1 次，连续 1 周。

2）复方红花杜鹃液：鲜红花、杜鹃叶各 1500 克，白花、刺参、地胆草各 350 克，分别蒸馏和煎煮制备成每毫升含生药 1 克的注射液，羊按每千克体重 1 毫升，分成两份在气管两侧注射或颈部肌内注射。

【预防措施】 同羊血矛线虫病的预防措施。根据肺线虫的生活史和流行特点，主要采取定期驱虫、加强饲养、注重饲养环境卫生、处理粪便（尿液）等排泄物等综合防治措施。

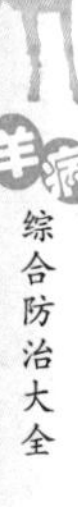

二 羊鼻蝇蛆病

羊鼻蝇蛆病又称羊狂蝇蛆病，是由羊狂蝇的幼虫寄生于羊的鼻腔及其附近的腔窦中引起的一种疾病，主要危害绵羊，对山羊危害较轻。有的地方也称为“脑蛆”。

【流行病学】 现在普遍认为羊狂蝇为全球性分布，由其幼虫侵袭引起的羊鼻蝇蛆病，在世界各国养羊区广为流行。羊鼻蝇成虫多在春、夏、秋季出现，尤以夏季为多。该虫在北方较冷地区每年仅繁殖一代，而在温暖地区，每年可繁殖两代。

【临床症状】 病羊表现的症状分为两个阶段。

（1）成虫侵袭阶段 成虫在侵袭羊群产幼虫时，羊只不安，互相拥挤，频频摇头、喷鼻，或以鼻孔抵于地面，或以头部埋于另一只羊的腹下或腿间，严重扰乱羊的正常生活和采食，使羊生长发育不良且消瘦。

（2）幼虫危害阶段 在幼虫附着的地方，形成小圆凹陷及小点出血。发炎初期，流出大量清鼻，以后由于细菌感染，变成稠鼻，有时混有血液。患羊因受刺激而磨牙。因分泌物黏附在鼻孔周围，加上外物附着形成痂皮，致使患羊呼吸困难，打喷嚏，用鼻端在地上摩擦；咳嗽，常甩鼻子；结膜发炎，头下垂。有时个别幼虫深入颅腔，使脑膜发炎或受损，出现运动失调和痉挛等神经症状，严重的可造成极度衰竭而死亡。

【诊断要点】 根据症状、流行病学和尸体剖检，可做出诊断（彩图5-12）。羊患鼻蝇蛆病时为了早期诊断，可用药液喷入鼻腔，收集鼻腔喷出物，发现幼虫后，可以确诊。

【药物治疗】

（1）西药治疗

1）伊维菌素：按每千克体重0.2毫克的剂量，1%皮下注射。或内服同等剂量的阿福丁粉、片剂，每周1次，连用2次。0.1%萘甲唑啉（滴鼻净）滴鼻，每次4~8毫升，每天3~4次，连用3天。其治愈率达95%以上。

2）3%来苏儿溶液：在羊鼻蝇幼虫尚未钻入鼻腔深处时，给鼻腔喷入，杀死幼虫。但需要大量劳力，广泛进行困难较大，不如口服或注射药物。

3）拟菊酯类杀虫药：如溴氰菊酯，加水稀释为30~50克/米^3，喷淋。

（2）中药治疗 大狼毒子和根各23克，贯众60克，野葱25克，马蔺子120克，螺蛳90克，结血蒿500克，花椒600克，防风500克，将上述药物稍研，送入干锅内加水，烧开后文火熬3小时，放置冷却24小时，过滤灭菌备用。

【预防措施】 控制措施主要以流行季节扑灭成蝇为主。

第三节 羊血液寄生虫病

一 羊日本血吸虫病

羊日本血吸虫病是由日本分体吸虫寄生在羊门静脉系统（肠系膜静脉系统）的一种危害严重的人畜共患病。本病以急性或慢性肠炎、肝硬化、严重腹泻、贫血、消瘦为特征，主要分布在日本、中国和东南亚地区，在我国主要集中于长江流域的省、直辖市和自治区。

【流行病学】 主要危害人和牛、羊等家畜。本病一般发生于春夏、夏秋之交，以6~10月常见。钉螺为日本血吸虫的唯一中间宿主，是本病传染过程的主要环节。一般在钉螺生长较多的沟、河、湖等水草丰盛地区放牧的羊，或收割水草直接饲喂的羊容易患日本血吸虫病。

【临床症状】 羊患本病多为慢性发作，只有当突然感染大量尾蚴后才急性发病。病羊表现体温升高，似流感症状，食欲减退、精神不振、呼吸急促、有浆液性鼻液、下痢、消瘦等，常可造成大批死亡。一经耐过则转为慢性、轻度感染的羊缺乏急性表现。慢性病例一般呈现黏膜苍白，下颌及腹下水肿，腹围增大，消化不良，软便或下痢；幼羊生长发育停滞，甚至死亡；母羊不发情，不孕或流产。

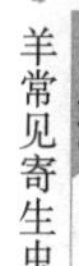

【病理剖检】 剖检可见尸体明显消瘦、贫血、腹腔内常有大量腹水。本病引起的病理变化主要是由于虫卵沉积于组织中所产生的虫卵结节（虫卵肉芽肿）。病变主要在肝脏和肠壁。肝脏表面凹凸不平，表面或切面上有粟粒大到高粱米大灰白色的虫卵结节，初期肝脏肿大，日久后肝脏萎缩、硬化。严重感染时，肠壁肥厚，表面粗糙不平，肠道各段均可找到虫卵结节，尤以直肠部分的病变最为严重。肠黏膜有溃疡斑，肠系膜淋巴结和脾脏肿大，门静脉血管肥厚。在肠系膜静脉和门静脉内可找到大量雌雄合抱的虫体。此外，在心脏、肾脏、脾脏、胰脏、胃等器官有时也可发现虫卵结节。

【诊断要点】 在流行区，根据流行病学、临床症状可做出初步诊断，但确诊和查出轻度感染的羊需依靠病原学检查和免疫学试验。

羊粪中虫卵的检查最常用的方法是粪便尼龙绢袋集卵孵化法和虫卵毛蚴孵化法，两种方法常结合使用。血吸虫的虫卵呈椭圆形、浅黄色，卵壳较薄，无卵盖，在其侧方有一小刺，卵内含毛蚴。病羊死后剖检，发现虫体、虫卵结节等可以确诊。免疫诊断常作为辅助性诊断，环卵沉淀试验、间接血凝试验和酶联免疫吸附试验可用于普查。

【药物治疗】

1）吡喹酮：按每千克体重30～50毫克，灌服；20%吡喹酮液状石蜡注射液，按每千克体重30～40毫克，深部肌内注射；还可用4%吡喹酮注射液（聚乙二醇为溶媒），按每千克体重10毫克，静脉注射。

2）硝硫氰胺：按每千克体重60毫克，一次口服；或按每千克体重4毫克，配成2%～3%水悬液，颈静脉注射。

【预防措施】

1）在4～5月和10～11月定期驱虫，病羊要淘汰。

2）结合水土改造工程或用灭螺药物杀灭中间宿主，阻断日本血吸虫的发育途径。

3）疫区内粪便进行堆肥发酵和制造沼气，既可增加肥效，又可杀灭虫卵。

4）选择无螺水源，实行专塘用水，以杜绝尾蚴的感染。

二 羊巴贝斯虫病

羊巴贝斯虫病是由巴贝斯科、巴贝斯属的莫氏巴贝斯虫，寄生于羊的血液引起的严重的寄生性原虫病。

【流行病学】 本病的流行与传播媒介蜱的消长、活动相一致。多发生于春末、夏、秋季节，分布有一定的地区性。多发生在放牧时期，舍饲羊群发病较少。

【临床症状】 体温升高至41～42℃，稽留数日或直至死亡；呼吸浅表，脉搏加速，精神委顿，食欲减退乃至废绝；黏膜苍白，显著黄染；时而出现血红蛋白尿，并出现腹泻。

【病理剖检】 黏膜与皮下组织贫血、黄染；肝脏、脾脏肿大变性，有出血点；胆囊肿大2～4倍；心脏内膜及浆膜有出血点和出血表现；肾脏充血发炎；膀胱扩张，充满红色尿液。

【诊断要点】 羊巴贝斯虫病的诊断要根据当地流行病学因素、临床症状与病理变化的特点，以及实验室检查等综合进行。

实验室血液检查可采取羊的静脉血液，制成血涂片，经染色后镜检虫体。染色通常采用姬姆萨或瑞氏染色法。红细胞虫体感染率较低时，可先进行集虫，再制片检查。死后诊断则可以进行淋巴结等直接涂片染色镜检。免疫学方法主要用于检测感染羊体内存在的抗体情况，主要有酶联免疫吸附试验（ELISA）、间接血凝试验（IHA）、补体结合反应、间接荧光抗体试验（IFAT）等。

【药物治疗】

（1）西药治疗

1）三氮脒（贝尼尔、血虫净）：配制成5%~7%的溶液按每千克体重3.5~3.8毫克，肌内注射。

2）咪唑苯脲：配成10%溶液按每千克体重1~3毫克，肌内注射。

3）硫酸喹啉脲（阿卡普林）：配成5%溶液按每千克体重0.6~1.0毫克，皮下注射。

4）锥黄素（吖啶黄）：配成0.5%~1%溶液按每千克体重3~4毫克，静脉注射，症状未减轻时，24小时再注射1次，在注射后数日内，避免烈日照射。治疗的同时应辅以强心、补液等措施，加强管护，以使患羊早日治愈。

（2）中药治疗

方1：郁金30克，黄芩24克，知母24克，黄檗24克，栀子30克，连翘24克，当归60克，蒲公英30克，龙胆草30克，茵陈120克，牛蒡子30克，木通30克，板蓝根30克，萹蓄30克，灯心30克，荆芥15克，滑石60克，生甘草12克，共研细末，开水冲调，加蜂蜜240克，待温灌服，连服2剂，高热退后，改用方剂（方2），并结合静脉注射葡萄糖液补养。

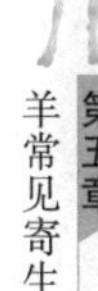

方2：党参30克，黄芪30克，茯苓24克，炒白术24克，桔梗18克，山药60克，麦冬30克，当归60克，百合30克，青皮18克，陈皮18克，炒神曲24克，炒麦芽24克，茵陈30克，龙胆草30克，生姜30克，炙甘草12克，大枣30克，共研细末，开水冲调，加蜂蜜240克，待温灌服。隔日一剂，连服3~5剂。

【预防措施】 根据流行地区（包括隐伏地区）蜱的种类、出现季节和活动规律，有计划、有组织地灭蜱，并逐年进行；保持厩舍内外的清洁；在发病季节对羔羊可用三氮脒、咪唑苯脲进行药物预防；引进或外调羊只前，应做药物灭蜱处理。正式调运时，应避开蜱的活动时期。

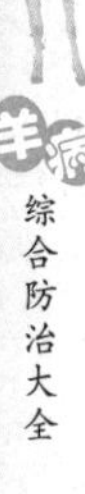

三 羊泰勒虫病

羊泰勒虫病是由泰勒科、泰勒属的各种原虫，寄生于羊巨噬细胞、淋巴细胞和红细胞内所引起的疾病的总称。

【流行病学】 我国羊泰勒虫病的传播者为青海血蜱。本病多发生于4~6月，5月为高峰。1~6月龄羔羊发病率高，病死率也高，1~2岁羊次之。羊泰勒虫病在我国四川、甘肃和青海省陆续发现，呈地方性流行，可引起羊只大批死亡。

【临床症状】 羊泰勒虫病潜伏期为4~12天。病羊精神沉郁，食欲减退，体温升高到40~42℃，稽留4~7天，呼吸促迫，反刍及胃肠蠕动减弱或停止。有的病羊排恶臭稀粥样粪，杂有黏液或血液。个别羊尿液混浊或血尿。结膜初充血，继而出现贫血和轻度黄疸。体表淋巴结肿大，有痛感。肢体僵硬，以羔羊最明显，有的羊行走时，前肢提举困难或后肢僵硬，举步十分艰难；有的羔羊四肢发软，病程6~12天。

【病理剖检】 尸体消瘦，血液稀薄，皮下脂肪胶冻样，有点状出血。全身淋巴结呈不同程度肿胀，切面多汁、充血，有一些淋巴结呈灰白色，有时表面可见颗粒状突起。肝脏、脾脏肿大。肾脏呈黄褐色、表面有结节和小点出血。皱胃黏膜上有溃疡斑，肠系膜上有少量出血点。

【诊断要点】 本病主要根据临床症状表现、流行病学资料及尸体剖检做出初步诊断，在血涂片、淋巴结或脾脏涂片上发现虫体即可确诊。

实验室血液检查同羊巴贝斯虫病。泰勒虫病患羊，除进行血液检查外，还必须做淋巴穿刺，采取淋巴穿刺物涂片染色后镜检石榴体。寄生于红细胞内的泰勒虫虫体大多数呈圆形和卵圆形，其次为杆状。

【药物治疗】

（1）西药治疗 可用三氮脒、咪唑苯脲或硫酸喹啉脲治疗，用法同羊巴贝斯虫病。

（2）中药治疗

方1：新鲜黄花蒿2~4千克捣碎，冷水浸泡30~60分钟，连渣灌服，每天2次，连用3~5天。

方2：常山、黄花蒿各100克，炒鸦胆子、柴胡、雄黄、乌梅各60克，共为末，开水冲调，候温1次灌服，每天1剂，连用3~5剂有良效。

方3：贯众80克，槟榔45克，木通40克，泽泻40克，茯苓30克，龙胆草30克，鹤虱40克，厚朴35克，甘草15克，水煎1次灌服，每天

1 剂，连用 2 ~ 3 剂。

【预防措施】 做好灭蜱工作。在发病季节对羔羊可应用 3 毫克/千克体重深部肌内注射三氮脒进行药物预防。

四 羊弓形虫病

羊弓形虫病是由刚地弓形虫寄生于羊的组织细胞内引起羊的严重疾病。弓形虫病是一种世界性分布的人兽共患原虫病。弓形虫病流行于世界各地，在人畜等多种动物间广泛传播，且有多样的传播途径，因而造成多数动物呈隐性感染。

【流行病学】 猫是弓形虫病最重要的散布源，猪及人等中间宿主也是本病的主要传染源，它们的排泄物及肉、内脏淋巴结、腹水等都带有大量的速殖子和包囊（假包囊）。在虫体的不同阶段，羊食入含有这些阶段虫体（如卵囊、速殖子和包囊）的饲草、水等均可引起感染；羊弓形虫病的流行没有严格的季节性，但夏季多发，可能与温度、湿度适宜于卵囊的发育有关。

【临床症状】 病羊趴卧饲槽边或羊舍一侧，不愿走动；精神萎靡，食欲减退，少数废绝；体温升高达 41℃以上，腹泻、有时带有血液；呼吸困难，咳嗽，流浆液性鼻液。羔羊体表淋巴结高度肿大，可视黏膜黄染、苍白、贫血；个别病羊四肢抽搐、共济失调等神经症状。

【病理剖检】 剖检病死的羔羊，可见腹部皮下黄染，结膜苍白，胸腔、腹腔积液；全身淋巴结肿胀，切面多汁、出血；肺脏膨胀，间质增宽，有点状坏死灶，切面流出大量带泡沫的液体；肝脏呈灰黄或灰白色肿大，硬度增大，表面有出血点和坏死灶；肾脏呈土黄色，被膜下有出血点；脾脏肿大、出血，呈黑紫色；胃肠黏膜充血、出血；脑膜和小脑充血，有出血点。

【诊断要点】 本病可根据流行病学调查和临床症状做出初步诊断，但确诊必须进行病原学的诊断。

采用脏器及腹水涂片染色法、集虫法，检出病羊体内不同阶段的虫体（滋养体和包囊及假包囊）。还可采用动物和鸡胚接种及血清学方法，如色素试验（DT）、间接血凝、间接荧光抗体、酶联免疫吸附试验等对羊的弓形虫病进行确诊。

【药物治疗】

（1）西药治疗

1）磺胺-6-甲氧嘧啶：按每千克体重 60 ~ 100 毫克的用量（首次量加

倍），维持量30～40毫克，一次肌内注射，每天2次，连用3～5天。或配合甲氧苄胺嘧啶，按每千克体重14毫克，口服，每天1次，连用4次。

2）磺胺嘧啶：按每千克体重70毫克，配合甲氧苄氨嘧啶，按每千克体重14毫克，口服，每天2次，连用3～4天。

3）磺胺甲氧吡嗪：按每千克体重30毫克，配合甲氧苄氨嘧啶，按每千克体重10毫克，口服，每天1次，连用3～4天。

（2）中药治疗

方1：常山20克，槟榔12克，双花、连翘、蒲公英各15克，柴胡、麻黄、桔梗、甘草各8克，先将常山、槟榔用文火煮20～30分钟，再加入双花、连翘、蒲公英、柴胡、桔梗、甘草同煮15分钟，最后放入麻黄煎5分钟，去渣候温，灌服。可根据病情连服3～5天。

方2：蟾蜍2～3只（大者2只，小者3只，鲜品、干品均可），苦参、大青叶、连翘各20克，蒲公英、金银花各40克，甘草15克，水煎温服。

【预防措施】

（1）加强羊的饲养管理 禁止在牧场内养猫，扑灭场内鼠类；禁止屠宰废弃物作为饲料，防止饲料、饮水被猫粪污染。

（2）加强检疫 发现病死的和可疑的畜尸、流产的胎儿及排出物严格处理，如深埋、焚烧；定期对羊群进行血清学检查，对检出阳性种羊隔离饲养或有计划淘汰。

（3）加强环境卫生与消毒 经常对圈舍、场地、用具进行消毒，如常用热水（60℃以上）、1%来苏儿、0.5%氨水、双季铵盐碘1∶800喷洒场地消毒（杀灭卵囊）。

（4）药物、疫苗预防 常用药物为长效磺胺；采用灭活疫苗预防动物弓形虫病。

第四节 羊皮肤寄生虫病

一 羊疥螨病和痒螨病

羊螨病是由疥螨科和痒螨科的螨类寄生于羊的表皮内或体表所引起的慢性皮肤病，以接触感染、能引起患畜发生剧烈的痒觉及各种类型的皮肤炎为特征。疥螨主要寄生于羊表皮下，痒螨主要寄生于羊体表毛密集部位。羊螨病的危害较大，常可引起大面积发病，严重时可引起大批死亡。

【流行病学】 螨病多发生在秋末、冬季和初春季节。这些季节，日光照射不足、家畜被毛增厚，绒毛增生，皮肤温度较高，这些因素适合螨的发育繁殖。螨的生长发育期较短，疥螨为 8 ~ 22 天，痒螨为 2 ~ 3 周，因此，螨病的发生较为迅猛，常引起病羊的死亡。

幼龄动物和体质瘦弱、抵抗力差的家畜易受感染，发病较为严重；成年家畜和体质健壮、抵抗力强的家畜则不易感染。但成年体质健壮家畜的“带螨现象”为本病主要的传染源。疥螨的宿主特异性不强，可造成人畜之间、家畜之间的相互感染。

【临床症状】 动物患螨病后，主要表现出奇痒的症状。病变部皮肤损伤、发炎、溃烂、感染化脓、结痂，并伴有局部皮肤增厚，被毛脱落。剧痒使患病动物终日啃咬、擦痒，严重影响采食和休息，患病动物日渐消瘦，有时继发感染，严重时可引起死亡。

疥螨病严重时口唇皮肤皲裂，采食困难，病变可波及全身，死亡率高。羊疥螨病主要发生于嘴唇四周、眼圈、鼻背和耳根部，可蔓延到腋下、腹下和四肢曲面等皮肤薄、被毛短而稀少部位，形成灰白色橡皮样痂皮（彩图 5-13）。

痒螨病主要发生在耳朵内面等被毛长而稠密处，在耳内生成黄色痂，将耳道堵塞，使羊变聋，食欲不振甚至死亡。

【病理剖检】 疥螨引起的螨病，病变部皮肤先出现丘疹、水疱和脓疮，以后形成坚硬的灰白色橡皮样痂皮。痒螨引起的螨病，病变部皮肤先出现浅红色或浅黄色粟粒大或扁豆大的小结节及充满液体的小水疱，继而出现鳞屑和脂肪样浅黄色的痂皮。

【诊断要点】 对有明显症状的螨病，根据发病季节、剧痒、患部位置及皮肤病变等做出初步诊断。但最后的确诊需要在病羊的表皮内和体表分别找到疥螨和痒螨。

【药物治疗】

（1）西药治疗

1）伊维菌素：用法同羊血矛线虫病。

2）双甲脒：按每千克体重 500 毫克，涂擦、喷淋或药浴。

3）溴氰菊酯：按每千克体重 500 毫克，喷淋或药浴。

4）二嗪农（螨净）：按每千克体重 250 毫克，喷淋或药浴。

（2）中药治疗

方 1：枫杨树叶、米醋各等份，现将枫杨树叶捣烂，煎米醋至沸，加入枫杨树叶，候温取汁，涂患处。

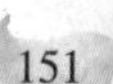

方2：雄黄、苦参、蛇床子、白芷、百部各50克，硫黄400克，黄檗40克，共研为细末，以桐油或其他植物油调匀，涂查患处。

方3：苦参250克，花椒100克，地肤子150克，煎水洗患部。

方4：大枫子、蛇床子、木鳖子、花椒各100克，雄黄50克，硫黄150克，共研细末，以棉籽油或猪油调涂患处。

方5（灭疥灵）：百部、大枫子、马钱子、苦参、白芷各10克，狼毒、苦楝根皮、紫草、当归各15克，黄蜡30～60克，植物油500克。除黄蜡外，各药入油内炸至红赤色，滤去药渣，趁热加入黄蜡，冷却即为膏状。用时将药膏抹于患部，隔5～7天可重复使用1次。如果受损皮肤面积较大，应分片涂抹。一般用药后7～14天，即可见新毛长出，皮肤光润而痊愈。

【预防措施】 圈舍要宽敞，干燥，透光，通风良好，不要使畜群过于密集。圈舍应经常清扫，定期消毒（至少每2周1次），饲养管理用具也应定期消毒。经常注意动物群中有无发痒、掉毛现象，及时挑出可疑患病动物，隔离饲养，迅速查明原因。发现患病动物及时隔离治疗。引入动物时，应事先了解有无螨病存在；引入后应详细做螨病检查；最好先隔离观察一段时间（15～20天），确无螨病症状，经杀螨药喷洒后再并入畜群中去。每年夏季剪毛后对羊只进行药浴，是预防羊螨病的主要措施。对曾经发生过螨病的羊群尤为必要。

二 羊蠕形螨病

羊蠕形螨病是由蠕形螨科中各种蠕形螨寄生于羊的毛囊或皮脂腺而引起的皮肤病，本病又称为毛囊虫病或脂螨病。

【流行病学】 本病的发生主要是由于病畜与健康畜互相接触，或健康畜与被患畜污染的物体相接触，通过皮肤感染。虫体离开宿主后在阴暗潮湿的环境中可生存21天左右。

【临床症状】 常寄生于羊的眼部、耳部及其他部位，病羊消瘦，被毛粗乱，生长发育缓慢，精神沉郁，用手触摸在头颈部、四肢内侧、体两侧、背部、臀部及尾部等部位皮下发现有坚硬的结节。

【病理剖检】 蠕形螨主要寄生于羊皮肤毛囊和皮脂腺内，剖检发现毛囊和皮脂腺呈袋状扩大与延伸，增生肥大，引起毛干脱落。腺口扩大，虫体进出活动，易使化脓性细菌侵入而继发毛脂腺炎、脓疱。

【诊断要点】 羊蠕形螨病可根据临床症状及流行病学进行初步诊断。

确诊需采取患部皮肤上的痂皮、皮肤上的结节或脓疱，镜检有无虫体。

【药物治疗】

1）14%碘酊：涂擦患处6~8次。

2）5%福尔马林：浸润5分钟，隔3天1次，共5~6次。

3）甲酸苄酯乳剂：25%或50%甲酸苄酯乳剂涂擦患部。

4）伊维菌素：按每千克体重0.2~0.3毫克，皮下注射，间隔7~10天重复用药。对脓疱型重症病例还应同时选用高效抗菌药物；对体质虚弱患畜应补给营养，以增强体质及抵抗力。

【预防措施】 参照羊疥螨病与痒螨病。

第五节 羊脑、肝、肺及腹腔寄生虫病

一 羊脑多头蚴病（脑包虫病）

羊脑多头蚴病是由带科的多头绦虫的幼虫——脑多头蚴（俗称脑包虫）所引起的。多寄生在羊的大脑、肌肉、延脑、脊髓等处，是一种严重危害绵羊的寄生虫病，尤以两岁以下的绵羊易感。

【流行病学】 成虫多头绦虫在终宿主犬、豺、狼、狐狸等的小肠内寄生，其妊娠节脱落后随宿主粪便排出体外，妊娠节或虫卵被中间宿主羊吞食，六钩蚴在胃肠道内逸出，随血流被带到脑脊髓中，经2~3个月发育为多头蚴。终末宿主吞食了含有多头蚴的脑脊髓，原头节附着在小肠壁上逐渐发育，经47~73天发育成熟。

【临床症状】 有前期与后期的区别，前期症状一般表现为急性型，后期为慢性型；后期症状又因病原体寄生部位的不同及其体积增大程度的不同而异。

（1）前期症状 以羔羊的急性型最为明显，表现为体温升高，患畜做回旋、前冲或后退运动；有时沉郁，长期躺卧，脱离畜群。

（2）后期症状 典型症状为“转圈运动”，所以通常又将多头蚴病的后期症状称为“回旋病”。其转圈运动的方向与寄生部位是一致的，即头偏向病侧，并且向病侧做转圈运动。多头蚴囊体越大，动物转圈越小（彩图5-14）。

【病理剖检】 剖开病羊脑部时，在前期急性死亡的病羊见有脑膜炎及脑炎病变，还可能见到六钩蚴在脑膜中移动时留下的弯曲伤痕。在后期病程中剖检时可以找到一个或更多的囊体，有的在大脑、小脑或脊髓表

面，有时嵌入脑组织中。与病变或虫体接触的头骨，骨质变薄、松软，致使皮肤向表面隆起。在多头蚴寄生的部位常有脑的炎性变化。

【诊断要点】 根据流行病学及临床症状可做出初步诊断。剖检病死羊，根据其脑部的特征性病理变化及查出多头蚴，即可确诊。

【药物治疗】

1）吡喹酮：按每千克体重100～150毫克，内服，连用3天为一个疗程。

2）阿苯达唑：按每千克体重25～30毫克，拌料喂服或投服，每天1次，连服5天。

3）甲苯达唑：按每千克体重50毫克，拌料喂服，每天1次，连服2次。

【预防措施】 防止犬吃到含脑多头蚴的牛、羊等动物的脑及脊髓。对牧羊犬进行定期驱虫。粪便应深埋、烧毁或利用堆积发酵等方法杀死其中的虫卵，避免虫卵污染环境。

【小贴士】>>>>

脑多头蚴呈囊疱状，囊体由豌豆到鸡蛋大；其典型症状为“转圈运动”。

二 羊棘球蚴病（羊包虫病）

羊棘球蚴病又称包虫病，由带科的细粒棘球绦虫的中绦期幼虫——棘球蚴，寄生于羊的肝脏、肺脏等器官中引起的一种严重的人兽共患寄生虫病。

【流行病学】 分布比较广泛，几乎遍及全世界各国，许多畜牧业发达的地区多是本病流行的自然疫源地。我国主要流行于西北地区，而在东北、华北和西南地区也有报道，上海和福建等地屠宰场曾有零星发现。

【临床症状】 寄生数量少时，表现消瘦、被毛粗糙逆立、咳嗽等症状。大量虫体寄生时，肝脏、肺脏高度萎缩，患畜逐渐消瘦，肋下出现肿胀和疼痛，终因恶病质或窒息而死亡。

【病理剖检】 剖检病变主要表现在虫体经常寄生的肝脏和肺脏。可见肝脏、肺脏表面凹凸不平，重量增大，表面有数量不等的棘球蚴囊疱凸起；肝脏实质中也有数量不等、大小不一的棘球蚴囊疱。棘球蚴内含有大量的液体，除不育囊外，液体沉淀后，可见有大量包囊砂（彩图 5-15）。也可偶然见到一些缺乏囊液的囊泡残迹，或干酪变性和钙化的棘球蚴及化脓病灶。

【诊断要点】 本病根据流行病学和临床症状进行初步确定，以病理剖检发现棘球蚴囊泡即可确定感染。

【药物治疗】

吡喹酮：按每千克体重 100～150 毫克内服，连用 3 天为一个疗程。

阿苯达唑：按每千克体重 25～30 毫克拌料喂服或投服，每天 1 次，连服 5 天。

【防治措施】 消灭野犬，凡有经济价值的犬定期驱虫，加强肉品检验工作，有病器官按规定处理，以避免被犬、狼、狐狸吃掉。

三 羊细颈囊尾蚴病

羊细颈囊尾蚴病是由带科的泡状带绦虫的幼虫——细颈囊尾蚴所引起的，细颈囊尾蚴俗称“水铃铛”（彩图 5-16）。细颈囊尾蚴寄生于羊的肝脏浆膜、网膜及肠系膜等处（彩图 5-17），严重感染时还可进入胸腔，寄生于肺部。

【流行病学】 细颈囊尾蚴病呈世界性分布，我国各地普遍流行，尤其是猪、羊，感染率为 50% 左右，个别地区高达 70%。除主要影响羊的生长发育和增重外，对肉类加工业更因屠宰失重和胴体品质降低而导致巨大的经济损失。

【临床症状】 病畜一般无临床表现，感染初期因幼虫到达腹腔、肝脏，引起急性肝炎和腹膜炎，表现体温升高。病情严重时，患羊精神不振，采食和饮水减少，喜卧，生长发育缓慢，在寒冷季节和饲料单一而营养不足的情况下，容易发生死亡。

【病理剖检】 剖检病死羊时，皮下脂肪减少，肌肉颜色变浅，血液稀薄，在皮下或肌间往往出现胶样浸润。有的病羊肝脏稍肿大，肝叶呈灰褐色或暗紫红色，肝脏表面往往有细小的出血点、小结节或灰白色的瘢痕，虫体附着部位的组织往往褪色与萎缩。腹腔出现弥漫性腹膜炎的变化。用手术刀轻刮脾脏，往往见其表面附有灰白色绒毛样纤维素性渗出物，脾脏的切面干燥，脾小梁显见。

【诊断要点】 根据流行病学、临床症状做出初步诊断，结合粪便检查发现大量虫卵或妊娠节便可确诊。通过尸体剖检，发现细颈囊尾蚴，虫体呈囊疱状，豆大或鸡蛋大，囊壁呈乳白色，囊内含透明液体和一个白色的头节，囊体大小不一，最大可至小儿头大。囊壁外层厚而坚韧，是由宿主动物结缔组织形成的包膜；虫体的囊壁薄而透明。

【药物治疗】

1）吡喹酮：按每千克体重100~150毫克，内服，连用3天为一个疗程。

2）阿苯达唑：按每千克体重25~30毫克，拌料喂服或投服，每天1次，连服5天。

3）硫酸二氯酚：按每千克体重0.1毫克，喂服。

【预防措施】　禁止私屠滥宰猪、牛、羊及鹿等动物，禁止乱扔其死尸、内脏及其他废弃物。用动物内脏等喂犬时，应提前进行高温处理。对羊群应有针对性地用药物驱虫，每年春、秋两季，部分预防措施参照羊脑多头蚴病。

【小贴士】>>>>

细颈囊尾蚴为囊疱状，大小不等，囊内含透明液体和一个白色的头节。

四　羊囊尾蚴病

羊囊尾蚴病是由羊囊尾蚴寄生于羊的心肌、膈肌或咬肌、舌肌等处所引起的一种寄生虫病。

【流行病学】　本病呈世界性分布，我国的分布几乎遍及全国各地，羊囊尾蚴被终末宿主犬、狼等吞食后，在其小肠约经7周发育为成虫，妊娠节或虫卵随粪便排出，被羊吞食后，六钩蚴钻入肠壁，随血流到达肌肉或其他组织，经2.5~3个月囊尾蚴发育成熟。

【临床症状】　幼羊被大量寄生时，可能造成成长迟缓，发育不良。寄生于舌部表层时，可见豆状肿胀，寄生于肌肉中时，短时期内引起寄生部位肌肉发生疼痛、跛行和食欲不振等，但不久就消失。

【病理剖检】　肝脏肿大呈暗红色，有鸡蛋大小，被膜粗糙，覆有大量灰白色纤维素性渗出物，局部有出血性坏死灶。有的虫体裸露在肝脏表面，用镊子取出虫体，可见肝脏表面留有卵圆形压迹。挑破肝包膜可取出虫体，有的虫体附着在肠系膜上，外面有一层结缔组织包裹。

【诊断要点】 根据流行病学及临床症状进行初步诊断，以解剖病死羊肌肉组织发现囊虫进行确诊。虫体呈囊疱状，内含透明液体。囊体大小不一，最大可至小儿头大。囊壁外层厚而坚韧，是由宿主动物结缔组织形成的包膜；虫体的囊壁薄而透明。肉眼观察时，可见囊壁上有 1 个不透明的乳白色结节，为其颈部和内陷的头节，如将头节翻转出来，则见头节与囊体之间具有 1 个细长的颈部。还可应用间接血凝试验和酶联免疫吸附试验做生前诊断。

【药物治疗】

1）吡喹酮：按每千克体重 100 ~ 150 毫克，内服，连用 3 天为一个疗程。

2）阿苯达唑：按每千克体重 25 ~ 30 毫克，拌料喂服或投服，每天 1 次，连服 5 天。

3）甲苯达唑：按每千克体重 50 毫克，拌料喂服，每天 1 次，连服 2 次。

【预防措施】 防止犬吃到含囊尾蚴的牛、羊等动物的脑及脊髓。对牧羊犬进行定期驱虫。粪便应深埋、烧毁或利用堆积发酵等方法杀死其中的虫卵，避免虫卵污染环境。

五 羊丝状线虫病

羊丝状线虫病主要是由鹿丝状线虫和指形丝状线虫的成虫寄生于羊的腹腔所引起的，又称腹腔丝虫病，其成虫在羊腹腔内产出微丝蚴，微丝蚴进入血液，周期性地出现于末梢血管中，当蚊吸食动物血液时微丝蚴进入蚊体，进而发育为感染性幼虫。带有感染性幼虫的蚊刺吸羊血液时，幼虫进入羊的体内，有的微丝蚴随淋巴液或血液进入脑脊髓，引起羊的脑脊髓丝虫病；有的微丝蚴随淋巴液或血液进入眼前房，引起羊的混睛虫病。

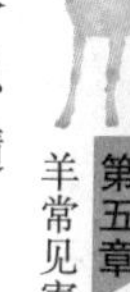

1. 羊腹腔丝虫病

【流行病学】 本病有明显的季节性，多发于夏末秋初。其发病时间往往比蚊虫出现时间晚一个月。一般为 7 ~ 9 月，即蚊虫最多的月份，而以 8 月发病率最高。本病的发生也具有一定的地区性，在地势低洼、潮湿、蚊虫密集、家畜集中的地方较多发生。

【临床症状及病理剖检】 寄生于腹腔的丝状线虫的成虫致病力不强，临床上一般不显症状，严重时可引起轻度睾丸的鞘膜积液、腹膜及肝包膜的纤维素性炎症。

【诊断要点】 羊腹腔丝虫病主要根据其临床症状表现和流行病学特征进行初步诊断。实验室诊断多采用取动物外周血液检查，发现微丝蚴即可确诊。

【药物治疗】 对成虫引起的腹腔丝虫病目前研究较少，可试用左旋咪唑治疗。

【预防措施】 杀灭吸血昆虫和防止吸血昆虫叮咬终末宿主；在本病流行地区应注意查治病羊，消除传染源；注意搞好环境卫生，铲除蚊虫的滋生地，应用杀虫剂驱杀蚊虫，以切断传播途径；必要时可进行药物预防。

2. 羊脑脊髓丝虫病（腰痿病）

羊脑脊髓丝虫病是指携带有指形丝状线虫感染性幼虫的中间宿主刺吸羊的血液时，幼虫进入羊的体内，有的幼虫随淋巴液或血液进入脑脊髓，引起羊的脑脊髓丝虫病。

【流行病学】 本病有明显的季节性，多发于夏末秋初。其发病时间往往比蚊虫出现时间晚一个月，一般为 7～9 月，而以 8 月发病率最高。

【临床症状】 当感染性幼虫进入羊体内，引起羊的脑脊髓丝虫病时，症状很明显，主要表现为后躯运动神经障碍。慢性病例，病初一侧或两侧后肢运动无力，步态踉跄，容易跌倒；病情加剧时，则致两后肢完全麻痹，不能站立，呈犬坐姿势，终至长期卧地，发生褥疮。急性病例，可见突然倒地不起，呈兴奋、骚乱、空嚼及哀鸣等神经症状，眼球上旋，颈部肌肉强直或痉挛；抽搐之后，如将羊扶起，则见四肢强直，向两侧叉开，步态不稳。急、慢性病例最终可因极度衰竭死亡。

【病理剖检】 病变主要可见脑、脊髓的硬膜、蛛网膜有浆液性、纤维素性炎症和胶样浸润灶及大小不等的出血灶，其附近有时可发现寄生童虫。脑、脊髓实质（尤为白质区）可见由虫体所致的大小不等的斑点状、线条状的黄褐色破坏性病灶，以及形成大小不同的空洞和液化灶。

【诊断要点】 羊脑脊髓丝虫病主要根据其临床症状表现和流行病学特征进行初步诊断。采用皮内变态反应或免疫学方法检测抗体，或死后剖检脑、脊髓的特征性病理变化对本病进行确诊。病羊死后，剖检采集脑和脊髓检查有无指形丝状线虫的童虫。童虫呈乳白色，丝线状，长 10～40 毫米，其形态特征已基本近似成虫。本病采用皮内变态反应实验进行早期诊断，用指形丝状线虫制备抗原，皮内注射。

【药物治疗】

1）枸橼酸乙胺嗪（海群生）：按每千克体重 50～100 毫克，口服，每天1次，连用2~5天。

2）左旋咪唑：按每千克体重2~3毫克，肌内注射，每天1次，连用3~5天。

3）苯硫咪唑：按每千克体重5毫克，一次灌服。

4）独活寄生汤加减：独活25克，桑寄生25克，熟地、川芎各25克，白芍、党参、茯苓、细辛、秦艽、乳香各20克，没药20克，牛膝30克，当归25克，千年健25克，木瓜25克，防己25克，防风25克，地风25克，苍术25克，柴胡25克，炒杜仲25克，菟丝子30克，巴戟天20克，川续断25克，故破纸25克，桂心25克，生姜20克，甘草20克。水煎，候温分3次灌服，1剂/天，500毫升/次，连用4天。

同时，用维生素C 0.5克、10%葡萄糖500毫升，混合静脉注射，1次/天，连用3天；阿苯达唑1000毫克/片，按10毫克/千克，一次灌服；尹力佳针剂0.2毫升（10千克），皮下注射。连续治疗4天后痊愈。

【预防措施】 参照羊腹腔丝虫病。

3. 羊混睛虫病

羊混睛虫病是指携带有指形丝状线虫感染性幼虫的中间宿主刺吸羊的血液时，幼虫进入羊的体内，有的幼虫随淋巴液或血液进入眼前房，引起羊的混睛虫病。

【流行病学】 混睛虫病的发生具有一定的季节性，多在7~9月感染，8~10月出现临床症状。它随中间宿主蚊类的滋生而相继发展，本病呈散发性。

【临床症状】 病初患畜常躁动不安、摇晃头部，常在柱头或墙壁等处摩擦患眼。临床检查可见患羊畏光流泪，1~2天角膜、眼房混浊，白翳遮眼。有的眼睑肿胀，视力减退，甚至失明，引起角膜炎、虹膜炎和白内障。患眼内有细的白色线状虫体在眼房液中呈波浪式游动。

【诊断要点】 羊混睛虫病主要根据其临床症状表现和流行病学特征进行初步诊断。在病羊眼房液中发现游动的微丝蚴即可确诊。

【药物治疗】

（1）西药治疗

1）枸橼酸乙胺嗪：用法参照羊脑脊髓丝虫病。

2）伊维菌素或阿维菌素：按0.6毫升/10千克体重，皮下注射，连用2次，间隔10天再用1次。

（2）中药治疗

方1：蝉蜕15克，马兰花12克，黄连9克，地骨皮12克，荆芥12

克，密蒙花20克，栀子15克，川芎9克，龙胆草9克，甘草9克，共研为末，蜂蜜200克为引，开水冲调，候温灌服。

方2：鹰粪50克，朱砂3克，硼砂6克，硇砂6克，共研为极细粉末，用棉纸箩过2次，装瓶，点眼。

方3：硇砂5克，冰片5克，煅石膏50克，共为极细粉末，每次2～3份，点在大眼角内，每天2次。

方4（菊花散）：菊花、龙胆草、青葙子、草决明、煅石决明、密蒙花、木贼各30克，黄连15克，水煎服。

【手术治疗】 针刺开天穴，即可排出虫体。方法：将患畜站立或横卧保定，固定头部，术前用3%毛果芸香碱液点眼，使瞳孔缩小，再用3%～5%盐酸普鲁卡因液点眼麻醉，开张眼睑，左手固定眼球，右手持小宽针、静脉注射针头或眼科穿刺针，针尖长度用线缠至3～5毫米深度，沿角膜下周缘，以固定最低位为好，针尖斜向角膜内，轻手急刺，虫体即可随眼房液流出。用小镊子取出虫体后，用3%硼酸溶液清洗，再滴入抗生素眼药水。

【预防措施】 参照羊腹腔丝虫病。

第六章 羊常见内科病

第一节 消化系统疾病

一 口炎

口炎是口腔黏膜及深层组织的炎症，临床上主要以口腔流涎，黏膜潮红肿胀，采食、咀嚼障碍为特征。按病变部位有腭炎、齿龈炎、舌炎、唇炎等。按炎症性质有卡他性口炎、水疱性口炎、溃疡性口炎、蜂窝织炎性口炎、脓包性口炎、丘疹性口炎等。

【临床症状】 如流涎，口腔附有白色泡沫，口黏膜潮红肿胀、疼痛、口温升高等。临床上常见有卡他性口炎、水疱性口炎、溃疡性口炎 3 种。

（1）卡他性口炎 口黏膜弥漫性或斑块状潮红，硬腭肿胀；唇部黏膜黏液腺阻塞时，有散在的小结节和烂斑；舌苔灰白或草绿。重症病例，唇、齿龈、颊部、腭部黏膜肿胀甚至发生糜烂，大量流涎。

（2）水疱性口炎 特征症状是出现大小不一的透明水疱，主要分布在唇部、颊部、腭部、齿龈、舌面等。2 ~ 4 天后水疱破溃形成鲜红色烂斑，间或有轻微的体温升高。5 ~ 6 天痊愈。

（3）溃疡性口炎 齿龈部分肿胀，疼痛，出血。1 ~ 2 天后，病变部变为苍黄色或黄绿色糜烂性坏死灶。炎症可蔓延至口腔其他部位。且病羊口腔恶臭，流恶涎，常混有血丝。严重时，牙齿会松动和脱落，有败血症症状。

【诊断要点】 以采食、咀嚼缓慢甚至不敢咀嚼，选择性采食，流涎，口角附着白色泡沫；口黏膜潮红、肿胀、疼痛、口温升高等共同症状，再分别依据其不同临床特征进行鉴别诊断。血常规诊断：若是细菌感染的口腔炎，则炎性白细胞总数升高；对水疱底部组织染色观察，出现多核巨细胞，且细胞核内有嗜伊红病毒颗粒，电镜观察，在细胞核中央可见六角形单纯疱疹病毒。

【药物治疗】 治疗原则：消除病因，加强护理，净化口腔，收敛和消炎。

（1）西药治疗 用1%食盐水或2%硼酸溶液、0.1%高锰酸钾溶液清洗患畜口腔；患畜不断流涎时，则用1%明矾溶液或1%鞣酸溶液、0.1%氯化苯甲羟胺溶液、0.1%黄色素溶液冲洗口腔。溃疡性口腔炎的病变部位，用10%硝酸银溶液涂擦后，再用灭菌生理盐水充分清洗，然后在患部涂擦碘酊甘油（5%碘酊1份、甘油9份）或2%硼酸甘油、1%磺胺甘油；并肌内注射核黄素和维生素C。重症口炎还应使用磺胺类或其他抗生素全身消炎。

将1.5克清凉油放入5毫升甲紫溶液，搅拌充分混合后涂抹病畜的口腔黏膜，每天2次，2~3天即可痊愈。

（2）中药治疗 以清热解毒、消肿止痛为主。

方1：青黛15克，薄荷5克，黄连、黄檗、桔梗、儿茶各10克，人中白10克，研为细末，装入布袋内，在水中浸湿，噙于口内（也可吹入或涂牲畜口腔病变部位），给食时取下，吃完后再噙上，每天或隔天换药1次；也可在蜂蜜内加冰片和复方新诺明各5克噙于口内。

方2：煅石膏、煅人中白、雄黄、黄檗、生蒲黄、枯矾各50克，青黛、黄连、冰片各20克，研为细末，过筛后吹入口腔。

方3：口疮散50克，蜂蜜100克，10%碘酊50毫升，调成糊状。病畜患部先用10%盐水冲洗，除去疮痂覆膜，再涂口疮散，每天2次。一般用药2~3天即可痊愈。

方4（冰硼散）：冰片15克，硼砂150克，芒硝20克，大黄15克，研成细末，用0.9%氯化钠溶液清洗口腔后，吹入冰硼散，每天2次，用以治疗传染性口炎。

方5：用0.2%高锰酸钾溶液冲洗口腔，取蜂蜜黄连药膏（鲜蜂蜜500克，川黄连100克研成粉末熬制）适量，涂擦患部，每天早晚各1次，连用3~5天即可治愈。若病情较重或体温升高，可配合肌内注射5~10毫升黄芪多糖注射液，每天2次，连用2~3天。

【预防措施】 注意科学喂养，供给青绿多汁饲料，提高抗病能力。保持口腔卫生，特别在有急性感染时应注意用10%生理盐水、2%硼酸溶液、0.1%高锰酸钾溶液等清洗口腔。注意饮食及乳具、乳头的清洁消毒，减少腹泻发生；可服用板蓝根汤，每天1次，连服3天。

二 食道阻塞

食道阻塞即食道被草料或异物所堵塞，导致食道梗阻。是以咽下障碍为特征的疾病。又称食道梗阻，中兽医称“草噎”。

【临床症状】 动物在采食过程中突发，病畜停止采食，骚动不安，哽咽，症状轻时吞咽小心缓慢，流涎，干呕和伸头颈状。严重时极度骚动不安，拒食，头颈伸直，大量流涎，甚至吐出泡沫黏液和血液，呼吸困难，有的伸直窒息急死。

【诊断要点】 一旦阻塞，病羊采食停止，头颈伸直，有吞咽和作呕动作；口腔流涎，骚动不安，咳嗽。当阻塞物发生在颈部食道时，局部凸起，形成肿块，手触可感觉到异物形状。

胃管探诊：用胃管从口腔插入，检查是否有阻力，从而可推断。

【药物治疗】 1%~5%水合氯醛，2~4克，每次灌肠；0.5%~1%普鲁卡因注射液10毫升，液状石蜡50~100毫升，经口灌服。发生瘤胃臌气时先穿刺放气，后用2%盐酸普鲁卡因注射液20~40毫升，用胃管一次灌服至阻塞物，经15~30分钟后，用蘸有植物油或液状石蜡的胃管将阻塞物推入瘤胃内。

【特殊治疗方法】

（1）开口取物法 阻塞物塞于咽或咽后时，可装上开口器，保定好病畜，用手直接掏取，或用铁丝圈套取。

（2）胃管探送法 阻塞物在近贲门部时，可先将2%普鲁卡因溶液5毫升、液状石蜡30毫升混合，用胃管送至阻塞物部位；然后再用硬质胃管推送阻塞物进入瘤胃。

（3）机械破碎法 当阻塞物易碎、表面圆滑且阻塞于颈部食道时，可在阻塞物两侧垫上布鞋底，将一侧固定，在另一侧用木槌敲打，使其破碎，咽入瘤胃。

（4）手术疗法 当锐利异物阻塞于食道，其他方法不能取出时，可进行食道切开术，取出异物。

【预防措施】 防止羊偷食未加工的块根饲料；补充无机盐，防止异嗜癖；清理牧场、厩舍周围的废弃杂物。

三 前胃迟缓

前胃迟缓属于中兽医“脾虚慢草”的范围，是消化机能障碍，甚至全身机能紊乱的一种疾病。多由于饲养不良，劳役过度，导致前胃神经兴奋性降低，肌肉收缩力减弱。

【临床症状】 初期饮欲减弱，反刍不足（低于40次），嗳气酸臭，口色浅白，舌苔黄白，常常磨牙，粪便迟滞，其中混有消化不全的饲料，往往被覆黏液。以后排恶臭稀粪，食欲废绝，反刍停止。有的表现时轻时重，病程较长的则逐渐形体消瘦、被毛粗乱、眼球凹陷、卧地不起、瘤胃按压松软等。

【诊断要点】 瘤胃液pH下降至5.5或更低，少数升至8.0或更高（正常值为6.5~7.0），瘤胃内纤毛虫减少甚至消失（正常值为每毫升100万个）。纤维素消化试验，可用系有锤的棉线悬于瘤胃液中进行厌气温浴，如果棉线被消化断离的时间超过50小时，证明消化不良，便可以确诊。

【药物治疗】

（1）西药治疗

方1：5%葡萄糖氯化钠溶液1000毫升，5%碳酸氢钠200毫升，维生素C 100毫克，10%安钠咖20毫升，一次静脉注射；庆大霉素80万单位，肌内注射；维生素B_1 100毫克，脾俞穴注射。

方2：10%葡萄糖500毫升，0.9%氯化钠500毫升，5%碳酸氢钠20毫升，维生素C 60毫克，10%安钠咖10毫升，静脉注射；庆大霉素10毫升，肌内注射；维生素B_1 10毫升，肌内注射。

方3：10%氯化钠100毫升，5%葡萄糖500毫升，5%氯化钙20毫升，10%安钠咖10毫升，静脉滴注；庆大霉素10毫升，肌内注射；维生素B_1 10毫升，肌内注射。

（2）中药治疗 按照补脾益胃、消食理气原则进行治疗。

方1（健脾散）：党参50克，白术40克，茯苓40克，干姜50克，甘草20克，陈皮30克，山药50克，肉豆蔻40克，神曲、山楂、麦芽各50克，共研末，开水冲，候温灌服。

方2：党参、黄芪各60克，白术50克，炙草20克，三棱、莪术、枳实、厚朴、莱菔子各40克，陈皮30克，槟榔100克，牵牛子50克，炒山楂、炒麦芽、神曲各100克。水煎取汁2000毫升，加入液状石蜡1000毫升。一次灌服。

方3：党参、黄芪各9克，白术6克，炙草3克，柴胡、升麻、陈皮、三棱、莪术、枳实、厚朴、莱菔子、牵牛子各6克，炒山楂、炒麦芽、神曲、槟榔各9克，水煎取汁500毫升，加液状石腊500毫升一次灌服。

方4（牵牛承气汤）：牵牛子9克，大黄、芒硝、厚朴、枳壳、槟榔、官桂、陈皮、木香、焦三仙各6克，煎汤去渣，候温灌服，可以泻下、行气、消导。主治羊宿草不转，前胃迟缓。

【预防措施】 加强饲养管理，防止过食易于发酵的草料。初夏放牧时，应先喂部分干草再去放牧青草，禁止在雨天或在霜雪未化的地方放养。合理使役，及时治疗原发病。当有气胀消后，当天勿喂或少喂，待反刍正常，再恢复常量，要饮以温水。

四 瘤胃积食

瘤胃积食又称急性瘤胃扩张、瘤胃食滞、瘤胃阻塞、急性消化不良，中兽医称“宿草不转”。指瘤胃内积聚过量难以消化或膨胀的食物，并停滞于瘤胃内致使瘤胃壁扩张、瘤胃容积变大、食物消化障碍，从而导致瘤胃运动机能及消化功能紊乱的疾病。多发于寒冬或早春季节。

【临床症状】 病初，病畜精神不安，目光呆滞，食欲、反刍、嗳气减少甚至废绝。病畜不安，拱背站立，回顾腹部或后肢踢腹，间或不断起卧，腹围显著增大。触诊瘤胃，病畜表现敏感，内容物坚实或黏硬；叩诊呈浊音；听诊，瘤胃蠕动因减弱或消失。病初不断做排粪姿势，排出少量、干硬带有黏液的粪便，有的会排褐色恶臭的少量稀粪。尿少或无尿，鼻镜干燥，呼吸困难，结膜发绀。后期，因有毒物的出现，病畜呈现脱水及心力衰竭症状。

【病理剖检】 剖检可见各实质器官瘀血，其内含有气体和大量腐败内容物，胃黏膜潮红，有散在出血斑点，瓣胃叶片坏死。

【诊断要点】 根据病史和临床症状，如采食过多，腹围增大，左侧瘤胃上部胀满，中下部向外突出；按压瘤胃，内容物坚实或黏硬；听诊，瘤胃蠕动力量减弱，蠕动次数减少等即可做出诊断。

【药物治疗】

（1）治疗原则 恢复前胃运动机能，促进瘤胃内容物排除，消食化积，防止腐败发酵，防止脱水和自体中毒。

（2）饥饿疗法 轻度发病，可禁食2~3天，内服酵母粉250~500克（神曲400克），有明显效果。

（3）清肠消导 对于较严重的积食病例，可用硫酸钠（硫酸镁）

300～500克、植物油500～800毫升、鱼石脂20克、酒精50毫升，温水适量，一次内服，羊用量酌减；也可用1%温食盐水进行洗胃，达到排除积食，减轻胃肠负担。严重积食时，可采用手术切开瘤胃，取出大量积食。

(4) 增强瘤胃蠕动 可用10%氯化钠注射液100～300毫升、10%安钠咖10毫升，混合一次静脉注射，羊用量酌减；也可以用维生素 B_1 20～30毫升一次肌内注射，每天2次，连用3天；或甲基硫酸新斯的明（羊2～5毫克）一次肌内注射。

(5) 对症治疗 对于有脱水、自体中毒的病例，可用5%葡萄糖生理盐水注射液1500～2000毫升、20%安钠咖注射液10毫升，5%维生素C注射液20毫升，混合一次静脉注射。若出现酸中毒时，可内服碳酸钠（苏打）30～50克、适量饮水，或静脉注射碳酸氢钠注射液200～300毫升。若出现瘤胃胀气，可在左侧肷窝部进行穿刺放气。

(6) 泻下法 胃管插入，在外口装漏斗，缓缓倒入温水（35℃）6000～8000毫升，加泻药（蓖麻油、食用油）等500～1000毫升，每天2次，一般2～4次痊愈。酒石酸锑钾（吐酒石）8～10克，加大量水灌服；人工盐200克，大黄酊80毫升，橙皮酊80毫升，加水一次灌服。

(7) 中药治疗 以和胃消食、破结除满为原则。

方1：山楂60克，建曲80克，槟榔40克，枳壳50克，青皮50克，厚朴40克，木香30克，刘寄奴30克，木通40克，茯苓40克，甘草10克，煎汤去渣，候温灌服。

方2：大黄60克，枳实60克，厚朴90克，槟榔60克，茯苓60克，白术45克，青皮45克，麦芽60克，山楂120克，甘草30克，木香30克，香附45克，共为末，开水冲，一次服。

方3：莱菔子250克，菜油150克，调匀灌服，后用2～3千克清水灌服。

方4：山楂、麦芽、神曲、槟榔、枳实各60克，厚朴、青皮、木香各30克，萝卜干120克，煎汤去渣，候温灌服。

方5：大蒜200克，炒莱菔子300克，人工盐100克，豆油600克。将蒜捣碎，莱菔子研末，混合豆油和人工盐加温水内服，可起到消食开胃、消积导滞的功效。

方6：椿皮60～90克，柴胡20～25克，常山20～25克，莱菔子60～

90克，枳实30克，甘草15克，水煎或研成细末对体质壮实的患畜灌服。

方7：茯苓30克，木香15克，厚朴15克，刘寄奴30克，木通18克，神曲18克，枳壳30克，槟榔30克，青皮18克，山楂和甘草各30克。煎汤去渣，候温灌服。

方8：厚朴60克，大黄100克，枳实80克，牵牛子40克，槟榔100克，芒硝350克。将上述前5味药水煎2次，溶化芒硝内服，连用3天。

方9（消食承气汤）：大黄、郁李仁、神曲各9克，枳实、厚朴、槟榔、香附、山楂、麦芽各6克，芒硝12克。煎汤去渣，候温灌服，可以消食泻下，主治羊宿草不转，瘤胃积食。

【预防措施】 应搞好饲料管理，做到养殖、饲喂有规律，防止家畜过食、偷食，避免大量纤维干硬饲料的供给。尽量放养，补充足够水分，尽量减少应激对动物的影响。

五 瘤胃臌气

由羊过食易于发酵的大量饲草引起，如露水草、带霜水的青绿饲料、开花前的苜蓿、马铃薯叶及已发酵或霉变的青贮饲料等。也有的是由于误食毒草或过食大量不易消化的豌豆、油渣等，这些饲料在胃内迅速发酵，产生大量气体，因而引起急剧膨胀，引起前胃神经反应性降低，收缩力减弱。

【临床症状】

（1）急性瘤胃臌胀 通常在采食不久后突然发病。腹部迅速膨大，左肷窝明显突起，严重者高过背中线。呼吸急促甚至头颈伸展，张口呼吸，呼吸数增至60次/分钟以上；反刍和嗳气停止，食欲废绝，回顾腹部。叩诊呈鼓音；瘤胃蠕动音初期增强，常伴发金属音，后减弱或消失。心悸、脉率增快，可达100次/分钟以上。疾病后期，羊出现心力衰竭，血液循环障碍，静脉怒张，呼吸困难，黏膜发绀；站立不稳，步态蹒跚甚至突然倒地，痉挛、抽搐，最终因窒息和心脏停搏而死亡。

（2）慢性瘤胃臌胀 多为继发性瘤胃臌胀。瘤胃稍显膨胀，时而消长，常为间歇性反复发作，极易复发。

【诊断要点】 患畜有采食大量易发酵饲料病史。腹部膨胀、左肷部上方凸出，触诊紧张而有弹性，不留指压痕，叩诊呈鼓音。瘤胃蠕动先强后弱，最后消失。体温正常，呼吸困难，血循环障碍。瘤胃腹囊黏膜有出血斑，角化上皮脱落。头颈部淋巴结、心外膜、颈部气管充血和出血；肺

脏、浆膜下充血，肝脏和脾脏呈贫血状。有的瘤胃或膈肌破裂。

【药物治疗】 治疗原则：排气减压，制止发酵，恢复瘤胃的正常生理功能。

（1）穿刺放气 臌气严重的病羊要用套管针进行瘤胃放气。臌气不严重的用消气灵10毫升，液状石蜡150毫升，加水300毫升，灌服。

（2）内服防腐止酵药 将鱼石脂20～30克、福尔马林10～15毫升、1%克辽林20～30毫升，加水配为1%～2%溶液，内服。

（3）促进嗳气，恢复瘤胃功能 向舌部涂布食盐、黄酱。静脉注射10%氯化钠500毫升，内加10%安钠咖4～8毫升。

（4）补钙 对妊娠后期或分娩后高产病羊，可1次静脉注射10%葡萄糖酸钙50～150毫升。

（5）中药治疗

方1：炒莱菔子15克，枳实、木香、青皮、小茴香各35克，玉片17克，二丑27克，共为末，加清油300毫升，大蒜60克（捣碎），水冲服。

方2：木香30克，厚朴、陈皮各10克，枳壳、藿香各20克，乌药、小茴香、青果（去皮）、丁香各15克，共为末，加清油300毫升，水冲服。

方3：液状石蜡100～200毫升（或植物油50～100毫升），胃复安片0.1～0.3毫克/千克，来苏儿2～5毫升，加水200～400毫升，灌服（用于非泡沫性瘤胃臌气）。

方4：消胀片20～30片，鱼石脂酒精溶液（鱼石脂1～5克，75%酒精2～10毫升，温水加热至200～400毫升），胃管灌服。

方5：党参、白术、茯苓、青皮、陈皮、木香、砂仁、莱菔子、干草各30～45克，研末，分成6份，每次1份，加水灌服，每天1～2次，连用3～6天。

方6：莱菔子90克，枳壳30克，大黄60克，芒硝120克，香附24克，川朴24克，青皮30克，木通18克，滑石45克，研末，分成6份，每次1份，加水灌服，每天1～2次，连用3～6天。

方7（消食理气汤）：陈皮、香附各9克，干姜、麦芽、山楂各6克，莱菔子、肉豆蔻、砂仁、木香各3克；煎汤去渣，候温灌服，可以行气消食。主治羊肚胀。

【预防措施】 本病的预防要着重搞好饲养管理，如限制放牧时间及采食量；管理好畜群，不让牛、羊进入到苕子地、苜蓿地暴食幼嫩多汁豆科植物；不到雨后或有露水、下霜的草地上放牧。舍饲育肥动物，应该在全价日粮中至少含有10%～15%的铡短的粗料（最好是禾谷类秸秆或青干草）。

六 创伤性网胃炎

由于尖锐金属异物混入饲料中被误食入网胃，机械损伤网胃，引起网胃炎症。临床上以顽固性前胃迟缓、瘤胃反复臌胀、消化不良、网胃区敏感性增强为特征。

【临床症状】 初期：病畜精神沉郁，食欲、反刍突然减少或消失，前胃迟缓，有的出现异嗜，瘤胃运动减弱，反刍缓慢，不断嗳气，常呈周期性瘤胃臌气。肠蠕动音减弱，有时发生顽固性便秘，后期下痢，粪便恶臭。由于网胃疼痛，病畜有时突然起卧不安。久病不愈：病畜站姿异常，拱背，前高后低，头颈伸展，眼睑半闭，两肘外展，不愿行走等。

【诊断要点】

（1）病史特点 调查畜主饲养环境，看看是否有异物食入，如铁钉、铁丝、钢丝、缝衣针、注射针头或别针等。

（2）临床症状 姿态与运动异常，站姿异常，拱背，前高后低，头颈伸展，眼睑半闭，两肘外展；病畜不愿在硬地上行走等；起卧常极为小心，肘部肌肉颤动，常躺卧；顽固性前胃迟缓，有时发生顽固性便秘，后期下痢，粪有恶臭等。

（3）触诊 强力触诊网胃区（剑状软骨部），病畜躲闪，疼痛呻吟。必要时可结合X光检查确诊。

（4）血液学检查 可发现白细胞总数增多，嗜中性白细胞增多，核左移等。

【药物治疗】

手术法：采用瘤胃切开，取出异物。术后注意抗菌消炎。

病羊置于前高后低处；用抗菌药，青霉素300单位、链霉素4～5克，1次肌内注射，每天3次，连续注射3～5天。生理盐水500毫升，青霉素320万单位，链霉素100万单位，2%普鲁卡因注射液10毫升，右侧肷窝部腹腔注射，每天2次，连用7天，一般3天见效。

【预防措施】 不要把饲料乱堆乱放，避免铁丝、杂物混入饲料。瘤胃投放强力磁棒，定期吸出瘤胃中的铁质异物。

七 瓣胃阻塞

瓣胃阻塞，即瓣胃秘结，中兽医称为“百叶干”。由于前胃蠕动机能障碍，瓣胃收缩力减弱，胃内食物不能及时排出，致使瓣胃内食糜积蓄于瓣叶之间，水分被充分吸收而变干，引起瓣胃容积变大，变硬，腹部胀满和无粪便排出等。导致严重的消化不良。

【临床症状】 初期，精神沉郁，食欲不振，瘤胃轻度膨胀，便秘，蠕动音减弱或消失。随着病情进一步发展，鼻镜干燥、龟裂、粪便呈算盘珠样或栗子状。呼吸、脉搏加快，体温升高。严重时可出现自体中毒、心力衰竭等导致死亡。

【诊断要点】 根据临床症状，鼻镜干燥，粪便干硬、呈算盘珠或栗子状。在右侧第七至第九肋间肩关节水平线上触诊敏感。必要时结合瓣胃穿刺进行诊断。

【药物治疗】 治疗原则：增强前胃运动技能，促进瓣胃内容物的排出。

（1）西药治疗

方 1：20% 硫酸钠液 30～40 毫升，液状石蜡 100 毫升，土霉素 1～2 克，1 次注射（右侧第九肋间与肩关节水平线相交点，略向前下方刺入 4 厘米）。10% 氯化钠 100～200 毫升、20% 安钠咖 5～10 毫升，静脉注射。

方 2：硫酸镁（钠）40～100 克，液状石蜡 100～200 毫升，植物油 100～200 毫升，灌服。

方 3：液状石蜡（植物油）50～100 毫升，加水 200～300 毫升，或用 9% 硫酸镁（硫酸钠）溶液 200 毫升，直接注入瘤胃。

（2）中药治疗

方 1：藜芦 60 克，常山 60 克，二丑 60 克，当归 80 克，川芎 60 克，滑石 90 克。水煎候温灌服，每天 1 剂，连用 3 天。

方 2：液状石蜡 1000 毫升，蜂蜜 250 克，水煎后加滑石 30 克，分 2～3 次内服。

方 3：大黄 9 克，芒硝 9 克，千金子 9 克，郁李仁 9 克，二丑 6 克，厚朴 6 克，枳壳 6 克，大戟 6 克，甘遂 6 克，滑石 6 克，煎水去渣，加植物油 50 克，蜂蜜 50 克，灌服。

方 4（润逐承气汤）：大黄、芒硝、续随子、郁李仁各 9 克，二丑、厚朴、枳实、大戟、甘遂、滑石各 6 克，煎汤去渣，引植物油 30 克，蜂蜜30克，候温灌服。可以峻逐泻下，润肠，主治羊百叶干。

方5（麻仁承气汤）：麻仁、大黄、枳实各12克，厚朴、木香、醋香附各6克，芒硝40克；煎汤去渣，候温灌服，可以泻下润肠，治疗羊便秘。

【预防措施】 多喂青饲料和多汁饲料，少喂粗饲料，给予足够的饮水。保证羊群的营养平衡，并配合适当的运动，促进胃肠蠕动和消化正常。

八 真胃阻塞

真胃阻塞又称皱胃阻塞，也称皱胃积食。主要因迷走神经调节机能紊乱引起。皱胃内容物停滞并积累，导致胃体积增大，胃黏膜及胃壁发炎，食物不能进入肠道。可引起消化机能极度紊乱、自体中毒和脱水，常常导致死亡。临床特征为胃肠蠕动停止，触诊右侧下腹部坚硬且有痛感，后期病畜不能排便。

【临床症状】 病畜精神沉郁，食欲减退，肚腹显著增大，肠音微弱，排粪量少或停止排粪，粪便干燥且带有大量黏液或血丝，恶臭。左腹皱胃区增大，触摸皱胃坚硬。瘤胃积液，冲击触诊有波动感。左侧倒数1~5肋骨弓叩诊有钢管音。本病病程缓慢。

【诊断要点】 调查病畜既往史，有无采食异物的可能。根据临床症状可确诊。

【药物治疗】

（1）消积化滞 早期，可使用硫酸钠12克，植物油50毫升，甘油30毫升，生理盐水100毫升混合真胃注射。忌用泻药。病初期，可用25%硫酸镁溶液50毫升，液状石蜡30毫升，生理盐水100毫升，混合真胃注射。10小时后，可用胃肠兴奋剂，如氨甲酰胆碱注射液0.05毫克/千克，少量多次皮下注射，若发生腹膜炎，肌内注射青霉素、链霉素100万~200万单位。中期可用10%氯化钠20毫升，20%安钠咖3毫升，5%葡萄糖生理盐水150毫升，静脉注射。维生素C 1~2毫升肌内注射，同时可用抗生素。

（2）手术疗法 如使用以上方法均无效者，可切开瘤胃，取出内容物，冲洗瓣胃和皱胃。

（3）中药治疗 按照补气生血、活血化瘀、消积导滞原则进行治疗。

方1：大黄9克，当归（油炒）12克，芒硝10克，生地、郁仁各3克，桃仁、三棱、莪术各2.5克，煎成水剂，候温加液状石蜡50毫升，一同灌服，连用3天。

方2（加味通腑导滞汤）：当归15克，肉苁蓉15克，滑石15克，芒硝10克，麻仁12克，郁李仁12克，柏子仁12克，大黄20克，二丑10克，大戟8克，甘遂8克，赤芍10克，桃仁8克，丹参10克，液状石蜡50毫升，除滑石、芒硝、液状石蜡外，所有药物水煎候温，加入芒硝、滑石和液状石蜡混匀，灌服，每天2次，连用3天。

【预防措施】 加强饲养管理，供给优质饲料，给予充足的饮水。合理搭配饲料，给予均衡营养的饲料并定时定量饲喂，防止异嗜癖。保证羊舍和堆放饲料环境的卫生。

九 胃肠炎

胃肠炎即为胃肠壁表层和深层组织的炎症。在临床上，胃炎和肠炎常伴随发生，故称为胃肠炎。临床上以食欲减退或废绝，体温、脉搏、呼吸呈上升趋势，腹泻脱水、腹痛等为特征。羊采食霉变腐烂草料、精料，或者饲料中混有刺激性药物，如磷酸钙、蓖麻油或芦荟等；羊群经过长途运输，卫生条件差，天气突然变化，过度紧张和疲劳等均可引起胃肠炎的发生。

【临床症状】 胃肠炎有急性和慢性两种。共同临床症状为：精神沉郁，食欲不振，感染后发生腹泻、腹痛、发热等。同时并发腹泻和呕吐，羔羊出现严重脱水，患病羊出现鼻镜干燥，不食，反刍消失，瘤胃蠕动减弱，肠音增强，尾根周围有腥臭稀粪，带有血液、黏液及脱落的肠道黏膜；呼吸加快，体温多为39.4~40.5℃，有腹痛等表现。

（1）急性胃肠炎 食欲减退或废绝，口臭。腹痛，肌肉震颤，肚腹蜷缩。病初，肠音增强，随后减弱或消失。温度、心率、呼吸都升高或变快；血液浓稠且尿液减少。

（2）慢性胃肠炎 有异嗜、便秘、腹痛等症状，体温、脉搏、呼吸无明显变化，食欲不振，消化不良，粪便中常有未消化饲草，患羊逐渐消瘦。

【诊断要点】 根据病史和临床症状可做出诊断。可从初期的急性消化不良，逐渐转为胃肠炎。主要从肠音由强变弱，或消失；不断排稀粪或水样粪便，气味腥臭，组织脱水，皮肤弹性下降等可确诊。

【药物治疗】 治疗原则：消炎，补液，纠正酸中毒。

（1）抑菌消炎 内服环丙沙星（0.2~5毫克/千克）、恩诺沙星

（2.5-3.5 毫克）等抗菌药物；磺胺咪 5～8 克、碳酸氢钠 3～5 克，药用炭 6 克、硝酸铋 3 克加水内服，链霉素 50 万单位/次、卡那霉素每千克体重 0.01 克内服。

（2）补液治疗 5%葡萄糖氯化钠溶液 100～300 毫升、1%～3%碳酸氢钠 50 毫升、维生素 C 100 毫克混合静脉注射，每天 1 次，输液前输注 5%碳酸氢钠液 20～30 毫升。

（3）清理肠胃 液状石蜡（植物油）100 毫克，鱼石脂 5 克，酒精 50 毫升，内服。

（4）给予止泻药 药用活性炭 10～25 克加适量水内服，或鞣酸蛋白 2～5 克，加水适量内服。

（5）强心治疗 20%安钠咖 2～10 毫升，皮下或肌内注射，连用 3 天。

（6）中药治疗 可采用以下中药方剂进行治疗。

方 1：白头翁 12 克，秦皮 9 克，黄连、木香、黄芪、大黄、栀子各 3 克，茯苓、泽泻、山檀各 6 克，水煎候温灌服，每天 1 剂，连用 3 天。

方 2：黄连 4 克，黄芩 10 克，黄檗 10 克，白头翁 6 克，枳壳 9 克，砂仁 6 克，猪苓 9 克，泽泻 9 克，水煎，去渣候温灌服，每天 2 次，连用 3～5 天。

方 3：郁金 10 克，黄连 3 克，白头翁 10 克，白芍 10 克，栀子 9 克，炙诃子 7 克，水煎，去渣灌服，每天 1 剂，连用 3～5 天。

方 4（黄连龙肝汤）：黄连、黄芩、大黄各 9 克，伏龙肝 12 克，诃子、木香、白术、茯苓、陈皮各 6 克，煎汤去渣，候温灌服，可以清热燥湿、健脾止泻，主治羊湿热泻痢。

方 5（黄金子汤）：黄连 6 克，郁金 10 克，栀子 12 克，连翘 9 克，酒黄芩 12 克，乌梅 9 克，扁豆 10 克，茯苓 9 克，芦根 10 克，车前子 9 克，灯芯草 6 克，甘草 8 克，诸药研为末，开水冲调，候温灌服，可以清热解毒、涩肠止泻，主治羊胃肠炎。

【预防措施】 搞好饲养管理工作。搞好饲料堆放环境卫生，去除有毒、刺激、腐蚀特性的物质，对羊群定期进行预防接种和驱虫工作。

十 肠套叠

肠套叠是常见急性肠梗阻之一，是一段肠管伴同肠系膜套入与之相连续的另一段肠管内，使得双层肠管壁重叠，从而引起剧烈腹痛的疾病，常

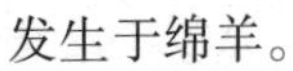

发生于绵羊。

【临床症状】 病羊精神沉郁，反刍停止，食欲消失，体温正常或略偏高，鼻镜干燥，心音减弱。初期，病畜喜卧地。腹痛使得病畜表现出拱背、磨牙、伸懒腰、踢腹、回望等行为。有时成分娩状，两后肢或一肢向同一侧方向伸直。1～2 天后，病羊腹部仍不缩小，肠蠕动音减弱或停止，刚开始排干粪，2～4 天后，体温升高，病畜眼结膜变成蓝紫色，起卧不安，努责明显。排出带血的黏液。直肠检查，宿粪稀软，酸臭。后期，呈黑褐色、黏稠、恶臭。5～7 天后，病畜呼吸困难，瘤胃臌气，肠音消失，因衰竭而死。

【诊断要点】 根据临床症状，如病畜胃肠蠕动音消失，不时伸腰，努责。腹部触诊，将羊右后肢拉直，用右手在左肷部及下腹壁逐一触压，病羊出现皮肤肌肉震颤的压痛反射。两者结合即可初步确诊。

【治疗措施】

（1）早期治疗措施

1）非手术法：让羊仰卧，在腹部用拳头使适当的力度压迫按摩，从前往后，从后往前，从上到下，从左到右，从右到左反复进行推挤，尤其在痛点明显的部位。让羊站立，左右两侧进行由前向后、由后向前推挤，待病羊进行短暂剧烈运动，如跳跃、挣扎可促进肠管复位。

2）直肠充气治疗法：将消毒的胃导管涂上润滑油插入羊直肠 20～25 厘米，外开口接上打气筒，朝管内慢慢打气。腹部微微膨胀后，取出导管，在患羊腹部两侧轻轻揉动，使气体串通，冲开肠套叠段。待肠音响亮，肛门排气即可。用手紧闭羊的鼻口数分钟，促使羊挣扎，也有可能矫正套叠肠段。

（2）晚期治疗措施

1）手术法：病羊左侧横卧保定，麻醉（40% 酒精 40～60 毫升静脉注射，1% 奴夫卡因进行术部皮下浸润麻醉等）。在右侧肷部中央剃毛消毒。切开腹部，取出肠套叠段并切除病肠段。两健康端用 37～38℃ 0.1% 雷夫奴尔液和生理盐水充分消毒清洗缝合。确认肠管通畅无漏粪后，消毒并在吻合部撒青霉素，放入腹腔，缝合刀口，系绷带。

2）术后护理：术后对病畜单独饲养，保持畜舍卫生，给予足够的饮水，肌内注射青霉素 3～5 天，也可静脉输入葡萄糖，7 天后拆线即可群养。

【预防措施】 加强饲养管理工作，尽量饲喂优质饲料，防止病畜采食冷冻、刺激、变质饲草。避免羊群剧烈运动，如跑步、打斗、跳跃等。注意畜舍的环境卫生，定期清扫，保证圈内干燥。定期对羊群驱虫，可预防肠道寄生虫病。

第二节　呼吸系统疾病

一　感冒

感冒又称鼻卡他，即伤风，是上呼吸道及附近窦腔发生炎症，绵羊和乳用仔羊最易发生本病。本病是一种轻微的呼吸道疾病，但救治不及时易引起喉头、气管及肺的严重并发症。

【发病原因】　由于受凉，尤其在天气湿冷和气候发生急剧变化时，最易发病。羊在剪毛或药浴以后，常因受凉而在短时间内发病。如果羊患有其他呼吸道疾病，比如喉炎、气管炎、肺炎等，也会有相似临床症状。山林中的烟、饲料及饲槽的灰尘、热空气、霉菌、狐尾草等，均可发生刺激而引起感冒。乳用幼羊的感冒常在天热时呈流行性出现，主要是由于热空气的刺激，尤其羊舍拥挤，易发生本病。患羊鼻蝇蛆病时，常会显出鼻卡他的症状。当羊群进行远距离运输时，会出现较强的应激反应，导致自身机体抵抗能力下降，进而引发本病。在冬、春季节，气候突然改变，或在放牧过程中被雨水突然淋湿，均可导致羊感冒。

【临床症状】　最明显的症状是鼻孔分泌物，开始时呈透明的清液，以后变为黄色黏稠的鼻涕；病羊精神不振，食欲减退；常打喷嚏、擦鼻、摇头、鼻镜发干、眼结膜充血、畏光流泪、反刍停止、发鼻呼吸音，体温稍有升高。鼻黏膜潮红肿胀，呼吸困难，常有咳嗽。一般都有结膜炎并发。耳尖、鼻端发凉，肌肉震颤，口舌青白，舌有薄苔，舌质变红，呼吸加快，脉搏细数。听诊肺区肺泡呼吸音增强，时有啰音，鼻腔检查时鼻黏膜充血、肿胀，鼻部敏感。通常为急性过程，病程7～10天，如果变为慢性。病期可以大为延长。

【诊断要点】　根据受寒病史或临床症状即可做出诊断。

【药物治疗】

（1）西药治疗

1）病初以解热镇痛为主。可肌内注射复方氨基比林5～10毫升或30%安乃近5～10毫升，也可使用复方喹啉、百尔定，以及穿心莲、柴胡、鱼腥草注射液等药剂。为了防止继发感染，可同时使用抗生素。用复方氨基比林10毫升、青霉素160万国际单位、硫酸新霉素500毫克，加生理盐水10毫升，肌内注射，每天2次。

2）病情严重者可静脉注射青霉素320万国际单位，同时配以皮质激素类药物如地塞米松等治疗。内服感冒通，每次2片，每天3次。

3）应用收敛消炎剂：先用1%～2%明矾水冲洗鼻腔，然后滴入鼻净，或滴鼻液（1%麻黄素10毫升、青霉素20万国际单位、0.25%普鲁卡因40毫升）；便秘时，可用硫酸钠80～120克，加水1500毫升，1次灌服。

（2）中药治疗

1）风寒感冒：表现为畏寒，鼻流清涕，鼻汗时有时无，口流清涎，舌质软，口色浅红，可用紫苏散（紫苏18克、防风20克、桔梗20克、黄皮叶40克、鸭脚木40克，煎水灌服）或荆芥败毒散（荆芥6克、防风6克、羌活5克、独活5克、柴胡5克、前胡5克、枳壳5克、桔梗5克、茯苓6克、川芎5克，诸药共研为细末，开水冲调候温灌服，每天1剂，连用3～5天）。

2）风热感冒：表现为体温升高，口渴饮水，鼻流黄涕或脓涕，鼻镜干燥，口腔发热，舌紧缩，口色红赤，可用银翘散（见常见中药方剂部分）治疗，共研为细末，开水冲，候温灌服，每天1剂，连用3天；若病羊发热重者则另加栀子6克，黄芩6克；若病羊口渴甚者则另加天花粉6克。

【预防措施】 将病羊隔离，保持圈舍温暖，避免贼风吹袭，给予清洁饮水和饲料，喂以青苜蓿或其他青饲。如果认真护理，可以避免继发喉炎及肺炎。

二 喉炎

喉炎是喉头黏膜的炎症，以剧烈咳嗽和喉头敏感为特征的一种上呼吸道疾病。

【发病原因】 喉炎主要由于受寒感冒引起的上呼吸道继发感染，羊药浴之后受凉，淋雨、尘埃、烟雾或刺激性气体等均可刺激上呼吸道发病。喉炎也可由邻近器官炎症蔓延而来或继发于某些疾病，如鼻炎、气管和支气管炎、咽炎、羊痘、羊坏死杆菌或化脓棒状杆菌感染等。

【临床症状】 剧烈咳嗽，尤其是饮冷水、采食干料、吸入冷空气及用手捏喉部时，咳嗽加重，可听见短促干燥的咳嗽声。本病初期主要临床症状为干而痛的咳嗽，声音短促，疾病进一步发展后则变成湿而长的咳嗽。有的病羊在咳嗽时有分泌物排出，一般是清亮的鼻液，严重的有黏稠或化脓性的鼻液。其次，病羊体温升高，可达40℃以上。手摸病羊喉部，或轻敲喉部，病羊表现为频频躲闪，大声嘶叫，并伴发急促的咳嗽。如果病羊喉部发生水肿，则其喉腔会变窄，病羊会出现呼吸困难，表现为剧烈呼吸并伴有喘鸣声，可视黏膜发绀，若进一步发展，病羊可在3～7天内死亡。

【诊断要点】 根据临床症状特征，如剧烈的咳嗽，尤其触诊其喉部可发生连续性干咳，听诊喉部可有水泡音或“丝丝”声，但需与咽炎区别诊断。咽炎患羊喉部无水泡音。

【药物治疗】

（1）西药治疗 对喉部进行封闭疗法以缓解病羊疼痛，用0.25%普鲁卡因20毫升加青霉素80万国际单位，对病羊喉部进行3～4次注射，直至注射完毕为止，每天2次。

如发现病羊鼻有分泌物，可压迫喉囊将其排出，也可将病羊头部放低自然排出，如喉部有大量脓汁蓄积不易排出时，可施行喉囊穿刺术。如发现干啰音，咳嗽剧烈，应及时内服祛痰镇咳药，碳酸氢钠3克，氯化铵1克，茴香粉3克，一同灌服。

（2）中药治疗

方1：牛蒡子25克，大黄25克，元明粉35克，连翘20克，黄芩20克，山栀子20克，贝母15克，薄荷15克，板蓝根35克，天花粉35克，山豆根25克，麦冬25克。共为末，开水冲调，鸡蛋清4个为引，一次灌服，每天2次，连用3天。

方2（清肺散）：半夏、知母、黄连、天南星各10克，白芷、黄芩各5克，苦参、玄参各4克，前胡、川芎各5克，泽兰4克，大黄、良姜各5克，桑白皮4克，牛蒡子、石菖蒲各3克；用陈醋半碗做引，开水灌服，可以清肺化痰、利咽喉，主治羊喉黄。

方3（南硼砂散）：薄荷、桔梗、川芎、南硼砂、白矾、黄檗、甘草、青黛、黄连、人参各6克，方中人参可不用或改为党参，诸药共为末，用蜂蜜、酒做引，开水调温灌服，可以清热解毒、润喉散结，主治咽喉肿痛。

方4（清热化毒汤）：防风4克，枳壳、苦参各5克，柏叶、黄连各4克，大黄5克，柴胡4克，前胡、桔梗各8克，青皮、黄檗各5克，木鳖8克，青蒿、商陆、石麟（络石藤）、马蹄前（车前草）、白头翁、桑白皮各4克，水煎去渣，候温灌服，可以清热解毒、消肿利咽，主治喉风（咽喉炎）。

方5（甘桔散）：甘草、桔梗、生地、玄参、射干、车前子、山豆、淡竹叶、万年青、黄芩、麦冬、槟榔、枳壳、地骨皮、雪里青、薄荷、荆芥、穗根、牛蒡子各等量6克，诸药共为末，温水冲调灌服，可以清热消毒、润肺利咽，主治咽喉肿痛。

方6（银连煎）：金银花、黄连、连翘、射干、山豆根、栀子、胖大海各4克，煎汤去渣，候温灌服，可以清热解毒、消肿利咽。主治羊咽炎。

【预防措施】 将病羊放在气温适宜，通风良好，干燥洁净的圈舍，饲喂营养丰富易于消化的饲料，提供清洁的温热的饮用水。防止羊感冒，做好药浴或剪毛后的保暖措施。

三 支气管炎

支气管炎是支气管黏膜表层或深层的炎症，典型临床症状为咳嗽、流鼻涕和听诊肺部有啰音。在春、秋气候多变季节容易发生本病，按病程可分为急性和慢性支气管炎。

【发病原因】 受寒感冒时容易发生急性支气管炎，如由早春晚秋天气多变，昼夜温差大，淋雨，剪毛和药浴等引起的感冒。一些刺激性气体或异物也可导致发生支气管炎，如长期在充满尘埃的环境中放牧，霉菌孢子，空气中的氨气、浓烟、毒气等。羊支气管炎也可继发于其他疾病，如流感、口蹄疫、羊痘、肺丝虫病等，也因投药不当而使食物或药物进入气管，刺激支气管黏膜而发生炎症。

慢性支气管炎多由急性支气管炎转化而来，常常是由于延误了急性支气管炎的治疗而变成慢性的，也可由心脏瓣膜病、肺结核、肺蠕虫病、肺气肿、肾炎等继发而得。

【临床症状】

（1）急性支气管炎 主要症状是咳嗽。肺部听诊，可听见肺泡呼吸音增强，并伴有干啰音和湿啰音出现，通过用手轻捏病羊气管，可出现声音高亢的连续性咳嗽。全身症状较轻，体温一般正常，有时有轻度的升高，X线检查肺纹理增粗。病初支气管黏膜充血肿胀，没有炎性渗出物，表现为短促、疼痛的干咳，之后逐渐转为湿咳，疼痛减轻。鼻腔流出大量的鼻涕，开始出现时为清亮透明的，到后来变为黏液性或化脓性的。随着病症的加剧，炎症发展到细支气管，此时全身症状加重，体温很快升高，呼吸频率加快，甚至出现极度呼吸困难，可视黏膜呈青紫色，肺部听诊时，可听到干啰音、捻发音和小水泡音。

（2）慢性支气管炎 主要呈持久性咳嗽。咳嗽时间可长达几个月，甚至几年，常在气温剧变、活动、进食、夜间、早晚气温较低时出现剧烈的咳嗽。肺部叩诊时早期没有异常现象，如继发肺气肿时叩诊会出现清音及肺缘后移，听诊有啰音。全身症状在早期病程中不明显，体温也正常，后期由于支气管间结缔组织增生，支气管腔变狭窄而出现呼吸困难，可视黏膜发绀。长此下去，病羊食欲不振，逐渐消瘦，发生贫血，甚至极度衰竭死亡。

【诊断要点】 临床上出现咳嗽、流鼻液、肺部出现干或湿啰音等典型的呼吸道症状，再结合病羊患病史，即可做出初步诊断。

【药物治疗】

（1）西药治疗

1）祛痰：灌服氯化铵1~2克，酒石酸锑钾（吐酒石）0.2~0.5克，碳酸铵2~3克，也可肌内注射3%盐酸麻黄素1~2毫升；口服氨茶碱0.8~1.2克，每天3次，连用3天。

2）抗菌消炎：选用10%磺胺嘧啶10~20毫升肌内注射，也可内服磺胺嘧啶，剂量为0.1克/千克体重，每天3次。肌内注射青霉素20万~40万国际单位，外加链霉素0.5克，每天3次。

3）慢性支气管炎常用治疗处方：异丙嗪0.1克，人工盐20克，复方甘草合剂10克，一次灌服，每天1次，连用1~2次。

（2）中药治疗

方1：枇杷叶6克，知母6克，贝母6克，冬花8克，桑皮8克，阿胶6克，杏仁7克，桔梗10克，葶苈子5克，百合8克，百部6克，甘草4克。煎汤，候温灌服，每天1剂，连用3天。

方2：紫苏、荆芥、前胡、防风、茯苓、桔梗、生姜各10克，麻黄5~7克，甘草6克，水煎，候温灌服，每天1剂，连用3~5天。

方3：麻黄15克，荆芥15克，桔梗30克，杏仁20克，白前、紫菀、陈皮、百部、苏子、当归、甘草各15克。水煎候温灌服，每天1剂，连用3天。

方4（杏仁贝母汤）：杏仁、薄荷、牙皂、葶苈子、苏叶、桑白皮、苍术、枇杷叶、甘草、麦冬、桂枝、羌活、冬花、贝母各等量6克，以蜂蜜为引，煎汤灌服。可以宣肺化痰、止咳平喘，主治咳嗽。

方5（杏仁款冬饮）：枇杷叶10克，杏仁5克，橘红10克，款冬花10克，当归、炙甘草、紫菀、青皮、茯苓、麦冬、桑白皮各10克，青木香20克，五味子5克，水煎去渣，候温灌服，可以润肺利气，主治咳嗽。

方6（止嗽平喘散）：麻黄15克，荆芥15克，桔梗30克，杏仁20克，白前、陈皮、百部、苏子、当归、甘草各15克，诸药共为末，温水灌服，可以疏风化痰、宣肺降气、止咳定喘。主治羊支气管炎、咳喘。

【预防措施】 加强饲养管理，用营养丰富和易于消化的饲料饲喂病羊，给予清洁的饮水，圈舍在冬天要做好防寒工作，经常清洁，防止贼风侵袭以避免受寒感冒。

四 肺炎

肺炎是由多种致病因素引起的肺实质炎症，这些原发致病因素包括细菌、病毒、寄生虫、吸入性异物等，也可由上呼吸道疾病蔓延而来。各种羊均可患本病，其中以绵羊发病引起的损失较大，尤其是羔羊较为多发。

【发病原因】

（1）感冒 圈舍潮湿、闷热，天气突变，寒流侵袭，通风不良并有贼风侵袭等均可导致感冒，如护理不当，救治不愈，即可发展为肺炎。

（2）病原菌 当羊抵抗力下降时，病原菌就会乘虚而入，如巴氏杆菌、链球菌、化脓放线菌、坏死杆菌、绿脓杆菌、葡萄球菌等。

（3）异物刺激 吞咽障碍，如口炎、咽炎、食道阻塞等造成食物、唾液误入呼吸道而引起本病。灌药时操作错误将药物投入肺内，临床上各种异物进入肺内，即发生异物性肺炎。

（4）寄生虫 如肺丝虫病，由于肺丝虫迁徙时的机械作用，损伤肺组织而发生肺炎。

（5）继发病 多种病如口蹄疫、放线杆菌病、羊子宫炎、乳腺炎等可继发本病，此外还有羊鼻蝇、肋骨骨折、创伤性心包炎等也可继发本病。

【临床症状】 临床肺炎可分为小叶性肺炎、大叶性肺炎和异物性肺炎。

（1）小叶性肺炎 疾病初期，表现为急性支气管炎症状，即干、短的疼痛性咳嗽，之后逐渐变为湿、长的咳嗽，疼痛有所减轻。体温升高明显，呈弛张热型，脉搏随体温升高而加快，呼吸频率增加，排出少量清亮的、黏稠或化脓性鼻液，可视黏膜发绀或潮红。听诊表现为，肺泡呼吸音减弱或消失，出现捻发音和支气管呼吸音，并可听到干、湿啰音，健康肺组织肺泡呼吸音增强。

（2）大叶性肺炎 临床上呈持续性高热，体温可高达40℃以上，并持续不下，即稽留热，几天后减退或消失。脉搏加快，呼吸急促，鼻孔开张，呼出气体温度较高，病羊久站不卧，呻吟不断，磨牙。可视黏膜潮红或发绀。典型特征是病羊鼻孔流出铁锈色或黄红色的鼻液。肺部听诊表现为，疾病初期肺泡呼吸音增强，出现干啰音，之后可听到湿啰音或捻发音，肺泡呼吸音减弱。有时听不到肺泡呼吸音，是由于肺泡内充满了炎性渗出物。如果肺组织肝变，会出现支气管呼吸音，随后支气管呼吸音逐渐消失，出现湿啰音或捻发音，疾病痊愈后呼吸音恢复正常。

（3）异物性肺炎 异物进入气管和肺时，引起气体流通不畅，同时异物强烈刺激气管黏膜和肺组织，病羊表现为精神高度紧张，狂躁不安，咳嗽强烈，有时可见病羊的鼻孔因剧烈咳嗽而排出异物。同时病羊呼吸困难。当肺内异物过多时，病羊表现为呼吸极度困难，短时间内便死亡，同时可视黏膜发绀；异物进入较少时，可随病羊咳嗽排出，有时因异物本身带有病原菌，可引起肺脏发炎，甚至发生肺坏疽。

【诊断要点】 病羊表现为咳嗽强烈，弛张热型或稽留热型，听诊出现干、湿啰音等典型症状，再结合病史，即可做出诊断。特别提醒，注意区分小叶性肺炎、大叶性肺炎和异物性肺炎。

【药物治疗】

（1）抗生素疗法 病情严重时，在肌内注射青霉素和链霉素的同时，再灌服或静脉注射磺胺类药物。四环素500毫克或卡拉霉素1000毫克肌内注射，每天2次，连用3~4天。

（2）止咳祛痰 灌服氯化铵2克，分2~3次灌完，1天灌完，还可用喷托维林（咳必清）、甘草合剂、杏仁水等灌服。再静脉注射氯化钙或葡萄糖酸钙液10~20毫升，可促进肺内炎性渗出物的吸收。

（3）异物性肺炎的处置 将病羊保持前低后高姿势，同时注射兴奋呼吸的药物如樟脑制剂或2%盐酸毛果芸香碱，使气管分泌增强，促进异物的排出。当异物过多时可施行气管切开术，排出肺内异物，同时立即使用大剂量的青霉素、链霉素行肌内注射或气管注射。

（4）对症治疗 根据病羊的不同病情，采用适当的疗法，如体温升高时可肌内注射2毫克的安乃近，每天2~3次；当呼吸极度困难时，可使用悠扬呼吸机，或者进行氧气腹腔注射，剂量按100毫升/千克，注射后可使病羊体温下降，改善病情。强心可使用樟脑油或樟脑水，若有便秘，可灌服植物油等温和泻剂。

（5）中药治疗

方1（润肺理气散）：花粉6克，贝母10克，杏仁7克，白芍6克，天冬7克，广橘皮7克，术通8克，桑皮7克，黄芩8克，山橘5克，生甘草4克，水煎，去渣灌服。

方2：茵陈5克，橘子6克，党参8克，百合6克，杏仁5克，防风5克，知母6克，贝母4克，冬花6克，天冬4克，寸冬6克，阿胶6克，桑皮5克，五味5克，黄连3克，黄芩5克，甘草4克，水煎，去渣灌服，每天1剂，连用5天。

方3：太子参、黄芪、桔梗、半枝莲各10克，金银花、连翘、板蓝根各15克，芦根、浙贝、鱼腥草各10克，麻黄5克，水煎候温灌服，每天1剂，连用3天。若兼有表证者，可加荆芥穗、薄荷；痰热蕴肺者可去黄芪，加知母、生石膏；热毒内陷者，可去麻黄；若有体虚，咳声微弱者，可去麻黄、半枝莲、板蓝根，加麦冬和青蒿。

【预防措施】 加强饲养管理，对病羊进行确诊后，应及早将病羊关入清洁、温暖、通风良好、无贼风的羊圈内，保持安静，给予易消化的饲料和清洁的饮水。

五 胸膜炎

胸膜炎是胸膜发生以纤维素沉积和胸腔积聚大量炎性渗出物为特征的一种疾病，主要临床特征为胸部疼痛、体温升高及胸部听诊出现摩擦音。

【发病原因】 胸膜炎主要继发于肺炎、肺脓肿、败血症、胸壁创伤、胸壁穿孔、肋骨骨折、食道破裂、胸腔恶性肿瘤等疾病，也继发于某些传染病，如致病菌为多杀性巴氏杆菌和溶血性巴氏杆菌的吸入性肺炎、纤维素性肺炎、肺结核病、流行性感冒、创伤性网胃心包炎、支原体肺炎等。

【临床症状】 疾病初期，病羊精神沉郁，食欲废绝，体温升高，呈明显的腹式呼吸，经常发出疼痛性咳嗽。对病羊进行叩诊，病羊表现为站立不安，呻吟。胸部听诊出现摩擦音。但当胸腔积聚过量的渗出液时，摩擦音消失，如同时发生肺炎，可听到拍水音或捻发音，肺泡呼吸音减弱，甚至消失，出现支气管呼吸音，心音模糊不清。对胸壁叩诊，出现水平浊音区。行胸腔穿刺，可抽出大量炎性液体，液体呈现混浊，易凝固，其中含有大量絮状纤维素及凝块。

【诊断要点】 病羊临床症状主要表现为明显的腹式呼吸，触诊胸壁有疼痛反应，听诊有摩擦音，叩诊呈水平浊音区，胸腔穿刺有大量液体流出，即可确诊。

【药物治疗】

（1）抗菌消炎 可选用抗菌药物，如青霉素 80 万国际单位、链霉素 100 万国际单位、庆大霉素 5 毫克，再结合消炎药如氨基比林 5 毫升等；或给予复方长效磺胺，按照每千克体重 0.2 ~ 0.4 毫升肌内注射，2 剂/天，连用 3 天。

（2）胸腔穿刺 当胸腔积有大量的渗出液时应施行胸腔穿刺。胸腔穿刺要严格按照操作规程操作，以免损伤肺脏。如穿刺针或套管被纤维素堵住，可用注射器缓慢抽出。排出胸腔积液后，可选用 0.1% 雷佛奴耳溶液、2% 硼酸液反复冲洗胸腔，最后用生理盐水灌洗，然后用生理盐水溶解青霉素 80 万国际单位和链霉素 2 克，注入胸腔。

（3）抑制渗出物 可用 10% 氯化钙 10 ~ 20 毫升静脉注射，合用强心剂和利尿剂，如氯丙嗪以促进炎性渗出物的吸收与排出。

（4）中药治疗

1）干性胸膜炎：即听诊有胸膜摩擦音，灌服以下方剂。

方 1：柴胡、白芍、牡蛎各 33 克，瓜蒌皮 66 克，黄芩、郁金香各 27 克，甘草 17 克，研末冲服。

方 2：紫花地丁 9 克，黄芩、苦参、生石膏各 6 克，甘草 2 克。研细，开水冲调，一次灌服，每天 1 剂，连用 5 ~ 7 天。

2）湿性胸膜炎：即叩诊呈水平浊音。

白芍散：当归、白芍、白芨、滑石各 33 克，桔梗、寸冬、百合各 17 克，贝母、黄芩各 20 克，花粉、木通各 27 克，研末开水冲调，灌服，每天 1 次，连用 5 天。

【预防措施】 加强饲养管理，将病羊关入通风良好、温暖、安静的羊圈内，饲喂营养丰富、易消化的饲草，并合理限制饮水。

第三节 血液循环系统疾病

一 贫血

贫血是指单位体积血液中血红蛋白、红细胞的数量和红细胞压积均低于正常水平的综合征。临床特征主要是黏膜苍白、心率加快和肌肉无力。贫血不是一种独立的疾病，而是其他疾病所伴发的一种综合征。

【临床症状】 病羊可视黏膜苍白，阴门、乳房和口腔黏膜明显发白。若是急性出血引起的贫血时，病羊可表现为可视黏膜迅速苍白，体温下降，四肢厥冷，脉搏细数，全身冷汗，甚至发生低血容量性休克。其他因素引起的贫血病羊主要表现为病情发展缓慢，渐进性消瘦，后期病羊伴发四肢、胸腹下部、间隙等积水，虚弱无力，精神萎靡，甚至食欲废绝。血常规检查，红细胞数目可由（8～18）$\times 10^{12}$个减至原来的1/4左右。临床分为再生障碍性贫血、溶血性贫血和出血性贫血。

（1）再生障碍性贫血 多于冬季发生，消化机能下降或不健全的羔羊和老弱妊娠羊发生营养不良，出现摄入的铁、铜、钴等元素缺乏，引起造血机能下降。

（2）溶血性贫血 羊发生传染性疾病，如巴氏杆菌病、链球菌病及寄生虫病，导致羊血液中红细胞大量破坏和溶解，出现贫血。

（3）出血性贫血 各种原因造成大量丢失血液，或长期慢性出血等均可引起出血性贫血。

【诊断要点】 当病羊衰弱无力，呈渐进性消瘦时，主要观察其可视黏膜是否苍白，做血常规检查红细胞数目及血红蛋白的含量是否下降。如有下降，可视黏膜苍白，一般可判定为贫血。

【药物治疗】

（1）西药治疗 对于出血性贫血，如果是寄生虫引起的慢性出血，应先快速静脉注射补充营养物质，再结合寄生虫药物进行治疗；外出血引起的贫血，应立即止血，应用10%氯化钙溶液以及配合止血剂，如维生素K_3、酚磺乙胺（止血敏）2～4毫升静脉注射止血；若循环血量显著降低甚至出现休克时，应立即静脉注射5%葡萄糖生理盐水，或6%右旋糖酐，有条件的可输全血或血浆。

若是地区性的贫血，应立即补充微量元素，如铜、铁、锰、钴等，铁剂应与维生素C配合应用。具体用法为硫酸亚铁0.1～0.3克/次，每天3次。

各种原因引起的贫血，都应给予砷剂以辅助治疗，常用的有1%亚砷酸钾，每次1.5～2毫升，与铁剂配合使用。也可肌内注射维生素B_{12}，每次3毫升，每天1次，连用7～8天；也可灌服维生素补血露，每次50毫升，每天2次，连用5～7天。同时给予病羊营养支持，如给予10%葡萄糖500毫升，维生素C 15毫升，一次静脉注射，每天1次，连用3~5天；10%葡萄糖500毫升，三磷酸腺苷（ATP）30毫克，肌苷0.2克，一次静脉注射。

加强饲养管理，饲料中添加足量的维生素、微量元素、蛋白质和能量，增强羊机体抵抗力和造血能力的恢复。

（2）中药治疗

方1：当归12克、川芎10克、白芍9克、熟地9克、党参12克、白术9克、黄芪9克、茯苓9克、何首乌9克、阿胶12克、甘草9克，水煎候温灌服，每天1剂，连用3~4剂。

方2：升麻8克、柴胡8克、黄芪15克、当归5克、香附5克、陈皮8克、桔梗5克、党参10克、白术10克、甘草5克，水煎候温灌服，每天1剂，连用3~5天。

方3：党参15克、白术12克、云苓12克、黄芪12克、当归12克、白芍10克、川芎10克、熟地15克、首乌18克、阿胶20克、炙甘草6克、大枣3枚，水煎候温灌服，每天1剂，连用3天。

【预防措施】 各种急性大出血如创伤出血、内出血等，应立即输液补血以扩充循环血容量。定期给予寄生虫药物治疗以消除寄生虫性贫血，如肝片形吸虫病、血吸虫病等。

定期对羊圈舍消毒，避免将某些化学毒物，如苯、苯肼、蛇毒、铅、砷、铜等堆放在羊圈周围，防止羊群误食。

对于某些地区，由于缺乏某些矿物元素以致造血原料不足，应补充相应的矿物元素，如铁、铜、钴、锰等。加强饲养管理，一般营养性贫血都是由饲养管理不当造成的，应保障羊群充分的营养需求。用4.5克硫酸亚铁、7.5克硫酸铜、45克葡萄糖，加200毫升水混合均匀喂给。药物预防时最好在2餐之间进行，以利于铁的吸收，不应和乳同时喂，由于乳中含磷高，影响铁的吸收。

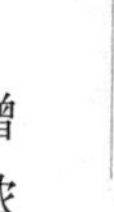

二 心肌炎

心肌炎是心肌局灶性和弥漫性心脏肌肉炎症，其特征为心肌兴奋性增强和心肌收缩机能减弱。本病多继发或并发于其他各种严重传染病，如脓毒败血症等。

【临床症状】 主要表现为心脏机能不全和节律紊乱。急性传染病引起的心肌炎常表现为发热，精神沉郁，食欲废绝，可视黏膜发绀，呼吸高度困难，体表静脉怒张，下颌及四肢下端水肿；后期病羊精神高度沉郁，全身虚弱无力，战栗，出现神志昏迷，眩晕。听诊可发现初期病羊第一心音强盛并伴有混浊或分裂，第二心音明显减弱，多伴有因心脏扩张而房室孔闭锁不全引起的缩期性杂音。病程后期，出现明显的期前收缩，心律不齐。在比较严重的病例中，心脏常有间歇，脉搏细弱不均，常因心脏停搏而死亡，或有时气喘后突然死亡。

【诊断要点】 诊断时应注意是否患有急性传染病和中毒等相关疾病。临床检查应留意体温升高与心率增加不一致，心律失常，可先测安静状态下病羊的心率，然后比较迅速驱赶100~200米后病羊的心率。病羊稍微运动后心率急剧增加，经过较长时间休息后才能恢复运动前的心率。

【药物治疗】 保持病羊安静，以免因运动而引起心脏机能过度衰弱而死亡。将病羊放在宽敞、通风良好的羊圈内，给予富含营养而易消化的饲料，如优质干草、新鲜的青贮饲料、胡萝卜及甜菜等。给予清洁的饮水，但当心脏严重衰弱时，应限制饮水。

病羊心悸时，可用冰袋冷敷心区。对于出现心血管衰弱现象的病羊，可用樟脑油、咖啡因和硝酸士的宁等治疗，多次少量使用，对于有传染病引起的心肌炎，应主要集中治疗原发病。也可静脉注射ATP、辅酶A促进心肌代谢。

（1）对症治疗 当发生高度呼吸困难时，可进行输氧治疗；尿少而明显水肿的病羊，可灌服利尿剂以消肿；病羊发生便秘时，可使用油类等温和泻剂以通肠排便，但严重的心脏衰弱者禁用泻剂。

（2）中药治疗 中药以清热解毒、养阴生津、益气为治疗原则。

临床若见羊发热、粪干、舌红苔黄、耳鼻冷热不定，尿黄，不耐运动、呼吸急促等，可用三黄汤（黄连10克、黄芩10克、黄檗10克、栀子10克）加大青叶、金银花、连翘、苦参、郁金等；食欲不振者，可加枳实、山楂、神曲、麦芽；粪干者，可加郁李仁和麻油、麦冬治疗。

若见羊动则喘气、乏力、卧地不起、食欲不振、舌红少苔者，可用以下方剂治疗。

方1（炙甘草汤）：炙甘草10克、阿胶8克、桂枝8克、生姜10克、麦冬8克、生地8克、麻仁6克、党参10克、红枣20克，水煎候温灌服，每天1剂，连用3~5天。寒颤、四肢蜷缩者，可加附子、细辛。

方2：黄芪10克、黄连15克、黄芩10克、苦参8克、穿心莲10克、百合10克、党参15克、厚朴10克、山楂15克、神曲15克、麦芽15克，水煎候温灌服，每天1剂，连用3天。

【预防措施】 经常保持羊圈卫生清洁，定期注射疫苗，预防传染病的发生。给予营养丰富的饲料，保持羊群一定的运动量，以增强羊的抵抗力。

第四节 神经系统疾病

一 脑膜脑炎

脑膜脑炎是由于羊受到传染性或中毒性等因素的侵袭，软脑膜及整个蛛网膜下腔发生炎性变化，此后经过血管和淋巴管转移到脑实质，引起脑实质的炎性反应，也可以是脑实质本身的原发性炎症。脑实质和脑膜往往会同时发生病变，呈现脑膜脑炎的现象。临床上以脑膜刺激症状、一般脑症状和灶性症状为特征。

【发病原因】

（1）感染性因素 通常继发于一些条件致病菌如链球菌、葡萄球菌、肺炎球菌、巴氏杆菌、化脓杆菌、坏死杆菌、李氏杆菌、沙门氏菌等的感染，当机体防卫机能降低，而微生物毒力增强时，即能引发本病。某些寄生虫如羊囊虫、脑包虫和脑脊髓丝虫等的侵袭，也能导致本病的发生。

（2）中毒性因素 主要在铅中毒、农药中毒、有毒植物中毒或药物中毒等过程中，损害脑膜而引起脑膜脑炎的病理变化。

（3）继发于临近部位感染 如角坏死、额窦圆锯术、中耳炎、眼球炎、化脓性鼻炎、额窦炎、腮腺炎等头部疾病炎症蔓延至颅腔而发病。

（4）诱发因素 如受寒、感冒、日光曝晒、长途运输、脑部外伤等。

【临床症状】

（1）脑膜刺激症状 以脑膜炎为主的脑膜脑炎，病羊颈、背部皮肤敏感，轻微刺激或触摸，可引起强烈的疼痛反应和颈部背侧肌肉强直性痉挛，头颈后仰，不断后退，腱反射亢进。随着病情的发展，脑膜刺激症状逐渐尖锐然后消失，某些病例通常被脑实质发炎的症状掩盖而表现不明显。

（2）一般脑症状 急性脑膜脑炎多呈现一般脑症状。病轻者，食欲减退，行动迟钝；随着病情的发展，头部下垂，沿着羊舍的墙壁走动，或突然做旋转运动。起卧不安，严重时表现出癫痫症状。大多数病羊具有兴奋和抑制交替发作的现象，体温变化无规律。

（3）灶性症状 因侵害部位不同，临床症状存在差异。神经机能亢进时表现为眼球震颤、瞳孔大小不等、鼻唇部肌肉痉挛、牙关紧闭及舌纤维性震颤；神经机能减退时表现为口唇歪斜、耳下垂、舌体脱垂、吞咽障碍、视力丧失，甚至个别病羊发生瘫痪和外周神经麻痹。

【诊断要点】 本病如果具有明显的临床症状，结合病史调查及病情发展过程，不难确诊。若病程发展和临床症状不明显时，需进行脑脊液穿刺，在穿刺液中发现蛋白质和细胞（中性粒细胞、淋巴细胞及病原微生物）数量显著增多时，即可确诊。

【药物治疗】

（1）治疗原则 除去病因、降低颅内压、抗菌消炎和对症治疗。

（2）加强护理 将病羊放于宽敞、通风、安静的圈舍内，供给大量褥草，使之安静，加强看管，避免兴奋时发生创伤。供给营养丰富且容易消化的饲料。

（3）降低颅内压 颈静脉放血 100～300 毫升，放血后静脉注射等量的 5% 葡萄糖生理盐水或 10% 氯化钠溶液，加入 25%～40% 乌洛托品 100 毫升。或采用脱水剂即 25% 山梨醇和 20% 甘露醇溶液按每千克体重 1～2 克快速静脉注射，若注射后 2～4 小时内大量排尿，即可好转。

（4）抗菌消炎 可选用静脉注射容易通过血脑屏障的药物，如氨苄西林（每千克体重 15～20 毫克）、庆大霉素（每千克体重 2～4 毫克）或 10% 磺胺嘧啶注射液（每千克体重 70～100 毫克）。

（5）对症治疗 病羊过度兴奋、狂躁不安时，可将 10% 溴化钠加入到 5% 葡萄糖生理盐水中静脉注射，也可静脉注射 5% 水合氯醛酒精溶液。心功能不全时，可应用安钠咖或氧化樟脑等强心剂；应用 1% 三磷酸腺苷二钠注射液、注射用辅酶 A、维生素 B_1 等，有利于神经系统机能的恢复。

（6）中药治疗

1）呆痴型用朱砂散加减：朱砂 8 克，胆南星、天麻、钩藤、全蝎各 18 克，石决明、石菖蒲、旋复花、菊花各 30 克，细辛、白芷、蒿本各 15 克，分成 8 份，每天 1 份，水煎服。

2）惊狂性用天竺黄散加减：天竺黄 60 克，生石膏 90～120 克（先入），生地黄 30 克，黄连 18 克，郁金、栀子、远志、茯神、桔梗、防风各 24 克，朱砂 12 克，甘草 9 克，分成 8 份，水煎，加蜂蜜 15 克、鸡蛋清半个，调和投服，每天 1 份。抽搐者加琥珀、牡丹皮、石决明、钩藤；粪便干燥、尿赤黄者，加大黄、芒硝、木通。

【预防措施】 平时加强饲养管理，避免让羊的头部受到打击、严寒或高温的刺激；注意清洁卫生，防治传染性、寄生虫性病原的侵害；避免发生饲料和药物中毒；断角及施行圆锯术时，须精心手术，并加强护理。

二 日射病及热射病

日射病及热射病又称为中暑，是由于外界环境中的光、热、湿度等物理因素对羊体的侵害，导致体温调节功能发生障碍的病理表现，常见于夏季。

【发病原因】

（1）日射病 由于阳光直晒头部，引起大脑及脑膜充血和脑实质的急性病变，导致中枢神经系统机能严重障碍的现象。

（2）热射病 在炎热季节（外界温度过高）、潮湿闷热的环境（如羊舍内潮湿、闷热、拥挤、狭小，或车船运输时通风不良）中，羊只产热多、散热少，体内积热引起脑充血和中枢神经系统机能障碍的疾病。

【临床症状】

（1）日射病 病初精神沉郁，四肢无力，步态不稳，共济失调，突然倒地，神情恐惧，有时全身出汗。随着病情发展，出现心血管运动中枢、呼吸中枢、体温调节中枢功能紊乱，心力衰竭，呼吸急促，有的体温升高，有的突然全身麻痹，常常发生剧烈的痉挛或抽搐，迅速死亡。

（2）热射病 体温急剧上升至40～42℃，皮温升高，全身出汗，羊群叠堆，惊恐不安。随着病情急剧恶化，心力衰竭，黏膜发绀，脉搏疾速而微弱，呼吸浅表、间歇、极度困难。濒死前，体温下降，静脉塌陷，昏迷不醒，陷于窒息和心脏停搏状态，最终死亡。

【诊断要点】 根据病史，结合临床症状，不难诊断。因为中暑，发生于炎热的夏季，多因受到日光直射，或因通风不良、潮湿闷热，使体质虚弱的羊只受热中暑。由于病羊脑膜充血和急性脑水肿，临床特点呈现一般脑症状及一定的灶性症状，甚至发生猝死，可做出诊断。

【药物治疗】 本病多发病突然、病情重、经过急，应及时抢救，方可避免死亡。

（1）治疗原则 加强护理，防暑降温，镇静安神，强心利尿，纠正酸中毒。

(2) 对症治疗

1）将病羊移至阴凉通风处，冷敷头部或心区，或凉水灌肠，以促进机体散热。

2）对兴奋不安的羊只，可静脉注射静松灵 2 毫升，或静脉注射 25% 硫酸镁 50 毫升。

3）当病羊昏迷不醒时，可于颈静脉放血，放血量视病羊大小及身体状况而定。一般放血 80～100 毫升。放血后进行补液，静脉注射氯化钠注射液 500～1000 毫升。

4）病羊心脏衰弱或严重水肿时，应静脉注射 10% 安钠咖 4 毫升。

5）为纠正酸中毒，可静脉注射 5% 碳酸氢钠注射液 50～100 毫升。

6）藿香正气水 20 毫升，加凉水 500 毫升，灌服。有条件时，可用西瓜 3～5 千克，捣为泥，加白糖 250 克，混少量凉水，一次投服。

(3) 中药治疗 以清热解毒、宁心安神为主。金银花 15 克、香薷 15 克、连翘 15 克、柴胡 15 克、龙胆草 9 克、黄芩 15 克、黄檗 9 克、大黄 9 克、茯神 9 克、朱砂 6 克（另包）、琥珀 9 克（另包）、甘草 9 克，研末，水煎或开水冲，候温灌服。

【预防措施】 夏季做好羊舍防暑降温工作，不在炎热的阳光下放牧，午间在阴凉处或树荫下休息。保证充足的清洁凉水，让羊只自由饮用。如果羊只出汗较多，可适当加点盐。保持羊舍通风凉爽，降低饲养密度，防止潮湿、闷热和拥挤。长途运输时，做好防暑和急救工作。

三 脊髓炎及脊髓膜炎

脊髓炎及脊髓膜炎是脊髓实质、脊髓硬膜、脊髓软膜及蜘蛛膜的炎症。临床上以感觉、运动机能障碍，肌肉发生萎缩为特征。

【发病原因】 主要见于病毒（如伪狂犬病病毒、狂犬病病毒）、细菌（如葡萄球菌、链球菌、化脓棒状杆菌、巴氏杆菌）、寄生虫（如脑髓丝状虫）的感染。曲霉菌、麦角菌、镰刀菌等的毒素中毒，萱草根中毒等，椎骨骨折、脊髓挫伤、出血、羔羊断尾后伤口感染等，也可引起本病。

【临床症状】

(1) 脊髓膜炎 主要表现为脊髓刺激症状。脊髓腹根受到刺激时，病羊呈现头后仰，四肢挺伸，步幅短小，沿脊柱叩诊或触摸四肢，可引起肌肉痉挛；脊髓背根受到刺激时，体躯某一部位感觉过敏，用手触摸皮肤时，病羊骚动不安、弓背、呻吟。随着病情的加重，病羊感觉减弱或消失、肌肉麻痹。

（2）脊髓炎 发病初期，多为精神不安，敏感，肌肉震颤，脊柱僵硬，抽搐，四肢强拘，容易疲劳和出汗。因炎症的部位及范围不同，其临床症状存在差异。

（3）局灶性脊髓炎 仅表现患病脊髓节段所支配区域的皮肤感觉减退和肌肉营养性萎缩，反应消失。

（4）弥漫性脊髓炎 炎症可向前或向后蔓延，导致炎症波及脊髓节段较长，且多发生于脊髓的后段，除表现所支配区域的感觉过敏或减弱、运动失调外，还表现尾的运动和感觉麻痹，膀胱与肛门括约肌麻痹，以致排粪与排尿失常、膀胱积尿和直肠蓄粪等现象。如果蔓延至延脑，可导致咽下障碍、心律不齐、呼吸紊乱，甚至窒息死亡。

（5）横贯性脊髓炎 相应脊髓段所支配的区域呈现出下位神经元性瘫痪症状，如皮肤感觉减弱或消失，肌肉紧张度降低、弛缓无力等。炎症部位后方脊髓节段所支配的区域，表现为肌肉紧张性增高和腱反射亢进，病羊出现运动障碍，步态不稳，容易跌倒。严重时，可导致后躯截瘫。若为颈髓横贯性炎症，可因膈肌麻痹而突然死亡。

（6）分散性脊髓炎 因炎症可能涉及脊髓灰质或白质，呈现相应的局部皮肤感觉消失，相应肌群的运动性麻痹。

【诊断要点】 依据病史、临床表现，特别是运动麻痹及排粪、排尿障碍，可做出诊断。

【药物治疗】

（1）加强护理 使病羊保持安静，厚垫褥草，避免发生褥疮，给予富含营养且易消化的饲料。

（2）消除炎症 可选用青霉素、链霉素肌内注射，或用磺胺嘧啶钠静脉注射，同时配合应用乌洛托品及氢化可的松。

（3）对症治疗 病羊不安时，可用溴化钠、巴比妥钠等镇静剂。为恢复神经细胞的机能，改善神经营养，可用维生素 B_1、维生素 B_2、辅酶A及三磷酸腺苷（ATP）等。

（4）慢性脊髓炎 可用碘化钠或碘化钾，羊1~2克，每天内服1次，连续5~6天。为防止肌肉萎缩，可经常进行肌肉按摩，必要时交替注射士的宁及藜芦碱。

【预防措施】 加强日常的饲养管理，注意防疫卫生，防止感染、中毒和外伤。

四 脊髓挫伤及震荡

脊髓挫伤及震荡是指因脊柱骨折或脊髓组织受到外伤所引起的脊髓损伤。临床上以腰脊髓损伤较为常见。

【发病原因】 本病主要由外界机械力（如放牧时羊只突然滑倒，鞭赶羊只跨越沟渠时跳跃闪伤或被直接暴力打击）作用所致，同时，一些内因（如软骨病、骨质疏松症、氟骨病时易发生椎骨骨折）也具有一定的诱导作用。

【临床症状】 本病的临床症状取决于脊髓受损的部位和程度。

1）脊髓全横径损伤：损伤节段后侧发生中枢性瘫痪，两侧深、浅感觉障碍和植物性神经机能异常。

2）脊髓半横径损伤：损伤部同侧发生深感觉障碍及运动障碍，而对侧呈现浅感觉障碍。

3）颈部脊髓损伤：头颈无法抬举，四肢麻痹呈现瘫痪，膈神经与呼吸中枢联系中断而致呼吸停止，甚至导致死亡。

4）胸部脊髓损伤：出现前肢麻痹和消化道紊乱。

5）腰部脊髓损伤：表现后躯麻痹，大小便失禁。

6）脊髓膜损伤：受损部位后方发生一过性的肌肉痉挛，如果脊髓膜广泛出血，则其损害部位附近呈现持续或阵发性肌肉收缩，感觉敏感。

7）脊髓径损伤：躯干大部分和四肢肌肉痉挛。

【诊断要点】 根据病羊感觉机能和运动机能障碍，以及排粪排尿异常，结合病史分析，可做出诊断。

【防治措施】 加强护理，保持安静，多垫褥草，经常翻转，给予富含矿物质和维生素的饲草料。对患病部位先冷敷（初期），后热敷，进行适当的按摩。

采用碘离子透入疗法或皮下注射硝酸士的宁 2～4 毫克。如果尾和后肢有刺激反应，可用戊四氮 0.2 克、泼尼松（强的松龙）20 毫克注射于损伤部。采用抗生素或磺胺类药物可防止继发感染。

五 羊癫痫

本病俗称“羊角风”“羊癫疯”，是一种暂时性大脑皮层机能障碍的神经机能性疾病。临床上以短暂反复发作，感觉障碍、意识丧失、肢体抽搐、行为障碍或植物性神经机能异常为特征。

【发病原因】

（1）原发性癫痫 病羊脑机能不稳定，脑组织代谢障碍，加上体内外的环境改变而诱发。

（2）继发性癫痫 常继发于颅脑疾病，如脑膜脑炎、颅脑损伤等。此外，伪狂犬病、狂犬病、脑包虫病、维生素 A 缺乏、维生素 B 缺乏、低血钙、铅与汞等重金属中毒，以及有机磷、有机氯等农药中毒，也可引发本病。

（3）诱因 惊吓、过度劳累、超强刺激、恐惧、应激等。

【临床症状】 癫痫的发作呈现突发性、短暂性和反复性，在发作的间歇期，病羊健康上无异常表现。但当忽然受到外界刺激时（如听到某种奇异声音或受到其他惊扰时）即显症状。发作时，突然站立不稳，转圈倒地，头、颈、躯干及四肢强直性痉挛；牙关紧闭，磨牙，口吐白沫，流涎；眼球抽动，瞳孔散大；持续一定时间后，即变为搐搦，经一定时间而停止，发作停止后多恢复常态。

【诊断要点】 根据病史和临床特征即可确诊。

【药物治疗】 在疾病发生过程中，尚无良好的治疗方法，应重视预防工作。

【预防措施】 为了预防癫痫复发，在预计下次发病前几天便服用溴化钾 8 ~ 10 克，分 3 次服用，1 天服完；或用苯巴比妥 0.3 ~ 0.5 克，分 3 次服用，1 天服完；或用扑米酮（扑癫酮），每千克体重 10 ~ 20 毫克，每天 3 次；或内服苯妥英钠，每千克体重 30 ~ 50 毫克，每天 3 次。本病具有遗传性，病羊绝不可留作种用。

第五节 泌尿系统疾病

一 肾炎

肾炎通常是指肾小球、肾小管或间质组织发生炎症性病理变化的总称。临床上以肾区敏感、疼痛，尿量减少，尿液中含有肾上皮样细胞和各种管型细胞为特征。

【发病原因】

（1）急性肾炎 多继发于一些传染病，如口蹄疫、传染性胸膜肺炎等；某些中毒病，包括一些内源性中毒（如代谢分解产物、胃肠道炎症、皮肤疾病、大面积烧伤所产毒素）和外源性中毒［如有毒植物、腐败饲

料、有强力刺激的药物（如松节油、斑蝥、苯酚），及汞、砷、磷等化学物质]；邻近器官炎症蔓延，如肾盂肾炎、膀胱炎、子宫内膜炎、阴道炎等炎症转移蔓延至肾脏而引起发病；天气骤变、感冒、营养不良、抵抗力减弱等也可引发本病。

（2）慢性肾炎 多因急性肾炎治疗不当、不及时或不彻底转化而来。

【临床症状】

（1）急性肾炎 病羊精神沉郁，食欲减退，体温升高，消化不良，反刍紊乱。按压肾区表现敏感、疼痛、不安、逃避。站立时腰背拱起，后肢叉开或聚集于腹下。强迫行走时腰背僵硬，步伐强拘。尿频且排尿量较少，个别出现无尿。尿色浓暗，比重增高。当有大量红细胞时，尿液呈粉红色至深红色。尿蛋白量增多。若是由化脓棒状杆菌引起的肾炎，尿中还有脓液。后期出现尿毒症症状，病羊虚弱无力，意识障碍，甚至昏迷。

（2）慢性肾炎 多由急性肾炎发展而来，症状与急性肾炎基本相似。通常全身症状不明显或轻微。病初表现为全身衰弱无力，食欲时好时坏，逐渐消瘦。尿量不定，比重增高，尿中蛋白质含量增加，含有大量肾上皮细胞，少量白细胞和红细胞。后期有些病羊在眼睑、胸腹下或四肢末端出现水肿。

【诊断要点】 主要根据病史（多发生于某些传染病或中毒后，或有受寒、感冒的病史），以及临床症状（如少尿或无尿，肾区敏感、疼痛、水肿），特别是尿液变化（蛋白尿、血尿）等可做出诊断。

【药物治疗】

（1）西药治疗

1）消炎：可选用抗生素（如青霉素、链霉素、卡那霉素等）。

2）利尿消肿：有明显水肿时，可采用氢氯噻嗪（双氢克尿噻）（每片25毫克）0.05～0.20克内服，或用醋酸钾2～5克内服，或用25%氨茶碱0.5～3.0毫升肌内注射，每天2次。

3）尿路消毒：采用乌洛托品5～10克内服，或40%乌洛托品10～40毫升静脉注射。

4）免疫抑制疗法：肾上腺皮质激素类药物能影响早期免疫反应，同时具有一定的抗炎作用，如泼尼松龙（氢化泼尼松）25～40毫克，分2～4次肌内注射，连用3～5天。

5）防止尿毒症：采用5%碳酸氢钠50～200毫升、5%葡萄糖400～600毫升（使碳酸氢钠含量不超过1.3%）静脉注射。第二次再用碳酸氢钠时用量减半。

（2）中药疗法

1）急性肾炎以清热泻火、利尿消肿、止痛为主。方剂为防己散：防己7克、没药7克、黄芪10克、白术5克、陈皮5克、知母5克、黄檗5克、苍术5克、泽泻5克、木通5克、双花5克、茵陈5克，水煎候温灌服。

2）慢性肾炎以温脾暖肾、利尿消肿、止痛为主。方剂为茯苓散加减：茯苓8克、泽泻5克、党参8克、白术5克、陈皮5克、肉桂5克、巴戟5克、葫芦巴5克、破故纸5克、防己5克、川楝子5克、没药5克，水煎候温灌服。严重疼痛时，加杜仲炭5克、木瓜5克、牛膝5克；有热时，加银花5克、连翘5克、栀子5克；尿中带血时，加焦栀子5克、白茅根20克；食欲减退时，加麦芽50克、神曲10克。

（3）护理措施 饲喂富含蛋白质、维生素A的饲料，尽量多喂易消化吸收的无刺激性的糖类饲料。为了缓解水肿和减轻对肾脏的负担，应适当限制饮水和食盐的供给量。

【预防措施】 加强日常饲养管理，防止羊因受寒感冒而降低抵抗力，防止其偷吃或误食化学物质、有毒植物、消化道或皮肤的有毒分解产物产生的毒素，对一些细菌或病毒引起的疾病及早治疗，防止侵害肾脏而致病。

二 膀胱炎

膀胱炎是指膀胱黏膜或黏膜下层的炎症。临床上以尿频、尿痛及尿液中有较多的膀胱上皮、脓细胞、白细胞和磷酸铵镁结晶为特征。

【发病原因】 除传染病外，化脓杆菌、葡萄球菌、绿脓杆菌、大肠杆菌、变形杆菌等，可以通过尿道自然感染或医源性侵入膀胱而感染。肾炎、输尿管炎、尿道炎、阴道炎、子宫内膜炎、腹膜炎等，均可蔓延至膀胱黏膜而发病。若导尿时损伤膀胱黏膜，膀胱内形成结石或肿瘤。松节油、甲醛、斑蝥等药物刺激时，也可引发本病。

【临床症状】

（1）急性膀胱炎 主要症状是羊只尿频，时常努责呈排尿姿势，但每次仅排出少量尿液或呈点滴状流出，排尿时明显疼痛不安，严重时出现排尿困难和尿闭。尿中含有蛋白和脓细胞。压迫膀胱时，羊有敏感表现（弓背）。

（2）慢性膀胱炎 其症状与急性膀胱炎基本相似，表现不太明显。

病程较长，如发生膀胱乳头状瘤（息肉）。不时尿血，如果发生坏死，尿中有坏死组织碎片并有臭气。

【诊断要点】 根据疼痛性频尿、排尿姿势变化等临床症状不难诊断。

【药物治疗】

（1）西药治疗

1）急性膀胱炎

① 病羊适当休息，给予优质易消化且无刺激性的饲料和大量清洁饮水。最好喂给青草、青干草、麸皮和萝卜等饲料，有利于减轻病情。应限制高蛋白饲料和酸性饲料。

② 抗菌消炎：可以注射青霉素或内服喹诺酮类药物、磺胺类药物（如磺胺嘧啶、磺胺甲基嘧啶）。

③ 尿路防腐消毒：可以内服乌洛托品或萨罗尔 1～2 克，每天 1 次，连用数天。

④ 膀胱灌注：先用导尿管排出膀胱内的积尿，然后经导尿管注入生理盐水，待生理盐水排出后，再注入消毒或收敛性药液（必要时加入青霉素 160 万～320 万国际单位），如此反复灌注 2～3 次，最后将药液排出或留于膀胱内自行排出。常用的消毒收敛药有 0.1% 雷佛奴耳液、0.5% 鞣酸溶液、1%～3% 高锰酸钾溶液、0.1% 硼酸溶液、0.5%～1.0% 氯化钠溶液、1%～2% 明矾溶液。

2）慢性膀胱炎：可应用尿道防腐消毒剂，如口服乌洛托品 2～3 克，每天 1 次，连续服用。但是一般疗效不太明显。为了利尿，可以灌服醋酸钾或醋酸钠 4～5 克，每天 1～2 次。

（2）中药治疗

1）一般性膀胱炎，可用滑石散：滑石粉 10 克、泽泻 7 克、灯芯 7 克、茵陈 5 克、猪苓 7 克、车前子 5 克、知母 5 克、黄檗 10 克，水煎候温灌服。

2）炎性产物较多的膀胱炎，可用治浊固本汤：黄檗 5 克、黄连 4 克、茯苓 10 克、猪苓 5 克、半夏 5 克、砂仁 5 克、益智仁 10 克、甘草 8 克、莲须 8 克，水煎候温灌服。

3）出血性膀胱炎，可用秦艽散：秦艽 12 克、当归 12 克、赤芍 6 克、炒蒲黄 12 克、瞿麦 12 克、栀子 9 克、车前子 9 克、大黄 9 克、没药 9 克、连翘 9 克、淡竹叶 6 克、灯芯 6 克、茯苓 9 克、甘草 6 克，水煎候温灌服。

【预防措施】 注意清洁卫生，给予清洁饮水，防止感染微生物。泌尿生殖器官患病时，应及时治疗，防止其向膀胱蔓延。

三 尿结石

尿结石是由于尿液的化学成分改变，酸碱度失去平衡后，尿中的无机盐析出结晶而形成结石的一种代谢性疾病。结石可刺激黏膜引起出血、炎症和尿路阻塞等病理变化，甚至可能导致膀胱发生破裂、尿毒症等使机体死亡。舍饲和饲喂精料过多的公羊、羯羊常受本病的危害，草场放牧或采食农作物秸秆的羊也可发生本病。

【发病原因】 长期饲喂棉籽饼、麸皮等单一饲料，尤其是缺乏青绿饲料的情况下，尿液呈现偏酸性化，在缺乏维生素 A 时，泌尿系统上皮细胞角化，成为尿结石的“核”，极易形成尿结石。羊在富含草酸盐和硅酸盐的植物草场放牧，饮水不足或水质碱性过大，甲状腺功能亢进，磺胺类药物使用过多，舍饲羊日粮中磷水平过高或钙、磷比例不当等，都可导致尿结石的发生。各种因素引起肾脏和尿路感染时，也有可能导致尿结石。

【临床症状】 病羊初期呻吟、弓背努责，踢腹，频频举尾，排尿用力且疼痛，排尿困难，呈间歇性、周期性发作，时重时轻，排尿时间延长，尿量减少，尿液呈断续或点滴状流出，有时排出血尿；公羊阴茎“S”状弯曲部出现肿大，尿道口水肿，尿道口经常附有白色附着物，触诊有明显疼痛感。后期，尿道完全阻塞，呈现闭尿和肾性腹痛；胸腹下和尿道周围皮下水肿。长期的闭尿导致尿毒症或引发膀胱破裂而使动物死亡。

尸检可见结石多为成层的结构，呈球形、卵圆形或砂石状，质地坚硬。结石可形成于尿路的任何部位，最常见梗阻于公羊的尿道内，如“S”状弯曲处和尿道突等，梗阻部位黏膜坏死和溃疡，尿液滞留，容易引发急性出血性尿道炎，甚至引起膀胱炎及肾盂肾炎。膀胱破裂时，则引起腹膜炎和周围组织的炎症。

【诊断要点】 尿结石因无特征性临床症状，若不导致尿道阻塞，诊断较为困难，可根据病史、临床症状（如排尿障碍、肾性腹痛、尿闭、尿痛、血尿等）进行综合诊断。确诊可做 X 射线或 B 型超声波检查。

【药物治疗】 首先要纠正不合理的饲养方法，然后采取药物和手术治疗。

① 病初症状轻微时，采用乙酸钾 3 克、碳酸氢钠 10 克，1 次内服，

每天2次，连服5天。或星星草30克、柳树红根（水中生的根）60克、玉米须（玉米雌花）20克，煎服，每天1次，连服5天。

② 对于草酸盐尿石病，可采用硫酸阿托品或硫酸镁；对于磷酸盐尿石病，可用稀盐酸进行治疗。

③ 中药治疗：对于轻症患羊，可应用海金沙10克、金钱草20克、萹蓄10克、瞿麦10克、酒知母6克、酒黄柏5克、延胡索5克、甘草梢5克、滑石7克、木通5克，水煎候温灌服。

④ 对严重尿结石如“S”状弯曲部和尿道结石、膀胱结石，须采用手术摘除结石。

【预防措施】 本病临床治疗效果不佳，关键是要改善饲养管理。及时将患病公羔或去势羊与母羔分开饲养；调整饲料中的钙、磷比例，可在日粮中添加1%饲料级石灰石（即每吨饲料中添加9.07千克石灰石），从而使其钙、磷比例维持在2∶1的水平。饲料中应补充适量的维生素A，提供充足、清洁、新鲜的饮水。防止长期单调地饲喂某种富含矿物质的饲料和饮水。采用棉籽副产品作为饲料时，应脱去其棉酚毒。严格控制精料饲喂量。日粮中添加0.5%的氯化铵（即在每吨饲料中添加4.54千克的氯化铵），使每只病羊每天大约采食7克氯化铵，可有效预防尿结石。

——第七章——
羊常见外科、产科病

第一节 羊常见外科疾病

一 腐蹄病

腐蹄病是指羊蹄间发生的一种主要表现为皮肤性炎症的疾病，潮湿多雨季节多发。

【发病原因】 炎热雨季，圈舍潮湿泥泞，易患腐蹄病。饲草中钙、磷比例不平衡，导致蹄部角质疏松，经粪尿、雨水浸泡后，局部组织软化，以及石子、玻璃碴、铁屑等刺伤蹄部致使发病。或因蹄冠和角质层的裂缝而感染病菌。

【临床症状】 病羊主要表现为跛行，喜卧怕立，行走困难，食欲减退。蹄间常有溃疡面，上面覆有恶臭的坏死物，扩创后蹄底的小孔或大洞中有污黑臭水流出。严重者，蹄壳腐烂变形，卧地不起，甚至形成褥疮，引发败血症。慢性病例，临床症状不显著，在蹄间裂和蹄角质下形成许多小空洞，也可造成蹄变形。

【诊断要点】 在常发病地区，一般根据临床症状（发生部位、坏死组织的恶臭味）和流行特点，即可做出诊断。在初发病地区，为了进行确诊，可在坏死组织与健康组织交界处用消毒小匙刮取材料，制成涂片，用复红-亚甲蓝染色法染色，进行镜检。

【药物治疗】 首先进行隔离，保持环境干燥；除去患部坏死组织，待出现干净创面时，采用食醋、1%高锰酸钾、3%来苏儿或过氧化氢冲洗，再用10%硫酸铜或6%福尔马林进行浴蹄。若出现脓肿，应切开排脓后采用1%高锰酸钾溶液洗涤，撒以高锰酸钾粉或涂擦福尔马林，也可用磺胺类药物或一些抗生素软膏等。深部组织感染并有全身症状时，要控制败血症的发生，应用广谱抗菌药物，如抗生素或磺胺类药物等。

【预防措施】 注意饲喂适量矿物质，及时清除圈舍内的积粪尿、石子、玻璃碴和铁屑等，圈舍彻底消毒。圈门处放置10%硫酸铜溶液浸湿草袋进行蹄部消毒。

二 角膜炎

本病以羊畏光流泪、角膜混浊或溃疡为特征。

【发病原因】 多由于天气炎热，尤其是夏季羊群受到紫外线照射、土尘、蝇类媒介、圈舍潮湿、通风不良、粪污未及时清理、氨气浓度过高、外伤、睫毛异常等因素而诱发本病。

【临床症状】 病羊初期角膜周围出现浅蓝色或灰白色的混浊，随着病情发展，角膜逐渐变白，羊只视力逐渐下降。当角膜变为完全白色时，羊失明，严重影响采食和行动，精神逐渐萎靡。病羊体温、脉搏、呼吸、心跳、肠胃蠕动和粪尿均无显著变化。

【药物治疗】

（1）清洗患眼 用2%~3%的硼酸液、0.01%新洁尔灭液或生理盐水冲洗患眼，将异物清洗干净，每天2~3次。

（2）消炎镇痛 用醋酸可的松液点眼，或涂红霉素眼膏、金霉素眼膏，每天2~3次，连用3~5天；疼痛者，可用1%~3%盐酸普鲁卡因液点眼。

（3）自家血疗法 氨苄西林80万国际单位、注射用水2毫升、0.25%普鲁卡因注射液2毫升、地塞米松5毫克混合，抽取病羊自家血2~4毫升，混合均匀后，分别注射于患眼上下眼睑皮下，进行封闭治疗。同时，每天用氯霉素滴眼液点眼2~3次。

【预防措施】 加强饲养管理，防止羊只受到外伤；定期清理圈舍卫生，保持圈舍通风良好；扑灭蚊蝇，减少感染，给予充足清洁饮水，可有效预防和减少本病的发生。

三 创伤

【发病原因】 创伤引起的原因较多，凡可引起皮肤或黏膜及其深在组织（如筋膜、肌肉等）开放性损伤的都是创伤的发生原因，包括因尖锐细长物体（钢丝、草叉）刺入组织内引起的刺创，锐利的刀片、玻璃瓶切割组织引起的切创，柴刀等砍切组织发生的损伤砍创，钝性外力作用或动物跌倒在硬地上所致的挫伤，钩、钉等钝性牵引作用使组织发生机械牵张而断裂引起的裂创，由车轮碾压或重物挤压所致的压创，粗糙的绳捆缚引起的缚创，或枪弹和弹片引起的火器创等。

【临床症状】 创伤的主要症状包括出血、创口裂开、疼痛及机能障碍等局部症状。严重的创伤会出现贫血、体温升高、白细胞数增多、厌食甚至败血症等全身症状。由于创伤发生的时间及伤后污染情况不同，表现出不同的局部症状和全身症状。新鲜创表现为创内有血液流出或血凝块，且创内各组织轮廓尚能识别，有的虽被严重污染，但未出现创伤感染。感染创表现为伤部组织出现明显的创伤感染症状，创内各组织轮廓不易识别，出现明显的创伤感染症状，有的排出脓汁，有的出现肉芽组织。

【诊断要点】 根据临床症状和病史较易确诊。诊断时按由外向内的顺序，先仔细观察受伤，了解创伤的部位、大小、有无出血、有无异物、有无感染等情况。触诊创围，观察羊局部温度、疼痛及皮肤弹性等情况。内部检查时要遵守无菌规则，摸清创伤深部的具体情况。对于有分泌物的创伤，应注意分泌的形状，必要时可进行脓汁或血液检查。

【药物治疗】

（1）创围清洁法 用灭菌纱布块将创面或创腔加以覆盖后，创伤周围除毛（创围被毛如果粘有血液或分泌物，可用3%过氧化氢将其除去），再用70%酒精棉球反复擦拭紧靠创缘的皮肤，直至清洁干净为止。离创缘较远的皮肤，可用肥皂水和消毒液洗刷干净，最后用5%碘酊和70%酒精依次消毒。

（2）创面清洗法 揭去覆盖创面的纱布块，用生理盐水冲洗创面后，除去创面上的异物、血凝块和脓痂。再用生理盐水或防腐液反复清洗创伤，直至清洁为止。创腔较浅且无明显污物时，可用浸有药液的棉球轻轻地清洗创面；创腔较深或存有污物时，可用大量3%过氧化氢或防腐液冲洗创腔，并随时除去附于创面的污物。清洗创腔后，用灭菌纱布轻轻地擦拭创面，以便除去创内残存的液体污物。

（3）清创手术 用外科手术的方法将创内所有的失活组织切除，除去可见的异物、血凝块、消灭创囊、凹壁，扩大创口，保证排液畅通，力求使新鲜污染创变为近似手术创伤，争取创伤的第一期愈合。

（4）创伤用药 污染轻微、冲洗彻底的新鲜创伤及浅表的擦伤，仅使用5%碘酊涂布即可。污染严重的创伤，可在创内撒布广谱抗菌性药物如青霉素粉、碘仿磺胺粉（1:9）、碘仿硼酸粉（1:1）等。化脓感染创应先使用25%硫酸镁纱条或碘仿纱条引流，创内化脓缓和或停止后，改用魏氏流膏（松馏油3份、碘仿5份、蓖麻油100份混合）纱布条引流，可加快愈合。当肉芽即将长满创时，再使用氧化锌软膏或2%甲紫涂布创面，以促进上皮再生和肉芽表面收敛。

（5）创伤缝合与包扎 创面整齐、外科处理及时且很彻底的创伤，可进行密闭缝合；污染严重的新鲜创及陈旧化脓创，一般实行开放疗法或只做部分缝合；后躯或四肢下部的创伤，为了防止粪尿的污染，可考虑适当包扎。

（6）全身性治疗 控制创口感染，减少有毒物质吸收，防治菌血症和毒血症的发生。

【预防措施】 加强饲料管理，注意羊场内的农具、尖锐物品的妥善保管，避免发生不必要的创伤。创伤发生后，要及时进行合理的治疗，饲喂富有营养的饲料，提高病羊的抵抗力，以利于创伤的愈合。

四 脓肿

【发病原因】 大多数脓肿是由致病菌感染引起，主要为葡萄球菌、化脓性链球菌、大肠杆菌、绿脓杆菌。致病菌感染的主要途径是机体皮肤或黏膜的小伤口，有时也会因为注射药物不遵守无菌操作而引起，或静脉注射刺激性药物如水合氯醛、氯化钙、高渗盐水等漏注到静脉外而引起。致病菌也可从原发病灶经血液或淋巴道移至某一新的组织或器官内形成转移性脓肿。

【临床症状】 可分为浅在性脓肿、深在性脓肿。

（1）浅在性脓肿 多发生在皮下结缔组织、皮下筋膜及表层肌肉组织，用肉眼或手触摸即可发现。脓肿形成前，常表现为皮温增高、疼痛、肿胀，经3~4天后，脓肿局限化，与周围界限清楚；6~7天后，脓肿的中心部分出现波动，皮肤变薄，最后破溃流出脓汁。

（2）深在性脓肿 大多位于深层肌肉、肌间、骨膜下、腹膜下或内脏器官内，由于被覆较厚的组织，初期症状不明显，仅出现轻微的炎性水肿，触诊时有疼痛反应，深部穿刺可确诊。有的脓肿可逐渐浓缩，甚至钙化。有些较大的脓肿因未能及时切开，脓肿膜坏死，脓汁自皮肤破溃处流出，或向深部周围组织蔓延，导致感染扩散，呈现比较明显的全身症状。引发败血症。这类脓肿很少能破溃后从体表流出脓液，多数脓肿在薄膜破裂后，脓汁流向临近组织，又形成新的脓肿（称为转移性脓肿），或引发临近组织的蜂窝织炎。

【诊断要点】 根据临床症状即可做出诊断，穿刺有脓汁流出，常可确诊。

【药物治疗】 当局部肿胀处于急性炎性期时，可局部涂擦樟脑软膏或鱼石脂酒精，可抑制炎症渗出，缓解疼痛。炎性渗出停止后，采用温热疗法以促进炎症消散。当局部炎症产物消散吸收结束后，局部使用鱼石脂软膏，患部外敷，促进脓肿成熟。待脓肿成熟后根据脓肿大小或解剖部位选择手术方法。

（1）手术摘除 适用于脓肿膜完整的浅在性小脓肿，可不破包膜，整体切除。

（2）脓肿切开 适用于难以整体摘除的大脓肿。脓肿成熟出现波动后，局部剪毛消毒，局部或全身麻醉后切开，在波动最明显且容易排脓的部位切开，排脓、过氧化氢溶液（双氧水）冲洗、填塞药物、引流。禁止挤压或粗暴擦拭，以免破膜扩散。

（3）脓汁抽出 适应于关节部等脓肿膜完整的小脓肿，用注射器将脓肿腔内的脓汁抽出，用生理盐水反复冲洗后，注入抗生素溶液。

【预防措施】 加强饲养管理，减少感染，遵守注射时的无菌操作规程，避免静脉注射的刺激性药物漏注到静脉外。

第二节 羊常见产科及妊娠期疾病

一 流产

流产是指母羊在妊娠期间，由于受到各种内、外界因素的影响，造成早期胚胎发生死亡而被吸收，或提前从产道排出的一种疾病。

【发病原因】

（1）传染性流产 多见于某些传染病和寄生虫病，如布鲁氏菌病、沙门氏菌病、弯杆菌病、毛滴虫病等。

（2）非传染性流产 可见于胎产性疾病和内、外科疾病，如子宫畸形、胎盘坏死、胎膜炎、羊水增多症、肺炎、肾炎、有毒植物中毒、食盐中毒、农药中毒、外伤、蜂窝织炎及败血症等。

（3）营养性流产 可见于母羊长期营养不良、消瘦。主要由于无机盐缺乏，微量元素不足或过剩，维生素 A、维生素 E 不足，饲喂冰冻和霉变饲料等，导致营养代谢障碍，从而引起流产。

（4）机械损伤性流产 饲养密度过大、互相冲撞、斗架、踢伤、挤压，以及公、母羊同圈饲养导致互相爬跨乱交配等原因，可造大量流产。此外，冬季受寒、长途运输、用药不当，如大量使用子宫收缩药、泻药和某些驱虫药等，也可导致流产。

【临床症状】 突然发生的流产，产前一般没有特殊症状。病情缓慢者，表现为精神不佳、食欲停止、腹痛起卧、努责、咩叫、阴户流出羊水，排出死胎或弱胎后稍为安静。若在同一羊群中病因相同，则陆续出现流产，直至受害母羊流产完毕，方能稳定下来。

如果胎儿受损伤发生在怀孕初期，流产可能为隐性流产（胎儿被吸收，不排出体外）。如果发生在怀孕后期，因受损伤程度不同，胎儿多在受损伤后数小时至数天排出。若微生物进入子宫内，可引起胎儿的腐败分解，产生红褐色或黄褐色有臭味的液体，母羊出现全身症状，如精神不振、食欲减退、体温升高，病羊常努责，从阴道内排出少量红褐色液体，有的混有小骨片及腐败碎块。

【药物治疗】

（1）西药治疗 对有先兆流产的母羊，采取制止阵缩及努责的措施，可注射镇静药物，如苯巴比妥、水合氯醛、黄体酮。如黄体酮注射液10～25毫升，肌内注射，连用3～5天。

（2）中药治疗

方1（四物胶汤加减）：当归6克、川芎4克、黄芩3克、熟地6克、阿胶12克、菟丝子6克、艾叶9克，共研末，用开水调，每天1次，灌服2剂。

方2（白术安胎散）：白术（炒）25克、当归30克、川芎20克、白芍30克、熟地30克、阿胶（炮）20克、党参30克、苏梗25克、黄芩20克、艾叶20克、甘草20克，每次60～90克，水煎候温灌服，隔天1次，连服3次。

方3（泰山磐石散）：党参30克、黄芪30克、当归30克、续断30克、黄芩30克、川芎15克、白芍30克、熟地45克、白术30克、砂仁15克、甘草（炙）12克，每次60～90克，水煎候温灌服，每天1次，连服7次为1个疗程，必要时再间断服用3个疗程。

对于子宫颈已经开放，胎囊进入阴道或已破水，流产不可避免时，应尽快促使其排出，可肌内注射缩宫素或脑垂体后叶素（1～2毫升）。

胎儿死亡，子宫颈未开张时，应先肌内注射雌激素，如己烯雌酚或苯甲酸雌二醇2~3毫克，使子宫颈开张，然后从产道拉出胎儿。当胎儿发生干尸化或腐败分解时，应促其排出，待雌激素作用使子宫颈松软开张后，用产科钳扩张子宫颈管，缓慢取出干尸胎儿或骨片，再用高锰酸钾溶液冲洗子宫，最后在子宫内加入抗生素或磺胺类药物消炎防腐。

【预防措施】 加强妊娠母羊的饲养管理，给予质量高、数量足的饲料，严禁饲喂霉败、冰冻及有毒饲料。保持羊圈的清洁卫生，冬季注意妊娠母羊的防寒保暖。让妊娠母羊适当运动，避免妊娠母羊相互挤压、跌倒和冲撞。对于传染性流产的预防，以定期检疫、预防接种、严格消毒为主；如果发生流产后，疑为传染病时，应取羊水、胎膜及流产胎儿的胃内容物进行检验，深埋流产物，消毒污染场所。

二 难产

难产是由于母体或胎儿异常所引起的胎儿不能顺利通过产道的分娩疾病。难产不仅能造成胎儿死亡，有时还影响母羊的生命。

【发病原因】 引起难产的原因有3种，即产力异常、产道异常和胎儿姿势异常。饲养失调、营养不良、运动不足、体质虚弱、老龄或患有全身性疾病，引起母羊努责无力和阵缩微弱。母羊发育不全，过早配种，骨盆和产道狭窄，或产道畸形，加之胎儿过大，无法顺利产出。胎儿姿势及胎位异常，常见的有胎儿头侧转、胎儿头俯状、胎儿头仰转、前肢或后肢关节屈曲，胎儿横位及胎儿畸形。此外，胎位不正，羊水破裂过早，也可能使胎儿不能产出，成为难产。

【临床症状】 妊娠母羊发生阵痛，起卧不安，时常拱腰努责，回头望腹，阴门肿胀，从阴道流出红黄色浆液，有时露出部分胎衣，有时可见胎儿蹄或头，但胎儿长时间无法产下。

【药物治疗】 为保证母子安全，必须对难产母羊进行全面检查，并及时进行人工助产术，对种羊可考虑剖腹产术。

(1) 助产时间 当母羊阵缩超过4小时以上，而未见羊膜绒毛膜在阴门或阴门内破裂（羊需0.5~4小时，双胎间隔0.5~1小时），母羊停止阵缩或阵缩无力时，需迅速进行人工助产，不可拖延时间，以防羔羊死亡。

(2) 助产准备

1）术前检查：确认母羊是否到了预产期，预计开始分娩的时间，是初产或经产；观察努责及阵缩情况，前置部分进入产道与否，胎膜是否破裂，有无羊水流出，是否进行过助产；检查全身状况，如体温、呼吸、心跳、精神状态等。

2）保定及消毒：一般使母羊侧卧，保持安静，必要时可注射强心剂或输液等。使其前躯低、后躯稍高，以便矫正胎位。对术者和助手的手臂、助产器械（如产科绳、产科钩、产科钳及一般手术器械）进行消毒；对母羊阴户外周，用1∶5000的新洁尔灭溶液进行清洗。

3）产道检查：注意产道有无水肿、损伤、感染，检查产道表面干燥或湿润状态。

4）胎位、胎儿检查：术者将已消毒和涂上润滑油的手伸入阴道内，检查胎儿姿势及胎位是否正常，判断胎儿死活。

（3）助产方法 对于阵缩及努责微弱的母羊，可皮下注射垂体后叶素或麦角碱注射液1～2毫升。麦角制剂只限于子宫颈完全开张，胎势、胎位及胎向正常时使用，否则易引起子宫破裂。

子宫颈口不开张时，可肌内注射雌二醇4毫升、地塞米松6毫升，2小时后再进行助产。如果子宫颈仍然扩张不全或闭锁，胎儿不能产出，或骨骼变形，致使骨盆腔狭窄，胎儿无法正常通过产道，此时，可进行剖腹产急救胎儿，保护母羊安全。

常见胎儿异常引起的羊难产有胎儿姿势不正、前肢姿势不正、后肢姿势不正3种。

1）胎头姿势不正：可分为胎头侧转、胎头下弯和胎头后仰等。

① 胎头侧转：两前肢从阴门伸出，不见胎头露出。在骨盆前缘或子宫内，可摸到转向一侧的胎头或胎颈。针对头颈侧转较轻者，可用手握住胎唇或眼眶，稍推胎头，然后就可拉出胎头，也可用手推胎儿的颈基部，腾出一定空间后，立即转握胎唇或眼眶拉正胎头。头颈侧转较重者，术者将手的中间三指套上单绳带入子宫，将绳套套住下颌拉紧，在推胎儿的同时，由助手拉绳拉正胎头。如果无法矫正时，可实行剖腹产。

② 胎头下弯：在阴门附近可能看到两蹄尖。在骨盆前缘胎头弯于两前肢之间，可摸到下弯的额部、顶部或颈部。针对胎头下弯较轻者，宜先缚好两前肢，然后手握胎儿下颌向上提并向前推。胎头下弯较重时，可用手将胎儿往后送入子宫底部，然后用手或产科绳套住下颌用力向外拉出胎头。

③ 胎头后仰：在产道内可发现两前肢向前，向后可摸到后仰的颈部的气管环和向上的胎头。助产时，术者手握羔羊鼻端，一边左右摇摆，一

边将胎头拉入产道。也可用单绳套套住下颌，在推动胎儿的同时，拉正胎头。

④ 头颈扭转：两前肢入产道，在产道内可摸到下颌向上的胎头，可能位于两前肢之间或下方。助产时将头推入子宫，用于扭正胎头，再拉入产道。

2）前肢姿势不正：前肢姿势不正可分为腕关节屈曲、肩肘屈曲、肩关节屈曲。但羊常见腕关节屈曲，即在产道内或骨盆前缘可摸到正常胎头及弯曲的腕关节。助产时，首先把母羊后肢提起，使胎儿前移，便于矫正。术者用力将胎儿推至前方，然后握住不正肢的掌部，一边往里推，一边往上抬，再趁势下滑握住蹄子。在用力向上抬的同时，将蹄子拉入产道。如果徒手矫正有困难时，可使用绳套，术者用手握掌骨上端向上并向里推的同时，由助手拉绳子，可将屈曲肢拉直，矫正前肢。无法矫正时，可采用剖腹产手术。

3）后肢姿势不正：倒生时，后肢姿势不正，有跗关节屈曲和髋关节屈曲两种。

① 跗关节屈曲：一侧跗关节屈曲时，从产道伸出一后肢，蹄底向上，产道检查时可摸到尾巴、肛门及屈曲的跗关节。两侧性的，只能摸到尾巴、肛门及屈曲的两跗关节。助产方法基本和正生时腕关节屈曲相同。若胎儿已死亡，可采用截胎术或剖腹产。

② 髋关节屈曲：一侧髋关节屈曲，从阴门伸出一蹄底向上的后肢，检查时可摸到尾巴、肛门、臀部及向前伸直的一后肢。两侧性的均可摸到尾巴、坐骨结节及向前伸的两后肢。治疗时，首先用力推动胎儿，用手握胫部下端，也可用消毒绳拴住胫部下端往后拉，使之变成跗关节屈曲，再按跗关节的助产方法进行。两侧屈曲时，按同样方法进行。胎儿已经死亡，或不易矫正拉出时，可进行剖腹产。

三 胎衣不下

胎衣不下是指妊娠羊分娩后 4 ~ 6 小时，胎衣仍未完全排出的疾病。本病常引起子宫内膜炎而导致不孕，造成肉种羊的繁殖障碍。

【发病原因】 主要是由于母羊妊娠后期缺乏运动，饲料单一，缺乏矿物质、维生素和微量元素，饮饲失调，体质虚弱等引起；母羊过肥或瘦弱，胎儿过大，难产和错误助产引起子宫收缩弛缓，子宫收缩力不足，也可造成胎衣不下；此外，子宫内膜炎、布鲁氏菌病等也可致病。有报道，羊缺硒也可致胎衣不下。

【临床症状】 病羊常表现拱腰努责，食欲减少或废绝，精神委顿，喜卧地。体温升高，呼吸及脉搏增快。胎衣久久滞留不下，可发生腐败，从阴户中流出污红色腐败恶臭的恶露，其中杂有灰白色腐败的胎衣碎片或脉管。当全部胎衣不下时，部分胎衣从阴户中垂露于后肢跗关节部。

【药物治疗】

病羊分娩后24小时胎衣仍未排出，可选用以下方法。

（1）促进子宫收缩 垂体后叶素注射液或催产素注射液0.8～1.0毫升，1次肌内注射。也可选用马来酸麦角新碱0.5毫克，1次肌内注射。

（2）促进胎儿胎盘与母体胎盘的分离 向子宫内灌注5%～10%盐水300毫升。

（3）预防胎衣腐败及子宫感染 在子宫黏膜与胎衣之间放入金霉素胶囊50毫克，每天或隔天1次，连用2～3次，以使子宫颈开放，排出腐败物。当体温升高时，宜用抗生素注射。

（4）手术剥离 应用药物方法已达48～72小时而不奏效者，应立即采用此法。保定好病羊，常规准备及消毒后，进行手术。若母羊努责剧烈，可在后海穴注射2%普鲁卡因5～10毫升。向子宫内灌入10%盐水100～200毫升，促进胎儿胎盘与母体胎盘的分离。

术者左手握住阴门外的胎衣，稍向外牵拉，右手沿胎衣表面伸入子宫，食指和中指夹住胎盘周围绒毛，用食指剥离开母子胎盘相互结合的周边，剥离半周后，手向手背侧翻转以扭转绒毛膜，使其从小窦中拨出，与母体胎盘分离。子宫角尖端难以剥离，常借子宫角的反射收缩而上升，再行剥离。最后在宫内灌注抗生素或防腐消毒的药液，如土霉素1克，溶于100毫升生理盐水中，注入子宫腔内；或注入0.2%普鲁卡因溶液20～30毫升，加入青霉素40万单位。

（5）自然剥离法 不借助手术剥离，辅以防腐消毒药或抗生素，让胎膜自溶排出，达到自行剥离的目的。可于子宫内投入土霉素胶囊（每粒含0.5克土霉素），效果较好。

（6）中药疗法 当归9克、白术6克、益母草9克、桃仁3克、红花6克、川芎3克、陈皮3克，共研细末，开水调后内服。

【预防措施】 加强妊娠母羊的饲养管理，饲喂矿物质和维生素丰富的优质饲料，但同时要防止妊娠母羊过肥，产前5天内不宜过多饲喂精料。增加光照，舍饲羊适当增加运动。搞好羊圈和产房的卫生与消毒，分娩时产房保持安静，分娩后让母羊舔舐羔羊身上的羊水，尽早让羔羊吮乳或人工挤乳。避免分娩后的母羊饮冷水。积极做好布鲁氏菌病的防治工作。为了预防本病，还可用亚硒酸钠维生素 E 注射液，妊娠期肌内注射 3 次，每次 0.5 毫升。

四 生产瘫痪

生产瘫痪又称乳热症，是产后母羊突然发生的一种急性低血钙症，其特征是羊分娩后四肢瘫痪，站立不起，咽、舌、肠道麻痹。多发生于 3 ~ 6 岁的高产、营养良好的母羊。

【发病原因】 母羊分娩前后，大量血钙进入初乳，引起血钙浓度急剧下降；妊娠后半期由于胎儿发育的消耗和骨骼吸收能力的增强，使母体骨骼中贮存的钙量大为减少。分娩过程中，大脑皮层由过度兴奋转为抑制状态，分娩后腹压突然降低，腹腔器官被动性充血，同时血液大量进入乳房，引起暂时性的脑部充血，导致大脑皮层抑制程度加深，从而使甲状腺功能减退，无法维持体内钙的平衡。分娩前后母羊肠道消化机能减弱，致使钙的吸收率降低。舍饲羊若精饲料中钙量不足，运输、日粮变更、饥饿及饮水不足等应激可诱发本病。

【临床症状】 病羊虚弱，精神高度沉郁，体温偏低，食欲减少，反刍停止。四肢凉感，头歪向一侧，四肢瘫痪，卧地无法站立。对各种刺激反应迟钝，呈昏迷状，人工扶起羊体后，羊四肢不能站立而又卧地。血检钙含量在 6 毫克/100 毫升以下，正常值为 8 毫克/100 毫升。临床上以产后 24 小时发病的最多，且病情发展快而严重，如果不及时抢救常引起死亡。

【药物治疗】 以尽快提高血液中钙离子的浓度，减少钙的流失为主，辅以对症治疗。

（1）西药疗法 静脉注射 5% 氯化钙、10% 葡萄糖酸钙或 40% 硼葡萄糖酸钙，配合强心、补液、缓泻等。

（2）乳房送风法 以抑制泌乳，减少血钙流失。具体方法为乳房消毒后，用通乳针依次向每个乳头管内注入青霉素 40 万单位、链霉素 50 万单位（用生理盐水溶解）。然后再用乳房送风器或 100 毫升注射器依次向每个乳头管注入空气，注入空气的适宜量，以乳房皮肤紧张，乳腺基部的边缘清楚并且变厚，轻叩呈现鼓音为标准。送完气后，用纱布将乳头轻轻束住，防止空气逸出。待病羊站起后，经过 1 小时，将纱布解除。

（3）中药疗法 可用加味归芪益母汤：党参、白术、益母草、黄芪、甘草、当归各30克，白芍、陈皮、大枣各20克，升麻、柴胡各10克，水煎候温加白酒100毫升灌服，每天1剂。

在进行药物治疗的同时，要加强病羊护理，每天翻转3~5次。

【预防措施】 妊娠期间加强饲养管理，产前2周减少含钙多及高蛋白的饲料，每天保持母羊有足够的运动，增加阳光照射；分娩后立即给母羊饮温盐水和补充钙质饲料，促使降低的血压迅速恢复正常。避免应激，不要突然改变日粮，也不要轻易转运妊娠母羊。

五 乳腺炎

乳腺炎是由于病原微生物感染引起的乳腺、乳池和乳头局部的炎症。其临床特征是乳腺组织发生各种不同性质的炎症，乳房发热、红肿、疼痛，影响泌乳功能导致产乳量减少。多见于泌乳期的羊，尤其是奶山羊。常见的急性乳腺炎、慢性乳腺炎和化脓性乳腺炎。

【发病原因】 病因较为复杂，其中以机械损伤和细菌感染为主，病菌通过乳导管、乳头损伤或血管侵入而引起。多见于挤乳技术不熟练，损伤乳头、乳腺；挤乳工具不卫生；乳房、乳头消毒不严、卫生不良；羔羊吃乳咬伤乳头等，使乳房受到细菌感染所致，病菌主要有葡萄球菌、链球菌和肠道杆菌等。另外，结核病、口蹄疫、子宫炎、羊痘、脓毒败血症等疾病也可导致乳腺炎的发生。

【临床症状】

（1）急性乳腺炎 乳房局部红、肿、热、痛、硬结，泌乳量明显减少，乳汁性状发生改变，其中混有血液、脓汁或絮状物等，呈现褐色或浅红色。挤乳或羔羊吃乳时，母羊抗拒、躲闪。随着炎症延续，病羊体温升高，可达41℃，食欲减退或废绝，瘤胃蠕动和反刍停止，严重的还会导致败血症而死亡。

（2）慢性乳腺炎 多因急性未彻底治愈而引发，病程延长。通常无明显的全身症状，病变乳房组织弹性降低，局部萎缩变硬，触诊乳房时，发现大小不等的硬块；乳汁稀薄、清淡，泌乳量显著下降，乳汁中带颗粒状或絮状凝乳块。

（3）化脓性乳腺炎 乳腺可形成脓腔，使腔体与乳腺管相通，若穿透皮肤可形成瘘管。羊可患坏疽性乳腺炎，为地方流行性急性炎症。本病多发生于产羔后4~6周。患结核病时，乳腺组织或其他内脏器官中可形成结核结节和干酪样坏死。

【诊断要点】 急性乳腺炎症状明显，根据乳汁和乳房的变化，即可做出诊断。慢性乳腺炎无临床症状，乳汁也无可见变化，但乳汁的体细胞数量、酸度及导电率等均高于正常值，通过实验室检查即可做出诊断。

【药物治疗】

（1）乳房内注入药液 乳池内注入抗生素，是治疗乳腺炎的常用方法，常用的药物有青霉素、链霉素、四环素等。操作时先将患区乳房乳汁挤净，局部消毒，将消毒过的乳导管轻轻插入乳头内，向乳头内注入抗生素（如青霉素 40 万单位、0.5% 普鲁卡因 5 毫升；或普链新霉素：含普鲁卡因青霉素 30 万单位、硫酸双氢链霉素 100 毫克、硫酸新霉素 100 毫克，每支 10 毫升），轻揉乳房腺体，使药液分布于乳腺中，或应用青霉素普鲁卡因溶液进行乳房基部封闭，也可应用磺胺类药物。

（2）促进炎性渗出物吸收和消散 炎症初期需要冷敷，2 ~3 天后可施行热敷。采用 10% 硫酸镁水溶液 1000 毫升，加热至 45℃，每天外洗热敷 1 ~2 次，连用 4 次。涂擦樟脑软膏或用常醋调制复方醋酸铝散等药物，以促进炎性渗出物吸收，消散炎症。

（3）脓性乳腺炎及开口于乳池深部的脓肿 可向乳房脓腔内注入 0.1% ~0.25% 雷佛奴耳溶液。采用 3% 过氧化氢溶液或 0.1% 高锰酸钾溶液冲洗消毒脓腔，引流排脓。必要时应用四环素族药物静脉注射，以消炎和增强机体抗病能力。

（4）使用抗菌药物 对有全身症状的病羊要肌内注射青霉素、链霉素针剂或口服磺胺类药物进行全身治疗。

（5）中药治疗 急性者可用当归 15 克、生地 6 克、蒲公英 30 克、金银花 12 克、连翘 6 克、赤芍 6 克、川芎 6 克、瓜蒌 6 克、龙胆草 12 克、栀子 6 克、甘草 10 克，共研细末，开水调服，每天 1 剂，连用 5 天。也可将上述中药煎水灌服。

【预防措施】 保持羊圈清洁卫生，定期消毒棚圈，发现病羊立即隔离饲养，单独挤乳，防止病菌扩散；保持乳房清洁，每次挤乳前采用洁净温水清洗乳房和乳头，再用毛巾擦干，挤完乳后，采用碘附溶液或 0.05% 新洁尔灭浸泡或擦拭乳头；防止机械性或负压过大引起乳头管黏膜及皮肤损伤；干乳期可将抗生素注入每个乳头管内；加强饲养管理，对于枯草季节，适当补喂草料、青贮料；分娩前如果乳房过度肿胀，应减少精料和多汁饲料。

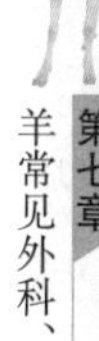

六 子宫内膜炎

由于分娩时或产后子宫感染，而使子宫内膜发炎。以屡配不孕，经常从阴道内流出浆液性或脓性分泌物为特征。

【发病原因】 由于分娩、助产、子宫内翻或脱出、阴道脱出、胎衣不下、子宫复旧不全、腹膜炎、胎儿死于腹中、配种或人工授精过程中消毒不严等，导致细菌感染而引起子宫内膜发生炎症。羊舍不洁，特别是羊床潮湿，有粪尿积聚，母羊外阴部容易感染细菌并进入阴道及子宫，引发感染。也可能由于某些传染病（如李氏杆菌病、布鲁氏菌病、结核杆菌病、衣原体）的存在导致母羊子宫内膜炎。

【临床症状】 常见的有急性和慢性两种。按炎症性质也可分为卡他性、出血性和化脓性子宫内膜炎。

（1）急性子宫内膜炎 多发生于分娩过程中或分娩、流产后一段时间。病羊精神沉郁，体温升高，食欲不振，反刍减弱或停止，因有疼痛反应而磨牙、呻吟。可继发前胃弛缓，拱背、频频努责，常做排尿姿势，尾下外阴污染，有脓性、血性分泌物，卧下时从阴道流出白色污秽样脓性分泌物，有腥臭味。若不及时治疗，可引发子宫坏死、阴道炎，甚至引发败血症或脓毒败血症导致病羊死亡。有时可继发腹膜炎、肺炎、膀胱炎、乳腺炎等。

（2）慢性子宫内膜炎 病情较急性轻微，病程长，多由急性炎症转变而来。病羊经常从阴道内排出浆液性分泌物，全身症状不明显，无体温变化，食欲正常，但配种后不易受孕或早期易滑胎。

【药物治疗】

（1）治疗原则 抗菌消炎，防止感染扩散，促进子宫收缩，排出子宫腔内渗出物。

（2）净化清洗子宫 可选用0.1%高锰酸钾溶液或0.1%～0.2%雷佛奴耳冲洗子宫，然后用虹吸法排出灌入子宫内的消毒溶液，反复冲洗直至冲洗液透明为止。每天1次，可连用3～4次。待充分排出冲洗液后，向子宫内投入抗生素药物。对伴有全身症状的病例，为避免引起感染扩散，禁用冲洗疗法，只把抗生素或磺胺药放入子宫内，同时全身应用抗生素。

（3）抑菌消炎 可在冲洗后给羊子宫内注入碘甘油3毫升，或寄放土霉素胶囊（每粒含0.5克土霉素），或用青霉素80万国际单位、链霉素50万单位，肌内注射，每天早晚各1次。

（4）促进子宫收缩和增强子宫防御机能，排出子宫内的渗出物 可用缩宫素（催产素）注射液皮下或肌内注射，一次量10~50单位；或用马来酸麦角新碱注射液肌内或静脉注射，一次量0.5~1毫克。

（5）治疗自体中毒 应用10%葡萄糖液100毫升、林格氏液100毫升、5%碳酸氢钠溶液30~50毫升，一次静脉注射；同时，肌内注射维生素C 200毫克。

【预防措施】 搞好圈舍和产房的环境卫生，在母羊助产和人工授精等操作时要注意消毒，尽量减少人为对产道的损伤。及时治疗产道损伤、胎衣不下、阴道炎、子宫脱出等疾病，防止感染发炎。产后1周内，经常检查母羊，特别注意阴道排出物有无异常变化，如果有臭味或排出时间延长，应仔细检查、及时治疗。对于自然交配的羊群要定期检查公羊的生殖器官，看是否有炎症化脓情况，防止公羊在配种时传播感染。

第八章
羊常见营养代谢病

第一节　营养代谢障碍疾病

一　妊娠毒血症

母羊妊娠毒血症又称妊娠酮血症，是母羊妊娠末期发生的一种代谢紊乱性疾病。临床上以低血糖、高酮体（酮血、酮尿）、神经功能紊乱、虚弱和瞎眼等为特征。因双胎时发病率极高也称为双胎病。妊娠末期的母羊没有摄取到充分的营养时，特别是多胎时胎儿的营养需求量和母体的营养摄取量之间的差距悬殊会诱发本病。另外，在饲养条件异常恶劣时偶然发病，纯种乳羊多发。同时，舍饲而且运动少、饲养条件不良、精料极度缺乏、粗料数量及质量均不足时可诱发本病。本病多呈急性过程，平均死亡日期是在发病后3~7天。

【发病原因】 妊娠后期的母羊特别是怀多羔或胎儿过大的母羊需要消耗大量的营养，此阶段胎儿的主要组织和器官发育非常迅速，如果母羊营养不良，不能满足胎儿发育的需要，就会动用自身体内的糖原、脂肪和蛋白质，造成体内代谢紊乱，引起肝机能受损，同时体内酮体增多是本病发生的根本原因。饥饿和环境因素变化引起的应激反应，特别是两者共同作用于怀多羔的母羊时，成为促成本病发生的重要因素。

分娩前10~20天，有时则在分娩前2~3天，母羊营养不足，饲料单一、品质低、维生素及矿物质缺乏，日粮不平衡，特别是饲喂低蛋白、低脂肪的饲料，且糖类供给不足，极易发生妊娠毒血症。

妊娠早期过于肥胖的母羊在妊娠末期突然降低营养水平，或者是为了防止本病的发生，于妊娠后期把羊转移到营养较好的草场，致使羊群不习惯新草场的牧草，采食不好，更易发生此病。膘情好的母羊在优良牧草的牧地上放牧，由于运动不足或突然减少摄入的饲草数量，也易发病。

【临床症状】 常发生于妊娠后期的最后一个月，以分娩前 10～20 天居多，也有在分娩前 2～3 天发病者。临床表现与神经型酮病相似，病初精神沉郁，放牧或运动时离群呆立；瞳孔散大，视力减退，角膜反射消失，不断咩叫，不愿走动，即使陌生人或其他动物走近时，病羊仅扭转身体而不移动，有时站在水中长时间不走或就地歇息；出现意识扰乱，随后精神极度沉郁，黏膜黄染，食欲减退或废绝，粪便干燥，常便秘，磨牙，瘤胃迟缓，反刍停止，呼吸浅快，呼出的气体有丙酮味，脉搏快而弱。发病1～2 天后病羊衰竭，静静躺卧，头靠腹部或向前平伸，在随后几小时或 1 天左右发生昏迷和死亡。

中后期表现运动失调，行动拘谨或不愿行动，行走时步态不稳或不能站立，无目的地走动，或经头部紧靠在某一物体上，或做转圈运动。粪便干而少，尿频。严重的视力丧失，肌纤维震颤或痉挛，头向后仰或弯向一侧，有的昏迷，全身痉挛，常因极度虚弱而死亡。幸存者常伴有难产，羔羊极度虚弱或出生不久便死亡。

【病理剖检】 整体消瘦，可视黏膜苍白，肌肉萎缩，肝脏肿大松软，边缘钝，质脆易碎，呈不同程度的黄染，表面有针尖大小的出血点，切面稍外翻，胆囊肿大，充积胆汁，胆汁为黄绿色水样；肾脏肿大、色浅，包膜极易剥离，切面外翻，皮质部为棕土黄色，满布小红点，髓质部为棕红色，有放射状红色条纹；肺脏瘀血且肺泡坏死，两侧肺尖高度充气，膈叶瘀血水肿，色暗红；小肠瘀血、出血；脑部充血、出血；心包积液，心肌无明显变化，心耳有出血点，右心室高度扩张，冠状沟有孤立的出血点及出血斑；脾脏有出血点；胎水呈污红色；胎儿发育不良，均为多胎妊娠，胎儿的变化与母体基本相同，但较轻微；消化器官多无大变化。

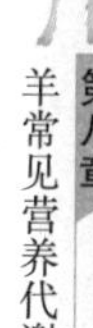

【诊断要点】 最简单的方法是触诊和视诊。由妊娠末期腹部的肿胀及分娩前乳房的发育情况可确诊本病。根据妊娠后期有明显的神经症状，失明，呼出气中有酮臭，6～7 天内死亡，低血糖和高血酮，血清总蛋白含量减少，血糖含量降至 0. 14 毫摩尔/升（正常为 3. 33～4. 99 毫摩尔/升），血酮含量升至 5. 47 毫摩尔/升或以上（正常为 5. 85 毫摩尔/升），β-羟丁酸含量从 0. 47 毫摩尔/升升至 8. 50 毫摩尔/升，血浆游离脂肪酸含量增多。尿酮呈阳性，淋巴细胞及酸性粒细胞减少；后期血清非蛋白含量升高，有时可发展为高血糖。

鉴别诊断：诊断中应与李氏杆菌病、伪狂犬病相区别，前者表现奇

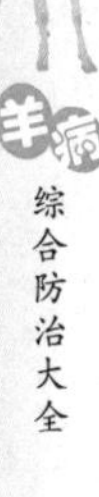

痒，而且发热，伪狂犬病呈现躁狂，瘫痪常是致死性的。脑脓肿、中耳炎发病是个别的。羊快疫仅在有传媒昆虫存在时才发生，并伴有发热。

【药物治疗】 治疗原则：补糖，保肝，解毒。

停喂富含蛋白质及脂肪的精料，增加富含碳水化合物饲料，如青草、块根及优质干草等。给饮水中加入蔗糖、葡萄糖或糖浆，每天重复饮用，连给4～5天。水中加糖可按20%～30%计算。也可静脉注射20%～50%葡萄糖溶液，每天2次，每次80～100毫升。给予碳酸氢钠，口服、灌肠或静脉注射，纠正酸中毒。注射可的松或促皮质素：醋酸可的松或氢化可的松为10～20毫克，前者肌内注射，后者静脉注射（用前混入25倍的5%葡萄糖或生理盐水中）。若上述方法无效，可尽快施行剖腹产或人工引产，当胎儿产出后症状随即消失。

【预防措施】 合理配合日粮，防止日粮成分突然变化。妊娠后期母羊，须喂营养充足的优良饲草料，保证供给母羊所必需的碳水化合物、蛋白质、矿物质和维生素。产前2个月内，补喂精料，从产前2个月起每天125克，其中蛋白质含量为10%，以后逐渐增加到每天0.7千克。临产前的母羊，每当降雪之后、天气骤变或者运输时，补饲胡萝卜、甜菜及青贮等多汁饲料。舍饲母羊，应该每天驱赶运动2次，每次半小时。冬季牧草不足时，放牧母羊应补饲适量的青干草及精料。

二 醋酮血病

羊的醋酮血病又称为酮病、酮血病、酮尿病，是由于蛋白质、脂肪和糖的代谢发生紊乱，在血液、乳、尿及组织内酮的化合物蓄积所引起全身性功能失调的一种代谢性疾病。多见于泌乳母羊产后几天至几周内，或冬季舍饲的奶山羊和高产母羊泌乳的第一个月，主要是由于饲养管理上的错误，其营养不能满足大量泌乳的需要而发病。其主要临床表现是呼出的气、所产乳及尿液含有烂苹果的酮类味道，并且血液、乳汁、尿中酮体含量增高，血糖浓度降低，消化功能紊乱，机体消瘦，反应迟钝，有时还有神经症状，本病多见于营养好的母羊、高产母羊及妊娠母羊，死亡率高。

【发病原因】 反刍动物的能量和葡萄糖主要来自瘤胃微生物酵解大量纤维生成的挥发性脂肪酸（主要是丙酸），经糖异生途径转化为葡萄糖，凡是引起瘤胃内丙酸生成减少的因素，都可引起酮病发生。根据发病原因，可分为原发性酮病和继发性酮病。

（1）原发性酮病 常由于大量饲喂高蛋白、高脂肪含量的饲料（如豆类、油饼），而碳水化合物饲料（粗纤维丰富的干草、青草、禾本科谷类、多汁的块根饲料等）不足，或突然给予多量蛋白质和脂肪的饲料，特别是在缺乏糖和粗饲料的情况下供给多量精料，造成能量供应不足而动员体内贮备，产生大量酮体积聚在血液中诱发本病。

（2）继发性酮病 继发于前胃弛缓、真胃炎、子宫炎和饲料中毒等过程中。主要是由于瘤胃代谢扰乱而影响维生素 B_{12} 的合成，导致肝脏利用丙酸盐的能力下降；瘤胃微生物异常活动所产生的短链脂肪酸，也与酮病的发生密切相关。肝脏原发性或继发性疾病，都可能影响糖异生作用而诱发酮病，如妊娠期肥胖，运动不足，维生素 A、维生素 B 及矿物质不足等。

【临床症状】 病初表现反复无常的消化扰乱，食欲降低，常有异食癖，喜吃干草及污染的饲料及污水，拒食精料。反刍减少，瘤胃及肠蠕动减弱。粪球干小，上附黏液，恶臭，有时便秘与腹泻交替发生。排尿减少，尿呈浅黄色水样，初呈中性，以后变为酸性，易形成泡沫，有特异的醋酮气味。泌乳量减少，乳汁有特异的醋酮气味。肝脏叩诊区扩大并有痛感。

【病理剖检】 主要表现为肝脏的脂肪变性，严重病例的肝脏比正常大 2～3 倍，其他实质器官也出现不同程度的脂肪变性。

【诊断要点】 病羊呼出的气体、排出的尿液和分泌的乳汁，由于含有酮体而发出丙酮气味或烂苹果味。尿液易形成泡沫，pH 下降，应用亚硝基铁氰化钠法检验尿液呈阳性。

鉴别诊断：需要与生产瘫痪等病症区分。最主要的区别在于其他的病症尿液无酮味，而且没有精神症状。生产瘫痪的病羊主要出现抑制状态，而且呼出气、尿无酮味，通过补钙治疗有效。

【药物治疗】 对于病症较轻的母羊，提高其机体血糖的含量，静脉注射高渗葡萄糖 50～100 毫升，每天 2 次，连续 3～5 天，可与胰岛素 5～8 国际单位混合注入，并且将葡萄糖拌与饲料内进行饲喂。

发病后可立即肌内注射可的松 0.2～0.3 克或促肾上腺皮质素 20～40 国际单位，每天 1 次，连用 4～6 次促进糖异生。丙酸钠每天 250 克，混入饲料中喂给，共给 10 天。还可内服丙二醇 100～120 毫升，每天 2 次，连用 7～10 天；内服甘油 30 毫升，每天 2 次，连续 7 天。

为了恢复氧化-还原过程及新陈代谢，可口服柠檬酸钠或醋酸钠，剂量按每千克体重 300 毫克计算，连服 4～5 天。还可用硫代硫酸钠 2 克、

葡萄糖 20～40 克，蒸馏水加至 100 毫升制成注射剂，每次静脉注射 30～80 毫升。

供给维生素 A、维生素 B、维生素 D 及矿物质（钙、磷、食盐等）。

加强对病羊的护理，适当减少精料的饲喂量，增喂碳水化合物和富含维生素的饲料。让病羊适当运动，增强胃肠消化功能。

【预防措施】 改善饲养条件，应保证供应充分的全价饲料，建立定期检查制度，发现病羊后，应立即采取防治措施。

三 骨质软化病

骨质软化病是一种成年羊的由钙、磷代谢障碍而引起的全身性慢性疾病。由于体内钙、磷代谢紊乱而发生，以全身性矿物质代谢紊乱、进行性脱钙、骨骼软化变形和疏松易碎为特征。主要见于母羊，绵羊发生较少。

【发病原因】 一般认为钙质不足是主要原因，引起钙质不足的常见情况如下。

（1）钙、磷量供给不足 低洼的沼泽土、泥炭土或沙土地区，土壤中钙、磷含量较少，造成地区性缺钙；或长期饲喂天然缺乏钙、磷的饲料（如精料，以及甜菜、马铃薯、酒糟等多汁饲料），又没补喂骨粉或其他钙盐；或干旱年份土壤表层的矿物性盐类不能充分溶解，造成饲料性植物缺乏磷酸和钙质，均可引起钙、磷的供给不足。

（2）饲料中的钙、磷比例不当 由于饲料中含磷不足或钙、磷比例失调，致使钙、磷代谢紊乱和调节发生障碍，血液中钙含量下降，间接地刺激甲状腺激素的分泌，导致骨骼中钙盐溶解，促进肾小管重吸收以维持血钙水平来满足机体的需要，从而使骨骼发生明显的脱钙，呈现骨质疏松。这种疏松结构由被过度形成的未钙化的骨样组织所代替，从而引起骨质软化。

（3）钙的需要量增加 母羊在妊娠期因胎儿生长而对钙的需求较高，或在泌乳期产乳量大而使钙、磷随之排出，若还按一般需要量供给，就会发生钙、磷相对缺乏的现象。

（4）维生素 D 不足 饲料中缺乏维生素 D，或者因为长期消化扰乱而吸收利用降低。

（5）其他原因 甲状腺功能亢进等。

【临床症状】

（1）初期 精神不好，食欲减退，味觉异常。病羊躺卧，喜欢啃吃石、砖、黏土、水泥、被煤烟所污染或腐朽的木器，以及墙壁的涂抹物。随着疾病的发展，味觉异常逐渐加剧，喜食带有恶臭气味的物体，如找食畜舍中被粪便沾污的物体。最后，不吃质地良好的饲料，也不愿喝清洁的饮水，只喜吃垫草、饮用粪汁和尿。食欲由减退直到完全消失。

（2）中期 表现出明显的骨质软化病的特征。病羊不愿起立，当驱赶起立时，弯背站立，四肢叉开，勉强能走，微小的肌肉运动都会伴有呻吟声。行走和起立时可听到关节中发出响声。压其背骨、关节和脊柱时，非常敏感，叩诊时有疼痛感。泌乳减少或完全停止，妊娠母羊往往发生流产。

（3）末期 特征为骨的进行性软化。羊的骨质软化可分为两种类型，一种主要表现为面骨与颅骨的剧烈膨大（骨质疏松），脊柱与骨盆骨软化，而四肢病变较轻，病羊稍能运动。另一种表现为运动剧烈紊乱，顽固地卧地不起，臀部呈麻痹状态，拒食，有强直性痉挛，应激性增高。在痉挛发作时，血中钙的百分比有时降低，而磷的百分比则常增高。

【病理剖检】 骨骼表面粗糙，呈齿形、骨质疏松，间隙扩大多孔，呈海绵状，易折断，多发生在肋骨、肱骨、股骨、盆骨等部位。

【诊断要点】 根据发病特点、临床症状、剖检变化、血清学检验钙磷水平可进行确诊。

【药物治疗】 饲喂富含钙、磷的饲料，如三叶草、豆科干草与秸秆，以及燕麦、油饼和青饲料。喂给食盐、纯钙与磷的制剂或带有鱼肝油的制剂、入骨粉与蛋壳。为了减轻异嗜癖，可以适量喂给碱剂（碳酸氢钠）。对于泌乳的羊，可以少量挤乳或停止挤乳，限制精料给量，并给以中等剂量的泻剂。用石英灯紫外线治疗，可获得良好效果，每次照射时间为15～30分钟，距离光源1米。对较重的病例，除补饲骨粉外，配给静脉注射钙磷制剂，如30%次磷酸钙注射液20毫升，每天1次，连用3～5天。同时注射维生素D_2，每次1～2毫升，隔1～2天注射1次，连续多次。

针灸治疗：取前肢两侧抢风穴，剪毛消毒，先将针头刺入穴位3～4厘米，得气后，接上针管抽吸无回血后，缓慢注入10%葡萄糖酸钙注射液，每穴5毫升；拔针时，用左手紧压穴部皮肤快速抽拔出针。并用三棱针点刺通关穴，停用青霉素80万单位和安乃近2～4毫升。待跛行明显减轻，采食量大增，再注射1次，羊只跛行现象可消失，体温恢复正常。

【预防措施】 根据羊的不同生理阶段对矿物质营养的需要，及时调整日粮中的钙、磷比例及维生素D的含量是预防本病的关键。在母羊妊

娠和泌乳期间更应该引起足够的重视。

第二节　微量元素缺乏疾病

一　食毛症

食毛症是动物异食癖中的一种异常行为综合征，多因代谢机能紊乱、味觉异常引起，常群发于冬季舍饲的羔羊，其特征是喜欢啃食羊毛，由于食毛量过多可影响消化，因而常伴发鼓气和腹痛，严重时因毛球阻塞肠道形成肠梗塞而造成死亡。

【发病原因】　一般认为饲料中维生素 B_2 和矿物质缺乏是本病的根本原因，日常饲养管理中的多种因素均可引起。日粮中含硫氨基酸（胱氨酸、半胱氨酸和蛋氨酸）缺乏，钴、铜及钙、磷缺乏或比例失调均可引发本病。尤其当圈养羊饲养密度太大、积粪太多、异味严重、羊脱落较多致羊群互相舔食时更为严重。另外，羊群患疥螨等寄生虫病引起严重脱毛时，加之羊只营养不良，舔食土块、破布等异物，互相摩擦、啃咬，以致顺口吞下羊毛时也可引发本病。

【临床症状】　初期，仅个别羔羊啃咬和食入母羊的毛，有时主要拔吃颈部和肩部的毛，有时却专吃母羊腹部、后肢及尾部的脏毛，或舔食散落在地面的羊毛，并喜食污粪或舔土。后期羔羊之间也可能互相啃咬被毛。一般是晚间入圈时啃吃得比较厉害，早晨出圈时也可以看到拔吃羊毛的现象。起初只见少数羔羊吃毛，以后可迅速增多，甚至波及全群。

当食入的毛球成形，滞留在瘤胃或网胃时，一般无明显症状。当毛球横径大于幽门或嵌入肠道，使真胃和肠道阻塞时，病羊精神沉郁，食欲废绝，呼吸急促，嘴角有少许泡沫，消化不良或便秘，逐渐消瘦和贫血，腹痛、胀气，患腹膜炎，肛门皮毛被稀便污染。最后因心脏衰弱而死亡。成年羊食毛，常使整群羊被毛脱落，全身或局部缺毛，出现裸体羊。

【病理剖检】　解剖时可见心、肺、肾脏均正常，肝脏略微肿大，胆囊增大，真胃内有大小不一的毛球，乳汁滞留，有奶酪状乳状物，肠道有长絮状毛缕，膀胱充盈。三胃内和幽门处有许多羊毛球坚硬如石，甚至形成堵塞。

【诊断要点】　腹部触诊，有时可摸到真胃或肠内有枣核大至核桃大的圆形硬块，有滑动感，指压不变形。在发现羊只大量吃毛现象时，容易进行诊断。但病羊发病前如果疏于管理，且因饲养数量多而不易发现，就诊时已至晚期。其他疾病，如佝偻病、软骨症、疥螨病和绵羊痒病等，也可呈现舔食羊毛现象，但不会如此广泛。骨代谢障碍时，除舔食羊毛症外，尚可见骨骼变形。应注意与佝偻病、异嗜癖或蠕虫病进行区别诊断。疥螨病可通过皮肤寄生虫检查加以鉴别。

【药物治疗】

1）灌服植物油、液状石蜡、人工盐或碳酸氢钠。

2）腹泻者进行强心补液。用樟脑磺酸钠或安钠咖 5～10 毫升肌内注射，每天 2 次；用 5% 糖盐水 500～1000 毫升、25% 葡萄糖 200 毫升，静脉注射，每天 1 次；酸中毒者，可每次静脉注射 200～300 毫升碳酸氢钠注射液，每天 1 次。

3）每 5 只羔羊每天喂 1～2 枚鸡蛋，连蛋壳捣碎，拌入饲料内或放入乳中饲喂 5 天，停 5 天，再喂 5 天，可控制食毛的发生。

4）用食盐 40 份、碳酸钙 35 份充分混合，掺在少量麸皮内，置于饲槽中，任羔羊自由舔食。

5）病情严重的可用手术方法切开真胃，取出毛球。

【预防措施】 调整日粮结构，饲喂全价饲料，增加优质青干草或青贮饲料，改换放牧地，增加维生素的补给，添加无机盐及微量元素等饲料添加剂。加强管理，保证合理圈养密度，保持圈舍卫生，及时清理羊体散落的羊毛。定时消毒，合理安排户外活动，保证充足的日光照射。严格定期驱虫，防止寄生虫病发生。注意观察，发现病羊及时隔离，避免群食现象。

二 低镁血症

羊低镁血症又称“青草搐搦病”，是一种羊由舍饲转为草地放牧时期，采食了大量的青绿牧草或谷苗而引起，以血中镁、钙浓度降低，强直性和阵发性肌肉痉挛，抽搐，呼吸困难和急性死亡为特征，主要发生于泌乳母羊。本病常见于牛、羊，以春、秋两季多发，其发病率虽低，但死亡率可超过 70%。

【发病原因】 主要是饲料中含镁过少或吸收镁不足而导致血镁过少。在迅速生长的春季草场放牧或青绿禾谷类作物田间放牧，放牧吃多汁、幼嫩的青草，不仅草中镁含量不足，而且镁的吸收利用率差，可引发本病。常患有胃肠疾病，胆道疾病，消化机能障碍，或食入钙、蛋白质过多时，会影响镁的吸收。反刍动物体内尚无明显有效的维持镁平衡的机制，缺乏动员大量镁贮的能力。

泌乳期母羊较容易发病，一段时间的饥饿足以引起泌乳期母羊明显的低镁血症。气候变化，特别是当气温急剧下降或多雨季节，甲状腺功能亢进时，也可诱发本病或促使本病急性发作。

【临床症状】 病程可分为急性型、亚急性型和慢性型。

(1) 急性型 突然停止采食，甩头、吼叫、盲目乱走、肌肉抽搐、行走时摇晃欲醉，最终跌倒、四肢强直，随后阵发性痉挛，心力衰竭，最终死亡。

(2) 亚急性型 病程3~4天，开始时，食欲下降，甩头，四肢运动步样强拘，对触诊和声音过敏，频频排尿、排粪是亚急性病例的典型特征。

(3) 慢性型 除有血镁浓度下降外，不表现临床症状。有时也有反应迟钝，不活泼，无选择地采食，可能转化为急性或亚急性。病羊体温38.5~39.5℃，病程一般5~25天。本病在鉴别诊断上应与破伤风、闹羊花中毒相区别。

【病理剖检】 主要为脑毛细血管严重充血或瘀血，其他脏器未见异常。

【诊断要点】 根据发病的季节性特点和临床症状，可以做出初步诊断。从舍饲转入多汁、丰盛的草场，气候突变，或放牧于麦类草场，若遇到泌乳母羊突然发生运动不协调、过敏或搐搦，即可怀疑为本病。检测出血清镁和脑脊液镁含量降低及镁剂治疗效果显著，可确诊。

鉴别诊断：诊断中应与破伤风、狂犬病、神经性酮病等相区别。破伤风对声、光刺激敏感，且有臌气现象，病程也较长。狂犬病呈紧张，恐水和上行性麻痹，感觉消失，缺乏症状。神经性酮病常伴有惊厥和抽搐，呈现明显酮尿，呼出气体和乳汁发出特殊烂苹果气味。对高糖治疗有效，用镁制剂治疗几乎无效。

【药物治疗】 用钙镁合剂20~40毫升，静脉注射；或用25%硫酸镁溶液10毫升，肌内注射；也可将1~2克硫酸镁溶于5%葡萄糖溶液100毫升中，缓慢静脉注射。症状好转后改为肌内注射维持量：10%葡萄糖酸钙25毫升静脉注射，再用20%硫酸镁或氯化镁10~20毫升皮下注射；同时内服氯化镁3克，至少连服1周，而后逐渐停止。

【预防措施】 因为大部分低镁血症发生在冬季和早春，此时都有补饲精料的习惯，在精料中添加菱镁矿石粉，每天每只羊可按8克加入，或加入氧化镁，每天每只羊可按7克加入（相当于4.22克镁），或隔天加14克，都有明显效果。补饲开始即产生保护作用，停止补饲其作用立即中断。改善草场植被中的镁含量，草地上按每公顷喷洒14千克菱镁矿石粉，或者在肥料中加入氧化镁，都有预防低镁血症的作用。

三 铜缺乏症

铜缺乏症是由于饲料中含铜量不足及组织对铜的利用发生障碍，造成羊体内铜不足而引起的一种营养代谢病。羊体内不同脏器和部位的铜含量各异，肝脏是铜的主要贮存器官。当铜缺乏时，影响成年羊羊毛的生长，以贫血、腹泻、被毛褪色、共济失调为特征。

【发病原因】 土壤中铜含量不足或存在拮抗植物吸收铜的物质，而引起牧草和饲料中铜不足是导致羊体内铜缺乏的原发性因素。在缺乏有机质和高度风化的沙土地，以及沼泽地带的泥炭土和腐殖土含铜量不足，或者土壤中钼含量过高及高磷、高氮土壤，均可影响植物对铜的吸收和利用。在这种土壤上生长的植物，其干物质中含铜量低于铜的临界值，羊长期采食这种牧草就会导致铜摄入不足，引起发病。

饲料和饮水中含铜量充足，而其他因素引起铜吸收减少是导致羊体内铜缺乏的继发性因素。钼与铜具有拮抗作用，饲料中含钼过多，可妨碍铜的吸收和利用，一般认为，饲料中含钼量低于3毫克/千克时无害，而铜和钼比例低于5∶1时可诱发本病。

此外，铜的拮抗因子还有锌、铅、镉等，都能干扰铜的吸收利用，当其摄入过量时，即使饲料中铜含量正常，仍可造成铜摄入不足、排泄过多，引起铜缺乏症。年龄因素对铜的吸收也有一定的影响。

铜是赖氨酸氧化酶和单胺氧化酶的辅助因子，当铜缺乏时，这些酶的活力下降，引起骨中胶原交叉连接不良，影响骨胶原的成熟。铜是细胞色素氧化酶的辅基，起电子传递的作用，保证三磷酸腺苷（ATP）的正常合成，缺铜时，导致磷脂合成障碍，髓磷合成也受到抑制，造成神经系统脱髓鞘。铜可促进胃肠道更好地吸收铁，缺铁导致组织细胞中血红蛋白合成障碍，而发生贫血。铜还是酪氨酸酶的辅基，缺铜动物酪氨酸酶的活力显著降低，阻碍了酪氨酸转化为黑色素，导致羊的毛发、皮肤色泽减退。

【临床症状】

（1）原发性缺铜 病羊食欲减退，异嗜，生长发育缓慢，性周期延迟或不发情，流产。被毛干燥、无弹性、绒化，卷曲消失，形成直毛或钢丝毛，毛纤维易断。但各品种的羊对缺铜的敏感性不一样，如羔羊晃腰病，见于3～6周龄，是先天营养性缺铜病，表现为生后即死，或不能站立，不能吮乳，共济失调，运动不协调或运动时后躯摇晃，故也称为摇背症。

（2）继发性缺铜 羊表现为运动失调，腹泻，腹泻严重而呈持续性，仅影响未断乳的羔羊，多发于1～2月龄，主要是运动不稳，尤其驱赶时，后躯倒地，持续3～4天后，多数患羔可以存活，但易骨折，若波及前肢，则动物卧地不起。但食欲无改变。羊缺铜仅发生于幼羔至32月龄，表现为运动失调。

【病理剖检】 特征性病变是血液稀薄，凝固不良，被毛褪色，肝、脾脏肿大，颜色变暗；肝、脾和肾脏等器官有大量铁血黄素沉着。皱胃和肠黏膜明显充血，小肠黏膜萎缩，大部分被纤维组织代替；脑水肿、脑白质空泡变性及坏死，脑软化。羔羊腕关节和肘关节周围的滑液囊增厚，骨质疏松及变薄。组织学变化是骨质疏松，成骨细胞减少，骨骺的钙化和软骨的骨化推迟。脊髓和小脑脱髓鞘。

【诊断要点】 根据病史、临床症状可做出初步诊断。若有怀疑，可取饲料、组织和体液进行实验室化验。病区牧草含量低于5毫克/千克为缺铜临界值。若怀疑为继发性缺铜病，应测定钼和硫含量。羔羊肝脏中铜含量低于13毫克/千克，可诊断为铜缺乏症。进行骨骼X射线照相检查和组织学检查，都有助于临床诊断。

鉴别诊断：羔羊铜缺乏症与硒缺乏症、羔羊腰风湿症相区别。通常羔羊摆腰病无肌肉坏死变化，而硒缺乏症无大脑软化和脊髓脱鞘变化，腰风湿症既无肌肉坏死变化，也无脊髓脱鞘和大脑软化变化。

【药物治疗】 治疗措施是补铜。一般选用硫酸铜，口服，每只羊1.5克，视病情轻重，每周1次，连用3～5周。也可用甘氨酸铜，皮下注射，每只羊45毫克。或将硫酸铜按0.5%比例混于食盐中，让病羊舔食。若铜与钴合用，效果更好。若病羊已产生脱髓鞘作用，或心肌损伤，则难以恢复。

【预防措施】 合理调配饲料，保证饲料中铜含量。一般羊的最低需要量是5毫克/千克。土壤缺铜，若pH偏低可施用含铜肥料，每公顷可施5～7千克，几年内都可保持牧草铜含量，作为补铜的饲草基地。碱性土壤不宜用此法补铜。也可用含硫酸铜的矿物舔盐，舔盐硫酸铜含量0.25%～0.5%。或定期注射甘氨酸铜、氨基已酸铜或乙二胺四乙酸铜，成年羊每次每只的使用剂量为150毫克。

四 碘缺乏症

碘缺乏症又称甲状腺肿，是由于摄入碘量不足所致的一种地方性甲状腺肿。临床特征是甲状腺增生肿大、生长发育受阻和繁殖成活率下降，新生羔羊死亡、脱毛等。碘缺乏在成年羊中发生较少，即使发病在临床上也多不被重视，仅见发情抑制而不妊娠。羔羊由于对碘缺乏敏感，容易发病，并引起大量死亡。

【发病原因】 羊碘缺乏症最常见的原因是饲草、饲料和饮水中碘的含量不足。羊胃肠道寄生虫病或慢性消化道疾病，造成碘的吸收减少；或饲草、饲料和饮水中有较多氟、钙、氯和钼等干扰碘吸收的物质，也会引起本病的发生。

【临床症状】 本病常发生在碘缺乏地区，羔羊发病率远高于成年羊。病羊如果甲状腺肿块不大，外表很难看到，也难触及。但若甲状腺超过4克，在颈上1/3和颈中1/3交界处的两侧颈静脉沟中，可触摸到可移动的卵圆形甲状腺肿块。

妊娠母羊患病时，常产出死胎、弱胎或畸胎，若由长期饲喂大量致甲状腺肿的物质所致，其临床表现虽无异常，但肿大的甲状腺可触摸到，所产羔羊软弱无力，不能站立，低头偏向一侧，不能吮乳；颈下可见鸡蛋至拳头大的肿块；呼吸极度困难；头颈皮肤、眼眶、眼睑水肿，四肢水肿，关节弯曲；于出生后数小时至24小时死亡。青年羊性器官成熟延缓，性周期不规律，受胎率降低，泌乳性能下降，产后胎衣停滞。公羊性欲减退，精子品质低劣，精液量减少。

【病理剖检】 病死羊的甲状腺呈不同程度的肿大，色砖红或褐红，两叶基本对称，呈椭圆形，切面湿润，稍外翻，质地较实在，其周围多有胶样水肿。如果病变甲状腺较重（约在30克以上），因其周围血管受压而充血，同时颈静脉也怒张充血。肺脏塌陷或不全塌陷，呈紫红色，瘀血、水肿，肺泡不张；肝脏肿大、瘀血，呈深紫红色。心肌纤维间水肿。镜检羔羊甲状腺滤泡上皮细胞成扁平状，时而出现滤泡上皮细胞乳头状增生。

【诊断要点】 根据病羊临床呈现典型的甲状腺肿大和羊生长发育缓慢等症状，结合检测蛋白结合碘和甲状腺素含量等，可以确诊。测定饲料、土壤和水源中的碘，若土壤碘含量在0.3毫克/千克以下，饮水中的在10毫克/升以下，日粮中的在0.08毫克/千克以下时，可视为碘缺乏，羊尤其是羔羊就会引起碘缺乏病，可出现甲状腺肿。

怀疑羔羊患群发性先天性甲状腺肿时，可改换其他饲料饲喂母羊，若发病现象停止，即可做出诊断，但应和具有家族性发生特点的遗传性甲状腺肿做鉴别。羔羊死亡后甲状腺在2.8克以上，或初生羔羊每千克体重甲状腺大于0.5克即可诊断为甲状腺肿。也可测定羊血清蛋白结合碘，其正常值为0.236~0.310微摩尔/升，低于此值，即为碘缺乏。

【治疗措施】 一旦发现羊群中有甲状腺肿病羊，立即用碘化钾或碘化钠治疗，每只羊每天5~10毫克混于饲料中饲喂，或在饮水中每天加入5%碘酊或10%复方碘液5~10滴，20天为1个疗程，停药2~3个月，再饲喂20天，即可达到治疗效果。

【预防措施】 在碘缺乏区内，坚持对妊娠和泌乳期母羊及羔羊补碘。补碘的方法很多，如饮水中每只羊每天加入50微克碘化钾或碘化钠；舍饲羊的饲料中加入含碘添加剂，或在食盐中加碘化钾或碘化钠10毫克/千克，让羊自由采食；在羊股内侧，用3%~5%碘酊棉球涂擦，每月10次，两侧轮换涂擦。妊娠期和泌乳期母羊，禁止饲喂含致甲状腺肿物质和硫脲类物质的饲料或植物。

五 锌缺乏症

锌缺乏症是由于锌摄入不足、锌吸收障碍造成动物体内锌含量不足，引起的一种营养代谢病。其临床特征是生长发育缓慢，皮肤角化不全，骨骼发育异常和繁殖机能紊乱。

【发病原因】

（1）原发性缺乏 主要原因是饲料中锌含量不足和土壤中锌的含量水平相关。当土壤中锌含量低于10毫升/千克时，极易引起羊只发病。

（2）继发性缺乏 饲料中常存在一些干扰锌吸收利用的因素，如钙、镉、铜、铁、铬、钼、锰、磷、碘及植酸等。饲料中维生素含量过高也会干扰锌的吸收。

（3）消化机能障碍 慢性下痢，可影响由胰腺分泌的“锌结合因子”在肠腔内滞留，而致锌摄入不足。

某些遗传因素也可导致锌缺乏病。

【临床症状】 绵羊自然发病的特征是食欲减少，脱毛和皮肤增厚，产生皱纹。诱发的羔羊病例表现为生长缓慢，流涎，跗关节肿胀，皮肤出现皱纹，在蹄和眼睛周围有开放性皮肤损害，有免疫功能缺陷及胚胎畸形等症状。

公羊羔缺锌最显著的特征之一是睾丸发育障碍，精子生成完全停止。严重缺锌的幼龄羊还表现大量流涎，在眼睛周围、鼻、足部和阴囊等处皮肤角化不全，蹄壳脱落，羊毛营养不良并脱落，羊毛被严重沾污并产生一种刺激性气味。母羊缺锌时，繁殖力下降，易流产、死胎。

饲料锌含量下降，导致血清碱性磷酸酶活性下降至正常时的一半，此时白蛋白含量也下降，球蛋白含量增加。

【病理剖检】 典型锌缺乏而引起死亡的病例较少，即使有变化也不明显。仅见病羊口腔、网胃和皱胃黏膜肥厚，网胃和皱胃角化机能亢进，胆囊充满胆汁、膨大。皮肤组织学检查，角质层增生肥厚，颗粒层也增生，呈现角化不全等病变。其特征性病变为表皮上有凸出的棘皮症。

【诊断方法】 依据临床症状和血清锌水平降低可以做出诊断。正常绵羊血清锌水平为12~18微摩尔/升，缺乏锌时可降至2.8微摩尔/升。

鉴别诊断：对临床上表现皮肤角化不全的病例，应注意与疥螨性皮肤病、渗出性表皮炎、烟酸缺乏、湿疹、泛酸缺乏、维生素A缺乏及必需脂肪酸缺乏等引起的皮肤病相鉴别。

【治疗措施】 口服硫酸锌，剂量为每只1克，1次内服，每周1次；羔羊可连续服用硫酸锌，剂量为每千克体重100毫克，连用3~4周。饲料中补加0.02%的碳酸锌，或每天每千克体重注射2~4毫克锌，连续注射10天有良好效果。

【预防措施】 日粮中必须含有足够的锌，同时要将饲料中的钙含量限制在0.50%~0.62%，以硫酸锌或碳酸锌的形式补充锌是有效的预防方法，可在每吨饲料里加硫酸锌或碳酸锌180克饲喂。对饲养和放牧在锌缺乏地带的羊群，要将饲料中的钙含量严格控制在0.5%~0.6%，同时，宜在每千克饲料中补加硫酸锌25~50毫克，混饲。

在饲喂新鲜的青绿牧草时，适量添加一些含不饱和脂肪酸的油类，如大豆油，对治疗和预防锌缺乏症都可收到较好的效果。地区性缺锌可施用锌肥，或拌在有机肥内施用，此法对防治植物缺锌有效。

六 硒缺乏症

羊硒缺乏症又称白肌病，也称肌营养不良症，是由微量元素硒缺乏或不足引起羊发生运动障碍，以骨骼肌、心肌和肝脏组织变性、坏死为特征的一种营养代谢症。

【发病原因】 多发于冬春气候骤变、青绿饲料缺乏时，羔羊发病率和死亡率较高，尤其食欲好、膘情好的羊易发病和死亡。

【临床症状】 急性猝死的病羊，没发现任何症状就突然死亡。多数病羊体温正常或稍低，但呼吸加快（正常者为12~30次/分钟，发病时达到80~100次/分钟）。羔羊吃乳减少，消瘦，被毛蓬乱，站立困难，勉强行走几步后又摔倒，卧地不愿起立，但仍有食欲。后躯发硬，有的出现关节肿胀；有的病羊后肢尚能站立，但前肢跪地前行。鼻镜干燥，背腰拱起，腹围部极度缩小，肷窝凹陷。腹泻，粪便成粥状、内含泡沫，呈灰白色、黄色，有时混有血液。病程较长的羔羊神志不清，有呼吸道症状。死前肌肉震颤，时而四肢痉挛，时而角弓反张（即颈部肌肉剧烈痉挛致使头颈强烈伸张或向上后方弯曲），口吐白沫，呼吸困难，心跳加快，心音节律不齐。有的羔羊病初无异常，往往在放牧时由于受到惊动后表现剧烈运动或过度兴奋而突发死亡。成年病羊采食量减少，不时地磨牙、舔土、啃毛，精神状态欠佳，可视黏膜苍白、黄染，有的颌下、颈部有水肿，有部分成年病羊表现心率过高，达到120次/分钟以上，易出汗，常腹泻，排尿频繁、尿量增多，有的有血尿，呼吸短促，膘情较差。患病较轻者走路后躯摇摆或跛行，重者后肢颤抖，强行驱赶下步态僵硬，关节不能伸直并不时发出痛苦的叫声。母羊繁殖机能降低，受胎率下降，出现流产、胎衣不下和死胎。

【病理剖检】 解剖病死羊主要病变症状有腰、背、臀部及后肢肌肉颜色苍白，呈煮肉样，肌肉间有土黄色或黄白色的点状或索状条纹，尤其以臀肌、背最长肌明显，有的有出血点，其断面见白色条纹或斑点；膈肌呈放射状条纹，胸腔、腹腔、心包腔积液，心脏横径增大，心肌扩张、质地脆弱；肝脏肿胀，质地硬而脆，切面外翻；胃底出血，小肠壁变薄、充血；肠系膜淋巴结髓样肿大；肾脏褪色，肾盂处有胶冻样物。病理组织学检查，肝脏出现灶状坏死，虎斑心，骨骼肌呈蜡样坏死，脑软化和水肿。

【诊断方法】 根据临床症状、剖检变化诊断为硒缺乏症。

鉴别诊断：本病与焦虫病应区别诊断。焦虫病体温升高，呈稽留热，体表淋巴结肿大。另外用血虫净治疗无效，也可确定为硒缺乏症。

【治疗措施】 对发病羔羊每只肌内注射0.1%亚硒酸钠维生素E 2毫升，每天1次，连用3天。有运动障碍的羔羊，每只静脉注射25%葡萄糖50毫升、生理盐水50毫升、10%维生素C 5毫升、25%维生素B_{15}毫升、

10%安钠咖2毫升、葡萄糖酸钙10毫升，每天1次，连用3天。

【预防措施】 在整个羊群饲料中添加亚硒酸钠维生素E粉，挂舔砖，任其自由采食。给妊娠期间母羊补硒和直接给羔羊补硒进行预防。对妊娠母羊用0.1%亚硒酸钠5毫升肌内注射，每隔2～4周注射1次，共2～3次。羔羊出生2天后用0.1%亚硒酸钠1毫升肌内注射1次，间隔1个月后再注射1次。

第九章
羊常见中毒性疾病

羊的中毒性疾病多由于接触或摄入过度的药物、有毒物质等，而引起其机体发生机能性或品质性病理变化，甚至造成其死亡。

第一节　食物中毒

一　霉变饲料中毒

霉变饲料中毒是潮湿季节易发生的中毒性疾病之一，由羊采食了发霉变质的饲料引起，主要临床症状依饲料的霉变程度、采食的多少和采食时间的长短而有所不同。轻者出现胃肠炎、腹泻、妊娠母羊流产，重者出现神经症状甚至死亡。

【发病原因】 霉变饲料引起的羊中毒，主要有黑斑病甘薯中毒、赤霉菌毒素中毒、霉稻草中毒、霉麦芽中毒、黄曲霉毒素中毒等，其中以饲料中黄曲霉毒素引起的中毒最常见。霉菌毒素的产生多因饲料的贮存不当受潮所引起，黄曲霉菌等广泛存在于自然界，在适合条件下产生毒素。玉米、花生、豆类、麦类、大米及其副产品的酒糟、油粕等最易受黄曲霉等的污染，羊只采食了黄曲霉毒素等污染的上述谷物及其所生产的配合饲料则会引起中毒性疾病的发生。

【临床症状】

（1）急性中毒 病羊食欲废绝，精神沉郁，弓背，惊厥，磨牙，转圈运动，站立不稳，易摔倒；黏膜黄染，患结膜炎甚至失明，对光有过敏反应；颌下水肿；腹泻呈里急后重，脱肛，虚脱；约48小时内死亡。

（2）慢性中毒 羔羊表现为食欲不振，生长发育缓慢，惊恐转圈或无目的徘徊，腹泻，消瘦。成年羊表现为前胃弛缓，精神沉郁，采食量减少，产乳量下降，黄疸。妊娠母羊会出现流产，排足月的死胎或早产。因乳中含有霉菌毒素，故可使哺乳羔羊中毒。由于毒素抑制淋巴细胞的活性，损伤免疫系统，致使机体的抵抗力下降，易引起继发症的发生。

【病理剖检】 急性中毒时，剖检可见黄疸，皮下、骨骼肌、淋巴结、心内外膜、食道、胃肠浆膜出血；肝脏呈棕黄色，质坚实如橡胶。慢性中毒时，剖检症状除肝脏黄染、硬变外，无其他明显异常的变化。镜检可见静脉阻塞，肝细胞颗粒变性和脂肪变性，结缔组织和胆管增生；血管周围水肿，成纤维细胞浸润，淋巴管扩张。

【诊断要点】 应先做饲料调查，了解饲料是否有发霉、变质、变色、变味现象，了解使用时间与发病时间是否相符，以及所有喂同种饲料的羊只是否都发病，结合症状及病理变化，可做出初步诊断。而确诊则应检测毒素，并进行饲料中霉菌的分离、培养和鉴定。

【药物治疗】 怀疑为霉菌毒素中毒时，立即停喂所怀疑的饲料，改换其他饲料。如果羊是轻微中毒，换料即可，不需用药。若症状较重，可进行缓泻用药。

对严重病例可辅以补液强心，用安钠咖注射液5~10毫升、5%葡萄糖注射液250~500毫升、5%碳酸氢钠注射液50~100毫升，一次静脉注射，维生素C注射液5~10毫升肌内注射。

对有神经症状的加镇静剂，用盐酸氯丙嗪按羊每千克体重1~3毫克的量注射（出现神经症状的多愈后不良）。

【预防措施】 防止饲料发霉变质、不喂霉变饲料是预防本病的关键。饲料贮藏室要保持通风干燥，对被霉菌污染的仓库应熏蒸消毒（每立方米用福尔马林40毫升、高锰酸钾20克、水20毫升，密闭熏蒸24小时）。对被霉菌污染的饲料可在每吨饲料中添加脱霉净500~1000克。

二 亚硝酸盐中毒

亚硝酸盐中毒是羊只摄入过量含有亚硝酸盐的植物或饮水，引起血液中生成大量高铁血红蛋白的一种疾病；临床上表现为皮肤、黏膜发绀及其他缺氧症状。

【发病原因】 在自然条件下，各种鲜嫩青草、作物秧苗均富含硝酸盐。特别在重施化肥或农药时，若大量使用硝酸铵、硝酸钠等硝酸盐类，可使菜叶中的硝酸钾含量升高。

硝化细菌广泛分布于自然界，适宜的生长温度为20~40℃。若青饲料堆放过久，特别是经雨淋或曝晒极易发热，从而给硝化细菌提供了适宜的生长环境，使饲料中的硝酸盐转化为亚硝酸盐。亚硝酸盐是羊瘤胃中硝酸盐还原成氨的中间产物，如果羊只采食了大量含硝酸盐的青饲料，即使是新鲜的，也可发生亚硝酸盐中毒。

【临床症状】 羊只在大量采食富含硝酸盐的草料后的0.5~4小时内突然发病。早期症状是频尿、呼吸增快，以后变为呼吸困难，眼结膜发绀。脉速而弱，血液呈咖啡或酱油色。表现精神沉郁，肌肉震颤，站立不稳，步态蹒跚。严重时角弓反张，全身无力，卧地不起。大量流涎，呼吸困难，腹痛，耳、鼻、四肢及全身发凉，体温下降至常温以下，倒地痉挛，口吐白沫，常于12~24小时内死亡。慢性中毒时，病羊出现发育不良，下痢，跛行，走路强拘，虚弱，受胎率低，流产等症状。

【病理剖检】 口、鼻呈乌紫色，流出浅红色泡沫状液体。眼结膜可能带有棕褐色。血液暗褐色，如酱油状，凝固不良，暴露在空气中经久仍不变红。各脏器的血管瘀血。胃、肠道各部有不同程度的充血、出血，黏膜易脱落，肠系膜淋巴结轻度出血。肝、肾脏呈暗红色。肺脏充血，气管和支气管黏膜充血、出血，管腔内充满带有红色的泡沫状液体。心外膜、心肌有出血斑点。

【诊断要点】 羊只迅速发病，体温正常或下降，死前倒地痉挛，口吐白沫。死后血液呈酱油色，不凝固。胃臌胀，黏膜出血，容易剥离，内容物呈褐色。结合死前所喂的饲料即可做出诊断。

【药物治疗】 特效解毒剂是亚甲蓝，可使用1%美蓝溶液，按每千克体重0.1~0.2毫升，静脉注射；或用5%甲苯胺蓝液，每千克体重0.1~0.2毫升，静脉注射或肌内注射；同时应用5%维生素C注射液60~80毫升，静脉注射，以及静脉注射5%葡萄糖液300~500毫升。

对症疗法可用泻剂，加速消化道内容物的排出，以减少羊只对亚硝酸盐及其他毒物的吸收，并补氧、强心及解除呼吸困难。

【预防措施】

1）改善青绿饲料的堆放和蒸煮过程。实践证明，无论生、熟青绿饲料，采用摊开敞放可以有效地预防羊只亚硝酸盐中毒。

2）近收割的青饲料不能再施用硝酸盐类化肥，以避免增加其中硝酸盐或亚硝酸盐的含量。

3）对可疑饲料、饮水，实行临用前的简易化验，特别在某些规模化饲养场应列为常规的兽医保健措施之一。

三 瘤胃酸中毒

瘤胃酸中毒是反刍动物因突然采食大量谷物或其他富含碳水化合物的饲料后，导致瘤胃内产生大量乳酸而引起的一种急性代谢性酸中毒。其特征是消化障碍、瘤胃运动停滞、脱水、酸血症、运动失调、衰弱、常导致死亡。

【发病原因】 给羊只饲喂大量谷物，特别是粉碎后的谷物，在瘤胃内高度发酵，产生大量的乳酸而引起瘤胃酸中毒。舍饲羊只若不按照由高粗饲料向高精饲料逐渐变换的方式，而是突然饲喂高精饲料时，易发生瘤胃酸中毒。当羊只采食苹果、青玉米、甘薯、马铃薯、甜菜及发酵不全的酸湿谷物的量过多时，也可发生本病。

【临床症状】 最急性病例，往往在采食谷类饲料后3~5小时内无明显症状而突然死亡，有的仅见精神沉郁、昏迷，而后很快死亡。

（1）重度瘤胃酸中毒 病羊蹒跚而行，碰撞物体，瞳孔对光反射迟钝；卧地回视腹部，对任何刺激的反应都明显下降；有的兴奋不安，向前狂奔或转圈运动。随着病情发展，后肢麻痹，瘫痪，卧地不起，最后角弓反张，昏迷而死。

（2）中度瘤胃酸中毒 病羊精神沉郁，鼻镜干燥，食欲废绝，反刍停止，流涎，磨牙，粪便稀软或呈水样，有酸臭味，体温正常或偏低，瘤胃蠕动音减弱或消失。

（3）轻度瘤胃酸中毒 病羊神情恐惧，反刍减少，瘤胃蠕动减弱，瘤胃胀满；呈轻度腹痛，粪便松软或腹泻。

【病理剖检】 发病后于24~48小时内死亡的急性病例，其瘤胃和网胃中充满酸臭的内容物，黏膜呈玉米糊状，容易脱落，露出暗色斑块，底部出血；血液浓稠，呈暗红色；内脏静脉瘀血、出血和水肿；肝脏肿大，实质脆弱；心内膜和心外膜出血。病程持续4~7天后死亡的病例，瘤胃壁与网胃壁坏死，黏膜脱落，溃疡呈袋状溃疡，溃疡边缘呈红色，被侵害的瘤胃壁区增厚3~5倍，呈暗红色，形成隆起，表面有浆液渗出，组织脆弱，切面呈胶冻状。

【诊断要点】 病羊瘤胃听、叩结合检查有明显的钢管叩击音，进行瘤胃触诊时，瘤胃内容物坚实或呈面团感，根据病因和临床症状，可以做出诊断。

【药物治疗】 本病的治疗原则是加强护理，清除瘤胃内容物，纠正酸中毒，补充体液，恢复瘤胃蠕动，可给病羊静脉注射5%碳酸氢钠溶液20~30毫升，及生理盐水或10%葡萄糖氯化钠溶液500~1000毫升。

重剧病羊宜行瘤胃切开术，排空内容物，用温水洗涤瘤胃数次，尽可能彻底的洗出乳酸。然后向瘤胃内适量轻泻剂和优质干草，并给予正常瘤胃内容物，同时静脉注射钙制剂和补液。

为防止继发瘤胃炎、急性腹膜炎或蹄叶炎，消除过敏反应，可肌内注射盐酸异丙嗪或苯海拉明等药物。在患病过程中，出现休克症状时，宜用地塞米松10~20毫升静脉注射或肌内注射。血钙下降时，可用10%葡糖酸钙注射液300~500毫升静脉注射。

【预防措施】

1）给羊只正常的日粮水平饲喂，不可随意加料或补料，由高粗饲料向高精饲料的变换要逐步进行，应有一个适应期。

2）防止羊只闯入饲料房、仓库，暴食谷物及配合饲料。

3）对易于发病的产前、产后母羊或哺乳母羊，应多喂品质优良的青干饲料，对急需补喂精料增膘或催乳的母羊，可在其日粮中添加补喂精料总量2%的碳酸氢钠进行饲喂。

四 氢氰酸中毒

氢氰酸中毒是由于羊只采食了富含氰苷配糖体的青饲料，在胃内由于酶的水解和胃液盐酸作用，产生游离的氢氰酸而致病。本病以呼吸困难、震颤、痉挛和突然死亡为特征。

【发病原因】 常因羊只采食过量的胡麻苗、高粱苗、玉米苗等富含氰苷配糖体的植物而发病；机榨胡麻饼因含氰苷量多，饲喂过多也易发生中毒；应用中药治病，当杏仁、桃仁用量过大时，也可致病。

【临床症状】 本病发病迅速，病程短促。病羊多于采食含氰苷的饲料后15~20分钟发作。首先表现为腹痛不安，瘤胃臌气，呼吸加快，可视黏膜潮红（与亚硝酸盐中毒血液呈暗褐色有明显的区别），口流泡沫状液体；先兴奋然后很快转入抑制状态，随之出现全身衰弱无力，步态不稳或倒地，呼吸困难，张口伸舌；严重的体温下降，后肢麻痹，肌肉痉挛，眼球突出，瞳孔散大，脉搏沉细，呼吸浅表，最后昏迷死亡。

【病理剖检】 剖检可见尸僵不全，血液呈鲜红色，凝固不良，口腔有血色泡沫，喉头、气管和支气管黏膜有出血点，气管和支气管内有大量泡沫状液体。肺脏充血、出血和水肿，心内外膜有点状出血。胃肠黏膜充血和出血，胃内充满气体，有苦杏仁味。

【诊断要点】 发病急，有的不表现任何临床症状而迅速死亡，根据采食情况及临床症状可做出诊断。饲料性中毒时吃得越多死得越快，确诊必须进行毒物分析。

【药物治疗】 发病后立即用10%葡萄糖液50~100毫升，加入亚硝酸钠0.2~0.3克，缓慢静脉注射，接着再用10%硫代硫酸钠溶液10~20毫升缓慢静脉注射。还可视情况应用强心剂、维生素C、洗胃催吐药进行治疗。

【预防措施】 饲喂含氰苷的饲料时一定要限制用量，且与其他饲料搭配饲喂。高粱和苏丹草最好在抽穗前利用，或玉米、高粱以青贮形式利用，禁止在含有氰苷作物的牧草地上放牧，以免采食后发生中毒。

五 食盐中毒

食盐是动物饲料中不可缺少的成分，适量的食盐能维持动物体内的正常水盐代谢，并可增强食欲和促进胃肠活动，但过量则可引发中毒。资料表明，成年羊食盐的致死量是125~250克。

【发病原因】 羊只发生食盐中毒或致死并不单纯取决于食盐的食入量，还取决于羊饮水是否充足。如果羊一时食入的食盐太多，但同时又饮用了大量水，则不一定会发生中毒；相反，如果食入的食盐过多，又缺乏饮水，那么中毒的机会就加大。

【临床症状】 羊中毒后表现口渴，食欲或反刍减弱或停止，瘤胃蠕动消失，常伴发臌气。急性发作的病例，口腔流出大量泡沫，结膜发绀，瞳孔散大或失明，脉细弱而增数，呼吸困难。腹痛，腹泻，有时便血。病初兴奋不安，磨牙，肌肉震颤，盲目行走和转圈运动，继而行走困难，后肢拖地，倒地痉挛，头向后仰，四肢不断划动，多为阵发性。严重时呈昏迷状态，最后窒息死亡。体温在整个病程中无显著变化。

【病理剖检】 脑膜和脑内充血与出血，胃肠黏膜充血、出血、脱落。心内外膜及心肌有出血点。肝脏肿大，质脆，胆囊扩张。肺脏水肿，深紫红色，被膜不易剥离，皮质和髓质界限模糊。全身淋巴结有不同程度的瘀血、肿胀，也可见到嗜酸性白细胞性脑炎。

【诊断要点】 根据病史、临床症状及剖检变化，可做出初步诊断。实验室检验主要是测定肝脏内和胃肠内容物中氯化钠的含量，如果含量显著增高，则可确诊为食盐中毒。

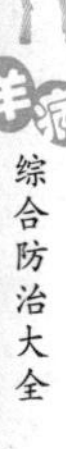

【药物治疗】

1）中毒初期，内服黏浆剂及油类泻剂，并少量多次地给予饮水，切忌任其暴饮，使病情恶化。

2）静脉注射10%氯化钙或10%葡萄糖酸钙，皮下或肌内注射维生素B_1 50毫克。

3）对症治疗可用镇静剂，每千克体重肌内注射盐酸氯丙嗪1～3毫克，静脉注射25%硫酸镁溶液10～20毫升或5%溴化钙溶液10～20毫升；心脏衰竭时，可用强心剂；严重脱水时应立即进行补液。

【预防措施】 做好食盐的贮存，防止羊只误食。日粮中补加食盐时要充分混匀，量要适当。用高渗盐水静脉注射时应掌握好用量，以防发生中毒。

六 尿素中毒

尿素是动物体内蛋白质分解的终末产物，在农业上被广泛用作肥料，可作为反刍动物的蛋白质补充饲料，也可用于麦秸的氨化。但若用量不当，则可导致反刍动物尿素中毒。

【发病原因】 尿素添加剂量过大，浓度过高，和其他饲料混合不匀，或食后立即饮水以及羊只喝了大量人尿都会引起尿素中毒。

【临床症状】 发病较快，表现不安，呻吟，磨牙，口流大量泡沫性唾液；瘤胃急性膨胀，蠕动消失，肠蠕动亢进；心音亢进，脉搏加快，呼吸极度困难，呼气有氨味；中毒严重者站立不稳，倒地，全身肌肉痉挛，眼球震颤，瞳孔放大。

【病理剖检】 瘤胃内容物有氨臭，胃黏膜充血、出血、溃疡，甚至脱落，肝脏肿大易碎，胆囊肿胀，肾脏肿大瘀血，肺脏充血水肿，血液凝固不良，肠系膜淋巴结肿胀，切面湿润多汁呈灰白色。

【诊断要点】 采食尿素史、血氨值升高对本病有确诊意义，当血氨含量为8～12毫克/升时即出现中毒症状，也可由亚硝酸钠反应确诊。

【药物治疗】

1）发现羊只中毒后，立即停止补饲尿素并灌服食醋或醋酸等弱酸溶液，如用1%醋酸1升、糖250～500克、水1升、分5次灌服。

2）静脉注射10%葡糖糖酸钙液100～200毫升，或静脉注射10%硫代硫酸钠液100～200毫升，同时应用强心剂、利尿剂、高渗葡萄糖等辅助治疗。

【预防措施】

1）严格化肥保管使用制度，防止羊只误食尿素。

2）用尿素做饲料添加剂时，严格掌握用量，体重 50 千克的成年羊，用量不超过 25 克/天。

3）尿素以拌在饲料中喂给为宜，不得化水饮服或单喂，喂后 2 小时内不能饮水。

4）如果日粮中蛋白质已足够，不宜加喂尿素。

第二节　农药及化学物质中毒

一　有机磷农药中毒

有机磷农药中毒是由于有机磷农药通过各种途径进入羊体内，与乙酰胆碱酶结合，抑制该酶的活性，造成羊体内的乙酰胆碱大量蓄积，导致羊副交感神经过度兴奋。由于农业上广泛应用有机磷制剂毒杀害虫，这就给有机磷农药中毒增加了可能性。

【发病原因】　主要由于羊只采食了喷有有机磷农药的作物或蔬菜。当前常用的有机磷农药有内吸磷（1059）、乙基对硫磷（1605）、马拉硫磷（4049）、敌百虫、敌敌畏及乐果等，羊只不管吞食了哪一种农药，或者喝了被这些农药污染的水，或者舔了没有洗净的农药用具，都可发生中毒。

【临床症状】　羊只中毒较轻时，食欲不振，无力、流涎。较重时呼吸困难，腹痛不安。肠音加强，排粪次数增多。肌肉颤动，四肢发硬。瞳孔缩小，视力减退。最严重的时候，口吐大量白沫，心跳加快，体温升高，大小便失禁，神志不清，黏膜发紫，全身痉挛，血压降低，终至死亡。

【病理剖检】　胃肠黏膜充血和胃内容物有大蒜臭味。若病程稍久，所有黏膜呈暗紫色，内脏器官出血。肝、脾脏肿大，肺脏充血、水肿，支气管含大量泡沫。

【诊断要点】　根据发病很急，变化很快，流涎、拉稀、腹痛不安及瞳孔缩小等特点，结合有机磷农药接触病史可以确诊。

【治疗措施】

1）解磷定：按每千克体重 10 ~ 45 毫克计算，溶于生理盐水、5% 葡萄糖液、糖盐水或蒸馏水中都可以，做静脉注射。半小时后若不好转，可再注射1次。

2）阿托品：用1%阿托品注射液1～2毫升，皮下注射。

3）在中毒严重时，可合并使用解磷定及阿托品。还可以注射葡萄糖、复方氯化钠及维生素 B_1、维生素 B_2、维生素C等。

【预防措施】

1）对农药一定要有保管制度，严格按照《农药安全使用规范总则》（NY/T 1276—2007）进行操作和使用，防止人为破坏。

2）在喷洒过农药的田地设立标志，在7天内不准进地割草或放羊。

二 慢性氟中毒

有机氟农药目前较常用的是氟乙酰胺，用于防治棉蚜、棉红蜘蛛等病虫害，也用来灭鼠。这是一种高效剧毒内吸性农药，故可引起二次中毒。

【发病原因】 羊只因误食喷过有机氟农药的鲜草、其他植物的茎叶或毒饵而引起中毒；长期饲喂施用过氟乙酰胺的饲料，因残毒蓄积，喂后发生中毒；误饮被这些药物污染的水而引起中毒。

【临床症状】 慢性中毒的病羊在中毒后5～7天，表现为精神沉郁，食欲减退，不合群，反刍停止，腹泻，不愿行走，喜静，瞳孔散大或缩小，肘肌震颤，有时轻微腹痛。个别病羊排恶臭稀粪。体温正常或低于常温，脉搏搏动加快，心音节律不齐。病情可反复发作，往往在抽搐过程中，因呼吸抑制、循环衰竭而死亡。

【病理剖检】 心肌变性，心内、外膜有出血斑点。胃肠黏膜出血，胃黏膜脱落。肝、肾脏充血，血液凝固不全。

【诊断要点】 根据病因和临床症状，可以做出初步诊断。确诊需做毒物分析，取可疑饲料、饮水、呕吐物或胃内容物进行有机氟化合物的定性和定量分析。

【药物治疗】

1）可用0.05%高锰酸钾或淡肥皂水立即洗胃；如果食入饲料的时间较长，可用硫酸镁或硫酸钠350～500克，口服，并同时内服活性炭60～100克，加水1000毫升，以吸附毒物，促使其快速排出；也可口服绿豆汤、鸡蛋清，对保护胃肠黏膜、吸附毒素、阻止毒素的吸收，有较好的效果。

2）5%解氟灵（乙酰胺）按每千克体重0.1克分3～4次肌内注射，首次量为全日量的一半，连用5～7天。氯丙嗪注射液按每千克体重1毫克，一次肌内注射。

【预防措施】

1）禁喂用氟乙酰胺喷洒过的植物茎叶及污染的饲草、饲料。

2）凡施用过氟乙酰胺的作物，从施药到收割期必须经过 2 个月以上的残毒排出时间，方能作为饲料用，否则易发生中毒。对有机氟农药要建立严格的保管制度，被污染的用具应妥善保管，防止羊只因误舔而中毒。

三 灭鼠药中毒

灭鼠药中毒是动物医学临床常见的疾病，但确诊较困难，若不及时治疗往往导致患病动物死亡，造成巨大的经济损失。灭鼠药的种类很多，常见的有茚满二酮类、香豆素类、有机磷类、有机氟类、硫脲类、无机盐类和其他类。其致病的机理不完全相同，归纳起来可以分为以下几方面：抑制体内代谢环节，抑制体内酶的活性，降低血液凝固性，作用于中枢神经介质，局部的刺激作用并引起组织坏死等。

【发病原因】 羊只误食污染了鼠药的饲草、饮水或灭鼠毒饵。也有人为使用鼠药投毒，引起羊只中毒的发生。

【临床症状】

1）茚满二酮类和香豆素类灭鼠药中毒后一般在误食后即出现呕吐，食欲不振或废绝，皮肤发紫。尿血，粪便带血，腹痛，心音弱且心率快，后因出血导致心脏衰竭而死亡。

2）硫脲类灭鼠药急性中毒者表现精神沉郁，食欲减退或废绝，呕吐，昏睡等。严重中毒者出现呼吸困难，发绀，肺水肿，病羊烦躁不安，全身痉挛，昏迷和休克。

3）磷化锌中毒后羊只中枢神经系统受损害，出现抽搐、痉挛和昏迷。中度中毒时出现抽搐和肌束震颤，严重者心律失常，黏膜发绀，呼吸困难，尿色带黄，并出现尿蛋白、红细胞管型，粪便呈灰黄色。末期病羊陷于休克和昏迷。

4）毒鼠强中毒后 15 ~ 30 分钟出现中毒症状，临床表现为呕吐，腹痛、腹胀，还出现四肢无力，烦躁不安，突发惊厥，有时癫痫样发作。常因强制性痉挛而导致呼吸肌麻痹、呼吸衰竭而死亡。

【病理剖检】

1）吲哚满二酮类和香豆素类灭鼠药中毒，血液凝固不良，可见多脏器的广泛性出血。

2）硫脲类灭鼠药中毒病理变化有肝脏肿大，黄疸，蛋白尿、血尿。

3）磷化锌中毒后全身泛性出血，刺激胃黏膜引起急性炎症、充血、溃疡和出血等，经呼吸道进入肺泡，还可引起肺脏充血和水肿。

4）毒鼠强中毒后羊只的口鼻有血性分泌物，可视黏膜点片状出血，脑组织瘀血、水肿；肺脏水肿；心、肺表面点片状出血；胃黏膜呈片状分布的针尖样出血点。

【诊断要点】 根据病史及症状，结合投鼠药情况进行初步判断，确诊需要进一步做相应灭鼠药的检验。

【药物治疗】

（1）应及早洗胃、导泻或催吐，减少胃肠的吸收 茚满二酮类和香豆素类灭鼠药中毒洗胃禁用碳酸氢钠液，为了消除凝血障碍，应使用维生素 K_1，按每千克体重 1 毫克加入到 10% 葡萄糖液中，静脉注射，每 12 小时 1 次，连用 3～5 天。可用 1∶2000 的高锰酸钾液洗胃，并灌服硫酸钠导泻，或灌服 0.2%～0.5% 硫酸铜催吐。

（2）加速已吸收毒物的排出 常用甘露醇、呋塞米（速尿）等利尿剂，为防止脱水可配合静脉补液。

（3）应用特异性解毒剂 维生素 K 适用于抗凝血类灭鼠药中毒，每只羊每次肌内注射 0.03～0.05 克，直到出血停止。

（4）增强机体解毒抗毒能力 可以静注葡萄糖、维生素 C、葡醛内酯（肝泰乐）、能量合剂等，也可应用强力解毒敏，具有抗过敏、解毒、保肝作用，能增强机体解毒能力，每只羊每次 10～20 毫升。

（5）对症支持疗法 抽搐、痉挛、惊厥等神经症状者给予镇静剂，如巴比妥、异丙嗪等；为防止脑水肿、肺脏水肿可给予脱水剂、利尿剂或皮质激素类药物；为保护心、肝、肾脏功能，控制呼吸衰竭、心律失常，用强心剂和呼吸兴奋剂；防止并发感染、电解质紊乱和休克，合理使用电解质溶液、抗生素和肾上腺皮质激素等。

【预防措施】 对灭鼠药建立严格的保管制度，使用灭鼠药时应放置于羊只不易接触到的地点，灭鼠后及时清理残留灭鼠药。

四 驱虫类药物中毒

羊既有体内寄生虫又有体外寄生虫，驱除体内寄生虫一般内服药物或进行注射，驱除体外寄生虫进行药浴或皮下注射。其中，伊维菌素和阿维菌素因其效果确切、能够对体内外寄生虫均起到良好的驱虫效果而被广泛使用，然而此类驱虫药的使用不当会造成羊只中毒。

【发病原因】 羊只使用伊维菌素或阿维菌素驱虫而发生中毒，一般是由于药物使用过量或时间过长而导致；也有报道认为，春季使用此类药物驱虫后，出去放牧时羊只采食刚刚萌芽的牧草，往往会导致大批中毒，但机理尚不清楚。

【临床症状】 中毒羊只的主要症状为步态不稳，流涎，严重时卧地不起，全身肌肉震颤，倒地后四肢呈游泳状划动。心跳加快，心音亢进，甚至头向后仰，颈和四肢痉挛。舌麻痹，伸出口外，口吐白沫，呼吸加快。

【病理剖检】 因此类药物中毒死亡较急，尸体剖检变化不明显，一般血液为黑红色，气管、支气管黏膜充血，肺脏充血，间质增宽；肝脏和肾脏有时也有明显变化，尤其是造成细胞超微结构的破坏。

【诊断方法】 根据驱虫药的使用情况即可做出诊断。

【药物治疗】 伊维菌素或阿维菌素中毒无特效解毒药，一般采取对症疗法。

1）用10%葡萄糖注射液、维生素C、葡萄糖酸钙溶液，静脉注射。强力解毒敏2毫升肌内注射，或肌内注射阿托品2～4毫克，每天3次，直至症状缓解。

2）加强护理、减少运动。将病羊放牧于阴凉的牧场，给予充足清洁的饮水。

【预防措施】 用伊维菌素或阿维菌素驱虫时，首先算准剂量，正确估算羊只体重，为防止寄生虫产生抗药性，可在首次用药后间隔一段时间再进行第二次用药。因幼龄动物对驱虫药较敏感，建议2月龄内的羊不要进行驱虫。

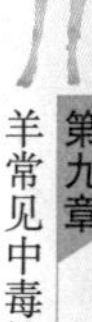

参考文献

[1] 何生虎. 羊病学 [M]. 银川：宁夏人民出版社, 2006.
[2] 刘钟杰, 许剑琴. 中兽医学 [M]. 北京：中国农业出版社, 2014.
[3] 王自力, 赵永聚. 山羊高效养殖与疾病防治 [M]. 北京：机械工业出版社, 2015.
[4] 岳炳辉, 闫红军. 养羊与羊病防治 [M]. 北京：中国农业大学出版社, 2011.
[5] 田树军. 养羊与羊病防治 [M]. 北京：中国农业大学出版社, 2000.
[6] 潘金培. 羊病诊断与防治原色图谱 [M]. 北京：北京农业大学出版社, 1996.
[7] 王志武. 羊病类症鉴别与防治 [M]. 太原：山西科学技术出版社, 2008.
[8] 陈怀涛. 羊病诊断与防治原色图谱 [M]. 北京：金盾出版社, 2003.
[9] 马玉忠. 羊病诊治原色图谱 [M]. 北京：化学工业出版社, 2013.
[10] 张克家. 中兽医方剂大全 [M]. 北京：中国农业出版社, 1994.
[11] 韩明浩, 张胜男, 常建华, 等. 蓝舌病研究进展 [J]. 畜牧与饲料科学, 2015, 36 (11): 105-110.
[12] 夏炉明, 陈琦, 孙泉云. 梅迪-维斯那病概述 [J]. 上海畜牧兽医通讯, 2011 (4): 56-57.
[13] 李兵, 李永刚, 车贵祥, 等. 羊病防治技术规范 [J]. 新疆农业科学, 2001 (s1): 224-225.
[14] 国家药典委员会. 中华人民共和国药典：一部 [M]. 北京：中国医药科技出版社, 2015.
[15] 方炳虎, 刘爱玲. 现代兽医兽药大全：动物常用中药与化药分册 [M]. 北京：中国农业出版社, 2014.
[16] 刘娟, 朱兆荣. 兽医中药学 [M]. 重庆：西南师范大学出版社, 2014.
[17] 陈焕春, 文心田, 董常生. 兽医手册 [M]. 北京：中国农业出版社, 2013.
[18] 刘钟杰, 许剑琴. 中兽医学 [M]. 4版. 北京：中国农业出版社, 2011.
[19] 中国兽药典委员会. 中华人民共和国兽药典：二部 [M]. 北京：中国农业出版社, 2011.
[20] 孔繁瑶. 家畜寄生虫学 [M]. 北京：中国农业大学出版社, 1997.
[21] 李国清. 兽医寄生虫学 [M]. 2版. 北京：中国农业大学出版社, 2015.

书　目

书　名	定　价
高效养土鸡	29.80
高效养土鸡你问我答	29.80
果园林地生态养鸡	26.80
高效养蛋鸡	19.90
高效养优质肉鸡	19.90
果园林地生态养鸡与鸡病防治	20.00
家庭科学养鸡与鸡病防治	35.00
优质鸡健康养殖技术	29.80
果园林地散养土鸡你问我答	19.80
鸡病诊治你问我答	22.80
鸡病快速诊断与防治技术	29.80
鸡病鉴别诊断图谱与安全用药	39.80
鸡病临床诊断指南	39.80
肉鸡疾病诊治彩色图谱	49.80
图说鸡病诊治	35.00
高效养鹅	29.80
鸭鹅病快速诊断与防治技术	25.00
畜禽养殖污染防治新技术	25.00
图说高效养猪	39.80
高效养高产母猪	35.00
高效养猪与猪病防治	29.80
快速养猪	35.00
猪病快速诊断与防治技术	29.80
猪病临床诊治彩色图谱	59.80
猪病诊治 160 问	25.00
猪病诊治一本通	25.00
猪场消毒防疫实用技术	25.00
生物发酵床养猪你问我答	25.00
高效养猪你问我答	19.90
猪病鉴别诊断图谱与安全用药	39.80
猪病诊治你问我答	25.00
图解猪病鉴别诊断与防治	55.00
高效养羊	29.80
高效养肉羊	35.00
肉羊快速育肥与疾病防治	35.00
高效养肉用山羊	25.00
种草养羊	29.80
山羊高效养殖与疾病防治	35.00
绒山羊高效养殖与疾病防治	25.00
羊病综合防治大全	35.00
羊病诊治你问我答	19.80
羊病诊治原色图谱	35.00
羊病临床诊治彩色图谱	59.80
牛羊常见病诊治实用技术	29.80

书　名	定　价
高效养肉牛	29.80
高效养奶牛	22.80
种草养牛	39.80
高效养淡水鱼	29.80
高效池塘养鱼	29.80
鱼病快速诊断与防治技术	19.80
鱼、泥鳅、蟹、蛙稻田综合种养一本通	29.80
高效稻田养小龙虾	29.80
高效养小龙虾	25.00
高效养小龙虾你问我答	20.00
图说稻田养小龙虾关键技术	35.00
高效养泥鳅	16.80
高效养黄鳝	25.00
黄鳝高效养殖技术精解与实例	25.00
泥鳅高效养殖技术精解与实例	22.80
高效养蟹	29.80
高效养水蛭	29.80
高效养肉狗	35.00
高效养黄粉虫	29.80
高效养蛇	29.80
高效养蜈蚣	16.80
高效养龟鳖	19.80
蝇蛆高效养殖技术精解与实例	15.00
高效养蝇蛆你问我答	12.80
高效养獭兔	25.00
高效养兔	35.00
兔病诊治原色图谱	39.80
高效养肉鸽	29.80
高效养蝎子	25.00
高效养貂	26.80
高效养貉	29.80
高效养豪猪	25.00
图说毛皮动物疾病诊治	29.80
高效养蜂	25.00
高效养中蜂	25.00
养蜂技术全图解	59.80
高效养蜂你问我答	19.90
高效养山鸡	26.80
高效养驴	29.80
高效养孔雀	29.80
高效养鹿	35.00
高效养竹鼠	25.00
青蛙养殖一本通	25.00
宠物疾病鉴别诊断与防治	49.80